Ubuntu Linux系统管理与服务器配置

梁嘉伟　姬同江　何昌武　主　编
张克难　张文库　刘钦涛　刘丽君　副主编
吴　艳　王春蕾　参　编

電子工業出版社
Publishing House of Electronics Industry
北京 · BEIJING

内 容 简 介

本书以Ubuntu操作系统为基础，按照“项目—任务”的编写方式，以岗位技能为导向，将理论与实践相结合，力求做到理论够用、依托实践、深入浅出。

本书共10个项目、24个任务，主要介绍安装与配置Ubuntu操作系统、文件系统与磁盘管理、软件包管理、系统初始化与进程管理、配置常规网络与使用远程服务、用户与权限管理、配置与管理DNS服务器、配置与管理DHCP服务器、配置与管理文件共享、配置与管理Web服务器的相关知识。

本书结构合理，内容丰富，实用性强，既可作为职业院校计算机网络技术相关专业的教材，又可作为技能竞赛培训和Linux应用技术培训的指导书，还可作为Linux初学者的入门参考书。

图书在版编目（CIP）数据

Ubuntu Linux系统管理与服务器配置 / 梁嘉伟，姬同江，何昌武主编. -- 北京 : 电子工业出版社，2024. 12. -- ISBN 978-7-121-49254-9

Ⅰ. TP316.85

中国国家版本馆CIP数据核字第2024PZ6530号

责任编辑：韩　蕾
印　　刷：涿州市京南印刷厂
装　　订：涿州市京南印刷厂
出版发行：电子工业出版社
　　　　　北京市海淀区万寿路173信箱　　邮编：100036
开　　本：880×1230　1/16　印张：14.75　字数：321千字
版　　次：2024年12月第1版
印　　次：2025年2月第2次印刷
定　　价：45.80元

凡所购买电子工业出版社图书有缺损问题，请向购买书店调换。若书店售缺，请与本社发行部联系，联系及邮购电话：（010）88254888，88258888。

质量投诉请发邮件至zlts@phei.com.cn，盗版侵权举报请发邮件至dbqq@phei.com.cn。

本书咨询联系方式：（010）88254550，zhengxy@phei.com.cn。

前言

随着计算机网络技术的迅猛发展，计算机网络的应用已经渗透到社会的各个领域，影响和改变着人们的生活与工作方式。在信息化时代，学习和掌握计算机网络技术显得至关重要。为了突出职业院校以技能培养为主的特点，本书采用“理论知识够用，强化动手能力”的编写原则。

1. 本书特色

“Ubuntu Linux 系统管理与服务器配置”是一门职业院校计算机网络技术相关专业学生必修的课程，实践性非常强，所以动手实践是学好这门课程最好的方法之一。本书通过 VMware Workstation 16 Pro 创建虚拟机并安装 Ubuntu 操作系统，可以很好地引导读者学习 Ubuntu 操作系统相关知识，使读者在自己的计算机上就可以模拟真实的网络环境，快速地学习和掌握 Ubuntu 操作系统相关知识，而且形象、直观，突破了由于硬件配置不足而影响操作系统相关知识学习的局限性。

本书在编写过程中坚持“科技是第一生产力、人才是第一资源、创新是第一动力”的思想理念，采用最新的 Ubuntu 操作系统为平台，按照“项目—任务”的编写方式，针对安装与配置 Ubuntu 操作系统、文件系统与磁盘管理、软件包管理、系统初始化与进程管理、配置常规网络与使用远程服务、用户与权限管理、配置与管理 DNS 服务器、配置与管理 DHCP 服务器、配置与管理文件共享、配置与管理 Web 服务器，通过一个个任务引导学生掌握相关知识和技能。每个任务又细分为“任务描述—任务要求—知识链接—任务实施—任务小结”的结构。书中的项目大多是从工作现场需求与实践应用中引入的，旨在培养学生完成工作任务及解决实际问题的技能。这些项目紧密结合先进技术，与真实的工作过程一致，完全符合企业需求，贴近生产实际，以典型案例作为载体，帮助读者更好地学习 Ubuntu 操作系统的基本操作、系统管理和服务器配置等知识技能，内容安排由简单到复杂，由单一到综合。

本书既可作为职业院校计算机网络技术相关专业的教材，又可作为技能竞赛培训和 Linux 应用技术培训的指导书，还可作为 Linux 初学者的入门参考书。

2. 课时分配

本书参考课时为 96 课时，教师可以根据学生的接受能力与专业需求灵活选择，具体课时参考分配表如下所示。

课时参考分配表

项　目	项　目　名	课时分配		
		讲　授	实　训	合　计
项目一	安装与配置 Ubuntu 操作系统	4	4	8
项目二	文件系统与磁盘管理	4	6	10
项目三	软件包管理	4	6	10
项目四	系统初始化与进程管理	4	6	10
项目五	配置常规网络与使用远程服务	4	6	10
项目六	用户与权限管理	4	6	10
项目七	配置与管理 DNS 服务器	2	8	10
项目八	配置与管理 DHCP 服务器	2	6	8
项目九	配置与管理文件共享	2	8	10
项目十	配置与管理 Web 服务器	2	8	10
合计		32	64	96

3. 教学资源

为了提高学习效率和教学效果，方便教师教学，本书配备了电子课件、视频和习题参考答案等教学资源。请有此需要的读者登录华信教育资源网免费注册后进行下载，有问题时可在网站留言板留言或与电子工业出版社联系（E-mail：hxedu@phei.com.cn）。

4. 本书编者

本书由梁嘉伟、姬同江、何昌武担任主编，由张克难、张文库、刘钦涛和刘丽君担任副主编，参加编写的还有吴艳和王春蕾。本书具体编写分工如下：梁嘉伟负责编写项目一和项目二，姬同江、何昌武负责编写项目三，张文库负责编写项目四，张克难负责编写项目五和项目六，王春蕾负责编写项目七，刘钦涛负责编写项目八，刘丽君负责编写项目九，吴艳负责编写项目十，全书由张文库负责统稿和审校。

编　者

目　录

项目一　安装与配置 Ubuntu 操作系统 ······ 1

任务 1.1　安装与创建虚拟计算机系统 ······ 2

任务 1.2　安装 Ubuntu 操作系统 ······ 12

任务 1.3　虚拟机的操作与设置 ······ 25

任务 1.4　Ubuntu 系统的基本配置 ······ 34

实训题 ······ 41

项目二　文件系统与磁盘管理 ······ 42

任务 2.1　管理文件与目录 ······ 43

任务 2.2　vim 编辑器 ······ 68

任务 2.3　管理磁盘分区与文件系统 ······ 73

任务 2.4　管理软 RAID ······ 86

实训题 ······ 91

项目三　软件包管理 ······ 93

任务 3.1　管理 DEB 软件包、归档和压缩 ······ 94

任务 3.2　软件包管理工具 ······ 103

实训题 ······ 109

项目四　系统初始化与进程管理 ······ 111

任务 4.1　系统初始化 ······ 112

任务 4.2　进程管理 ······ 119

实训题 ······ 130

项目五　配置常规网络与使用远程服务 ······ 131

任务 5.1　配置常规网络 ······ 132

任务 5.2　配置 SSH 服务器 ······ 140

实训题 …… 147

项目六　用户与权限管理 …… 149

任务 6.1　管理用户和用户组 …… 150

任务 6.2　管理文件权限 …… 162

实训题 …… 167

项目七　配置与管理 DNS 服务器 …… 169

任务 7.1　安装与配置 DNS 服务器 …… 170

任务 7.2　配置辅助 DNS 服务器 …… 179

实训题 …… 183

项目八　配置与管理 DHCP 服务器 …… 184

任务 8.1　安装与配置 DHCP 服务器 …… 185

任务 8.2　为指定计算机绑定 IP 地址 …… 193

实训题 …… 196

项目九　配置与管理文件共享 …… 197

任务 9.1　配置与管理 FTP 服务器 …… 198

任务 9.2　配置与管理 NFS 服务器 …… 208

实训题 …… 214

项目十　配置与管理 Web 服务器 …… 215

任务 10.1　配置与管理 Apache 服务器 …… 216

任务 10.2　发布多个网站 …… 223

实训题 …… 228

项目一

安装与配置 Ubuntu 操作系统

项目描述

Z 公司是一家电子商务运营公司，由于该公司推广做得非常好，其用户数量激增，因此为了给用户提供更优质的服务，该公司购买了一批高性能服务器。同时，由于 Linux 操作系统成本低、安全性高、稳定性好，并且容易识别和定位故障，性能较强，因此该公司从资金、人力、设备、安全、性能等多方面综合考虑后，决定采用 Linux 作为服务器的操作系统。

Linux 是一套免费使用和自由开放的类 UNIX 操作系统，因其稳定、开源、免费、安全、高效的特点，发展迅猛，在服务器市场的占有率超过 95%。目前市面上存在许多不同版本的 Linux 操作系统，如 Ubuntu、CentOS、openSUSE 等，它们都是基于 Linux 内核的。Linux 操作系统主要应用于服务器、嵌入式开发、PC 桌面等领域，国内的大部分互联网龙头企业均以 Linux 作为其服务器后端操作系统，并且全球排名前 10 位的网站均在使用 Linux 操作系统，可见 Linux 操作系统的表现十分出色。要想成为一名合格的运维工程师，掌握 Linux 操作系统是一项必备技能。对于初学者来说，通过虚拟机软件安装和配置 Linux 操作系统是最好的选择。

本项目主要介绍 Linux 操作系统的发展和应用、Linux 操作系统的主要版本、Linux 操作系统的图形用户界面和命令行界面的操作，以及通过 VMware Workstation 16 Pro 学习 Ubuntu 操作系统的安装和使用方法。

知识目标

1．了解不同的虚拟机软件。

2．了解 Linux 操作系统的发展历史、特点、组成及应用。

3．了解 Linux 操作系统的内核版本和发行版本。

4．了解虚拟机的概念、特点和作用。

能力目标

1．能够安装 VMware Workstation。

2．能够在 VMware Workstation 中创建虚拟机并安装 Ubuntu 操作系统。

3．能够实现虚拟机的克隆和快照。

4．能够熟练操作 Ubuntu 操作系统的图形用户界面和命令行界面。

5．能够掌握 Ubuntu 操作系统的启动、关闭和登录。

素质目标

1．引导读者崇尚宪法、遵纪守法，打好专业基础，提高自主学习能力。

2．培养读者正确使用软件、合理下载软件、安全使用软件、保护知识产权的意识。

3．激发读者科技报国的决心，使其理解实现软件自主的重要性。

任务 1.1 安装与创建虚拟计算机系统

任务描述

Z 公司的网络管理员小李想学习 Ubuntu 操作系统的安装和使用方法，现在他准备使用 VMware Workstation 搭建网络实验环境。

任务要求

通过使用 VMware Workstation，用户可以在一台计算机上虚拟出多台计算机，并将它们连接成一个网络，甚至可以让它们连接 Internet，模拟真实的网络环境。多台虚拟机之间或虚拟机与物理主机之间也可以通过虚拟网络共享文件和复制文件。本任务的具体要求如下所示。

（1）准备“VMware Workstation 16 Pro for Windows”应用程序的安装文件，可从官方网站下载。

（2）安装“VMware Workstation 16 Pro for Windows”应用程序。

（3）创建一台新的虚拟机，其项目参数及说明如表 1-1-1 所示。

表 1-1-1　创建虚拟机的项目参数及说明

项 目 参 数	说　　明
类型	自定义

续表

项 目 参 数	说　　明
客户机操作系统类型	Linux Ubuntu 64 位
虚拟机名称	Server1
存储位置	D:\Server1
内存大小	4096 MB
网络类型	网络地址转换（NAT）
硬盘类型和大小	SCSI、30 GB

知识链接

1. 虚拟机简介

虚拟机（Virtual Machine）是一个软件，用户可以通过它模拟具有完整硬件系统功能的计算机系统。虚拟机可以像真正的物理计算机一样工作，如安装操作系统、安装应用程序、访问网络资源等。虚拟机符合 x86 PC 标准，拥有自己的 CPU、内存、硬盘、光驱、软驱、声卡和网卡等一系列设备。这些设备都是由虚拟机软件“虚拟”出来的。但是在操作系统看来，这些“虚拟”设备也是标准的计算机硬件设备，可以被当作真正的硬件来使用。虚拟机在虚拟机软件的窗口中运行，用户可以在虚拟机中安装能在标准 PC 上运行的操作系统及软件，如 UNIX、Linux、Windows、Netware 和 MS-DOS 等。

在虚拟的计算机系统环境中常用到以下概念。

（1）物理计算机（Physical Computer）：运行虚拟机软件（如 VMware Workstation、Virtual PC 等）的物理计算机硬件系统，又称宿主机。

（2）宿主操作系统（Host OS）：在物理计算机（宿主机）上运行的操作系统，在它之上运行虚拟机软件（如 VMware Workstation、Virtual PC 等）。

（3）客户机操作系统（Guest OS）：在虚拟机上运行的操作系统。需要注意的是，它不等同于桌面操作系统（Desktop Operating System）和客户端操作系统（Client Operating System），因为虚拟机中的客户机操作系统可以是服务器操作系统，如在虚拟机上安装的 Debian 10。

（4）虚拟硬件（Virtual Hardware）：虚拟机通过软件模拟出来的硬件系统，如 CPU、HDD、RAM 等。

例如，在一台安装了 Windows 10 操作系统的计算机上安装虚拟机软件，那么 Host 指的是安装了 Windows 10 操作系统的这台物理计算机，Host OS 指的是 Windows 10 操作系统，如果虚拟机上运行的是 Linux 操作系统 Ubuntu，那么 Guest OS 指的就是 Ubuntu 操作系统。

2. 虚拟机软件

目前，虚拟机软件的种类比较多，有功能相对简单的 PC 桌面版本，适合个人使用，如 VirtualBox 和 VMware Workstation 等；有功能和性能都非常完善的服务器版本，适合服务器虚拟化使用，如 Xen、KVM、Hyper-V 和 VMware vSphere 等。

VMware 是全球云基础架构和移动商务解决方案厂商，提供基于 VMware 的解决方案。该企业主要涉及的业务包括数据中心改造、公有云整合等。VMware 最常用的产品就是 VMware Workstation（VMware 工作站）。VMware 的桌面产品非常简单、便捷，支持多种主流操作系统，如 Windows、Linux 等，并且提供多平台版本。

3. 虚拟机的特点和作用

（1）虚拟机可以同时在一台物理计算机上运行多个操作系统，并且这些操作系统可以完全不同（如 Windows 各个版本和 Linux 各个发行版本等）。这些不同的虚拟机相互独立和隔离，如同网络上一个个独立的 PC，同时虚拟机和物理计算机之间也相互隔离，即使虚拟机崩溃了也不会影响物理计算机。

（2）虚拟机可以通过物理硬盘直接使用，也可以以文件（虚拟硬盘）的方式安装，其管理方式简单，不仅可以非常方便地进行复制、迁移，还可以安装在移动硬盘和 NFS（Network File System，网络文件系统）上。虚拟机镜像可以被复制到其他已安装虚拟软件的计算机上直接使用。现在的虚拟机软件对于虚拟硬盘的支持也做得越来越好。

（3）虚拟机软件提供了克隆和快照功能，使用克隆功能可以迅速部署虚拟机，使用快照功能可以迅速创建备份还原点。

（4）虚拟机之间可以通过网络共享文件、应用、网络资源等，也可以在一台计算机上部署多台虚拟机并将它们连接成一个网络。

任务实施

1. 安装 VMware Workstation 16 Pro

步骤 1：运行下载好的“VMware Workstation 16 Pro for Windows”应用程序的安装文件，将会看到虚拟机软件的安装向导初始界面，单击“下一步”按钮，如图 1-1-1 所示。

步骤 2：在“最终用户许可协议”界面中，勾选“我接受许可协议中的条款”复选框，并单击“下一步”按钮，如图 1-1-2 所示。

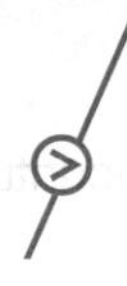

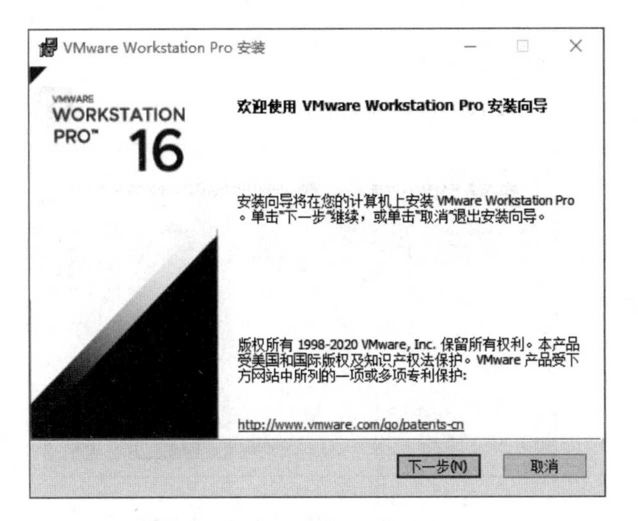

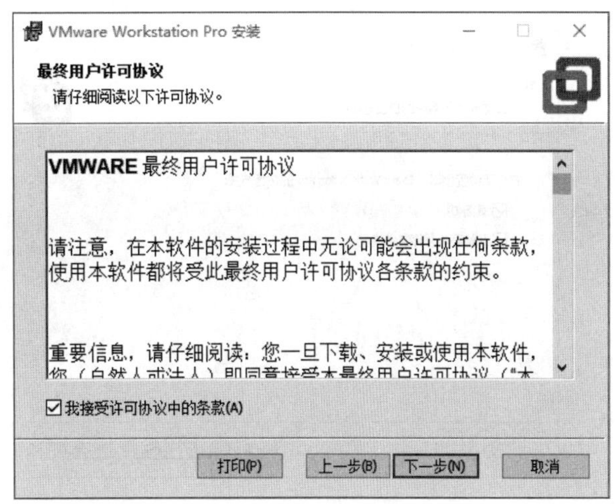

图 1-1-1　安装向导初始界面　　　　图 1-1-2　“最终用户许可协议”界面

步骤 3：在“自定义安装”界面中，单击“下一步”按钮，如图 1-1-3 所示。

步骤 4：在“用户体验设置”界面中，取消勾选“启动时检查产品更新”及“加入 VMware 客户体验提升计划”复选框，并单击“下一步”按钮，如图 1-1-4 所示。

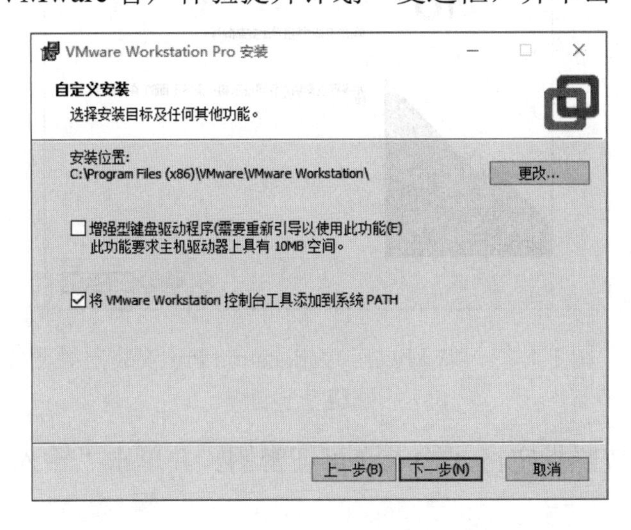

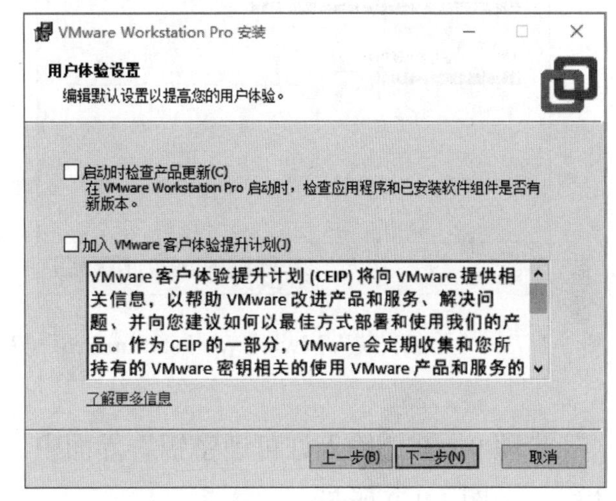

图 1-1-3　“自定义安装”界面　　　　图 1-1-4　“用户体验设置”界面

步骤 5：在“快捷方式”界面中，选择快捷方式的保存位置，单击“下一步”按钮，如图 1-1-5 所示。

步骤 6：在“已准备好安装 VMware Workstation Pro”界面中，单击“安装”按钮，开始安装软件，如图 1-1-6 所示。

步骤 7：在“正在安装 VMware Workstation Pro”界面中，可以看到软件安装的状态，如图 1-1-7 所示。

步骤 8：在“VMware Workstation Pro 安装向导已完成”界面中，选择是否输入软件许可证密钥，若只需试用 30 天，则直接单击“完成”按钮；若已经购买软件许可证，则单击“许可证”按钮，如图 1-1-8 所示。

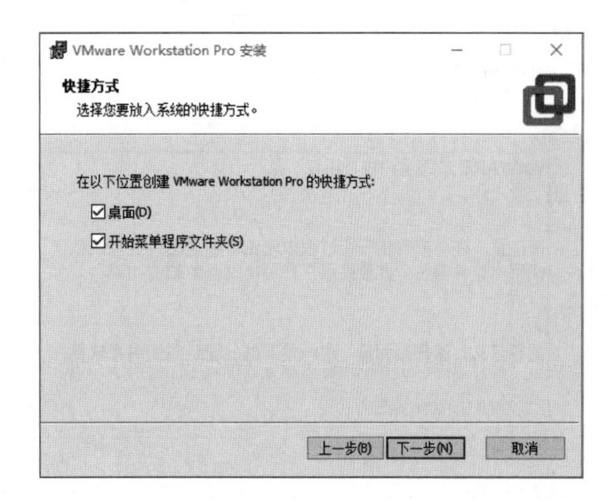

图 1-1-5 “快捷方式”界面

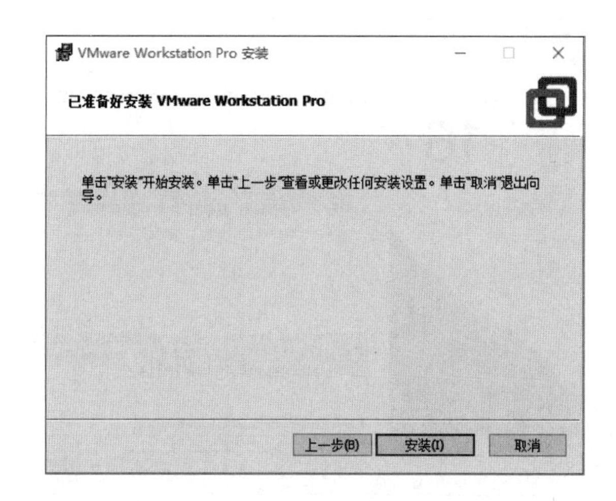

图 1-1-6 “已准备好安装 VMware Workstation Pro”界面

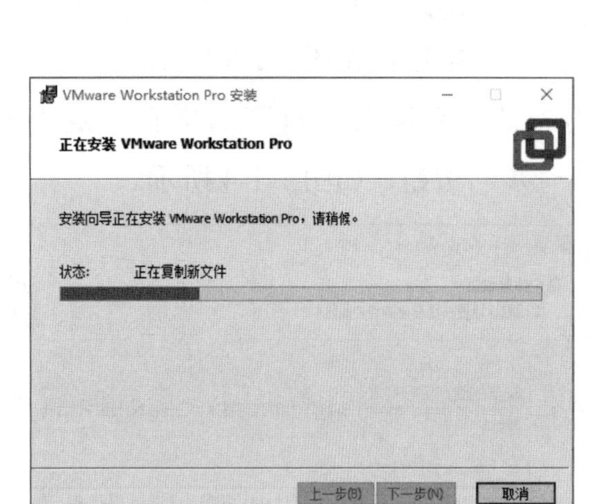

图 1-1-7 “正在安装 VMware Workstation Pro”界面

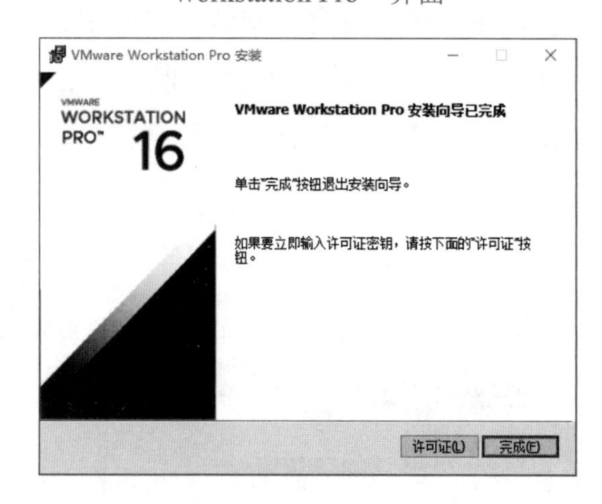

图 1-1-8 “VMware Workstation Pro 安装向导已完成”界面

步骤 9：在“输入许可证密钥”界面中，按照指定格式输入许可证密钥，并单击“输入”按钮，如图 1-1-9 所示。

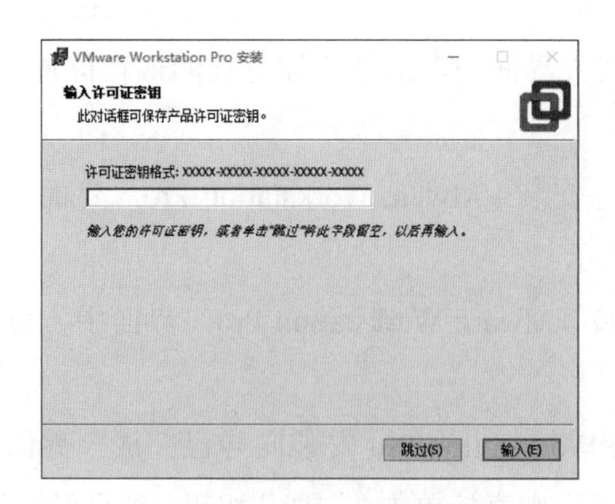

图 1-1-9 “输入许可证密钥”界面

步骤 10：再次出现“VMware Workstation Pro 安装向导已完成”界面，直接单击“完成”

按钮。至此，VMware Workstation 16 Pro 安装完毕。

步骤 11：双击桌面上的“VMware Workstation Pro”图标，打开 VMware Workstation 16 Pro 虚拟机软件界面，表示安装完成，如图 1-1-10 所示。

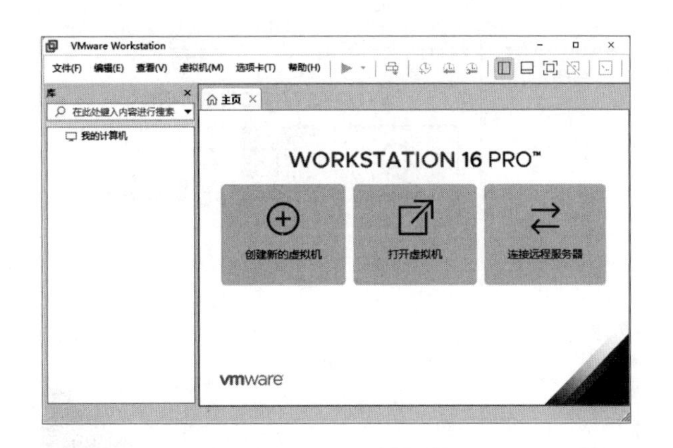

图 1-1-10　VMware Workstation 16 Pro 虚拟机软件界面

2. 创建虚拟机

1）设置虚拟机的默认存储位置

步骤 1：在 VMware Workstation 16 Pro 虚拟机软件界面中，选择“编辑”→“首选项”选项，如图 1-1-11 所示。

步骤 2：在“首选项”对话框中，选择“工作区”选项，之后单击“浏览”按钮或者在其左侧的文本框中手动输入虚拟机的默认存储位置，本任务设置为“D:\”，并单击“确定”按钮，如图 1-1-12 所示。

图 1-1-11　选择“首选项”选项

图 1-1-12　设置虚拟机的默认存储位置

2）创建虚拟机

步骤 1：双击桌面上的“VMware Workstation Pro”图标，打开 VMware Workstation 16

Pro 虚拟机软件界面，在该界面的“主页”选项卡中单击“创建新的虚拟机”按钮，如图 1-1-13 所示。

图 1-1-13　单击“创建新的虚拟机”按钮

步骤 2：在“新建虚拟机向导”对话框（见图 1-1-14）中选择虚拟机的创建方式，“典型（推荐）”表示使用推荐设置快速创建虚拟机，“自定义（高级）”表示根据需要设置虚拟机的硬件类型、兼容性、存储位置等。本任务选中“自定义（高级）”单选按钮，单击“下一步”按钮。

步骤 3：在“选择虚拟机硬件兼容性”界面中，单击“下一步”按钮，如图 1-1-15 所示。

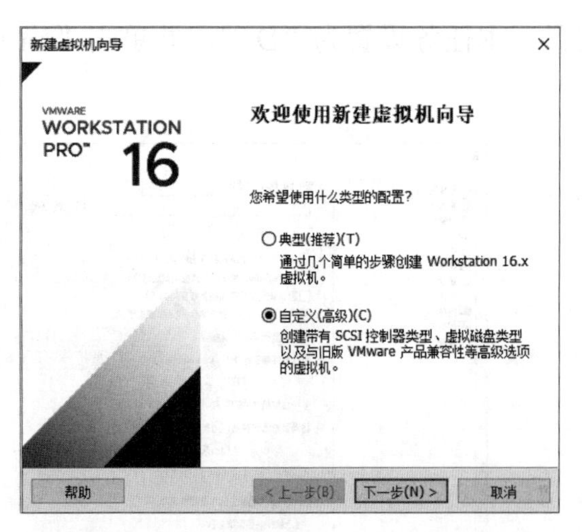

图 1-1-14　“新建虚拟机向导”对话框

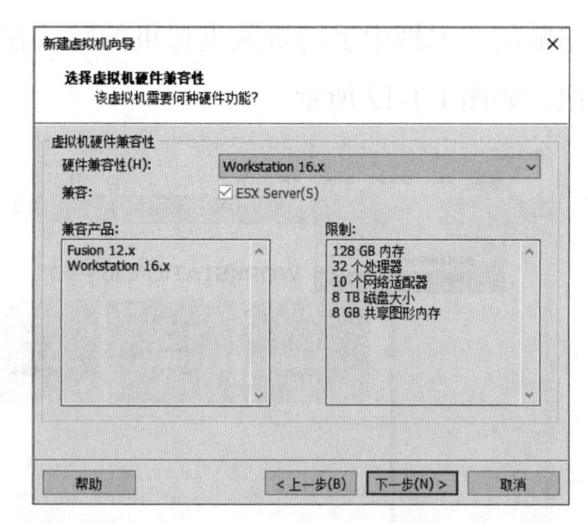

图 1-1-15　“选择虚拟机硬件兼容性”界面

步骤 4：在“安装客户机操作系统”界面中，选中“稍后安装操作系统”单选按钮，单击“下一步”按钮，如图 1-1-16 所示。

步骤 5：在“选择客户机操作系统”界面中，选中“Linux”单选按钮，设置操作系统版本为“Ubuntu 64 位”，单击“下一步”按钮，如图 1-1-17 所示。

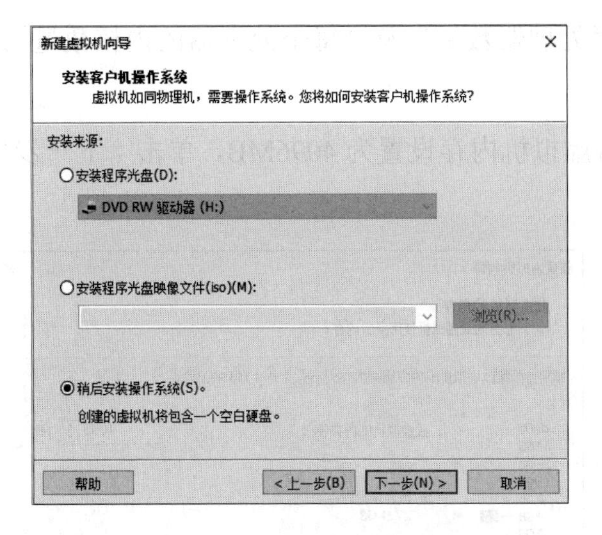

图 1-1-16　“安装客户机操作系统”界面

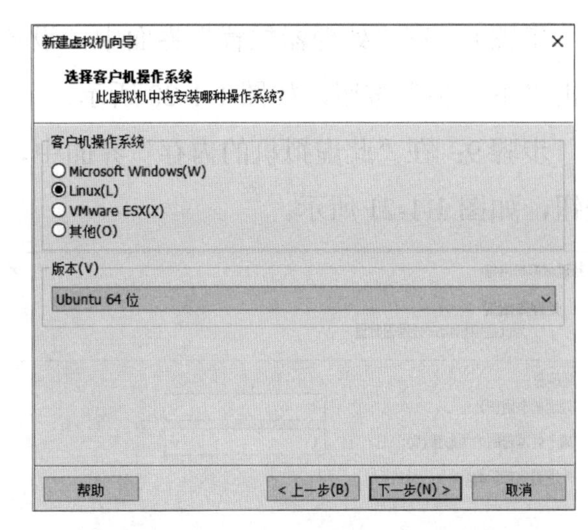

图 1-1-17　“选择客户机操作系统”界面

步骤 6：在“命名虚拟机”界面中，输入虚拟机名称，本任务使用“Server1”，单击“下一步”按钮，如图 1-1-18 所示。

步骤 7：在“固件类型”界面中，选中“UEFI”单选按钮，单击“下一步”按钮，如图 1-1-19 所示。

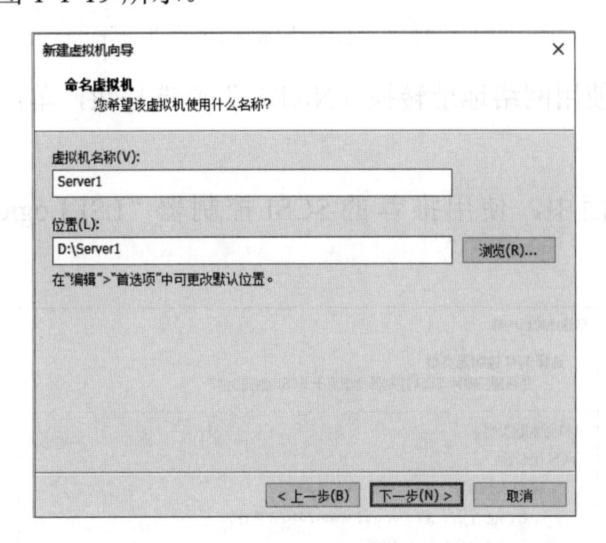

图 1-1-18　“命名虚拟机”界面

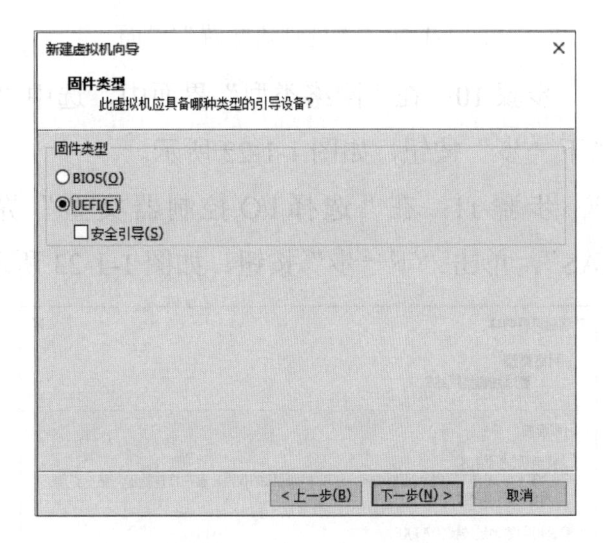

图 1-1-19　“固件类型”界面

小贴士

BIOS（Basic Input Output System，基本输入输出系统）主要负责开机时检测硬件功能和引导操作系统。

UEFI（Unified Extensible Firmware Interface，统一的可扩展固件接口）规范提供并定义了固件和操作系统之间的软件接口。UEFI 取代了 BIOS，增强了可扩展固件接口，并为操作系统和启动时的应用程序与服务提供了操作环境。UEFI 最主要的特点是采用图形界面，更有利于用户对象图形化的操作。

步骤 8：在“处理器配置”界面中，设置“处理器数量”及“每个处理器的内核数量”，单击“下一步”按钮，如图 1-1-20 所示。

步骤 9：在“此虚拟机的内存”界面中，将虚拟机内存设置为 4096MB，单击“下一步”按钮，如图 1-1-21 所示。

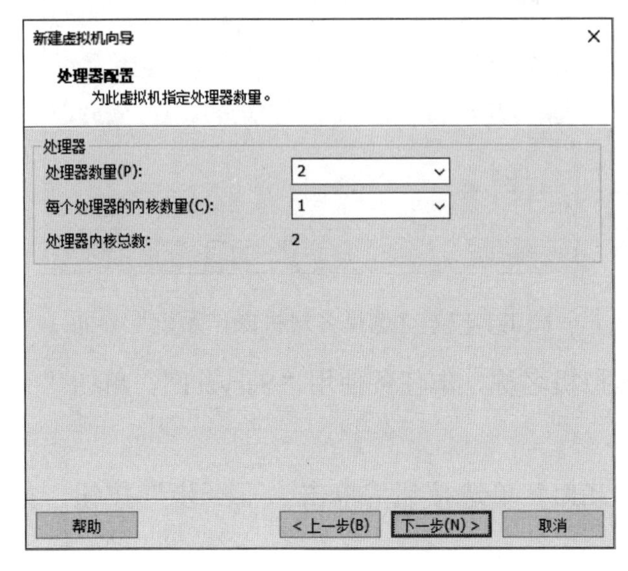

图 1-1-20　“处理器配置”界面

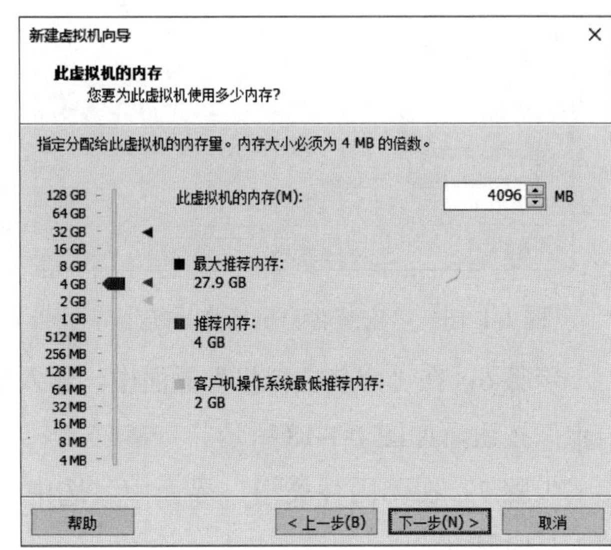

图 1-1-21　“此虚拟机的内存”界面

步骤 10：在“网络类型”界面中，选中“使用网络地址转换（NAT）”单选按钮，单击“下一步”按钮，如图 1-1-22 所示。

步骤 11：在“选择 I/O 控制器类型”界面中，使用推荐的 SCSI 控制器“LSI Logic SAS”，单击“下一步”按钮，如图 1-1-23 所示。

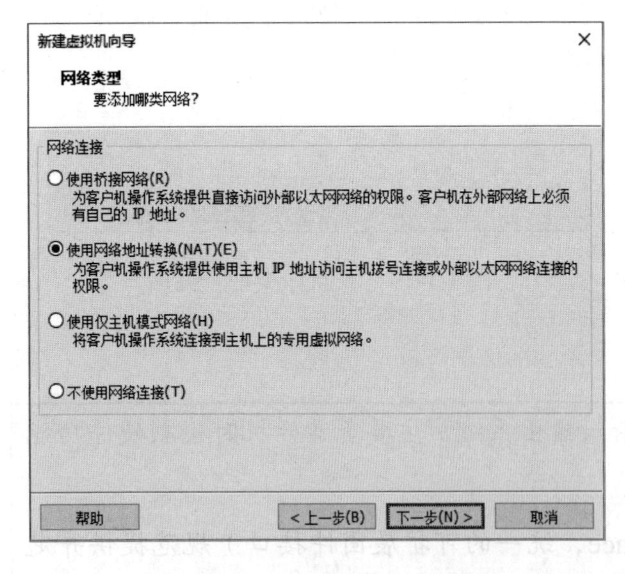

图 1-1-22　“网络类型”界面

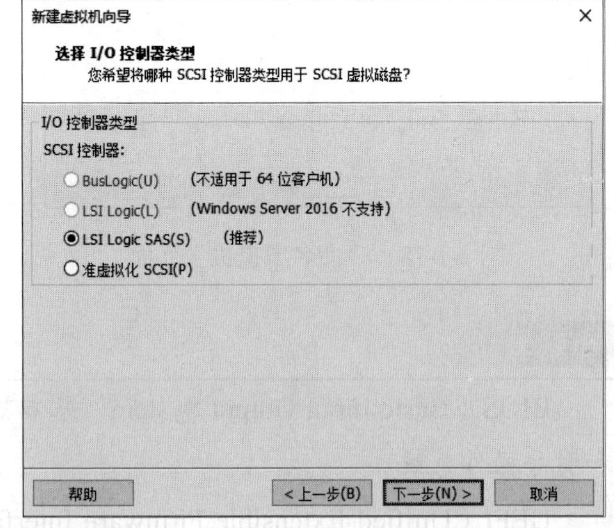

图 1-1-23　“选择 I/O 控制器类型”界面

步骤 12：在“选择磁盘类型”界面中，使用推荐的虚拟磁盘类型“SCSI”，单击“下一步”

按钮，如图 1-1-24 所示。

步骤 13：在“选择磁盘”界面中，选中“创建新虚拟磁盘”单选按钮，单击“下一步”按钮，如图 1-1-25 所示。

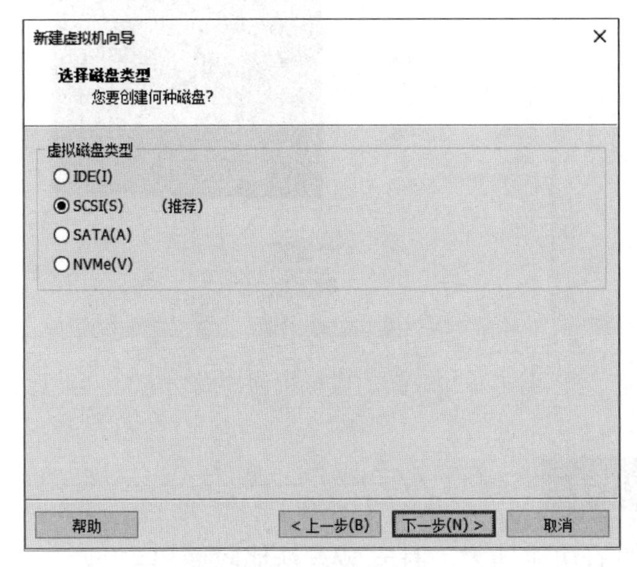

图 1-1-24　“选择磁盘类型”界面

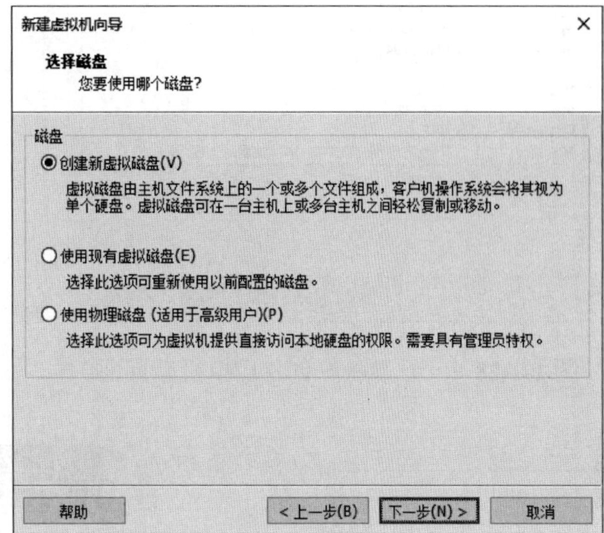

图 1-1-25　“选择磁盘”界面

步骤 14：在“指定磁盘容量”界面中，将“最大磁盘大小（GB）”设置为“30.0”，并选中“将虚拟磁盘存储为单个文件”单选按钮，单击“下一步”按钮，如图 1-1-26 所示。

步骤 15：在“指定磁盘文件”界面中，单击“下一步”按钮，如图 1-1-27 所示。

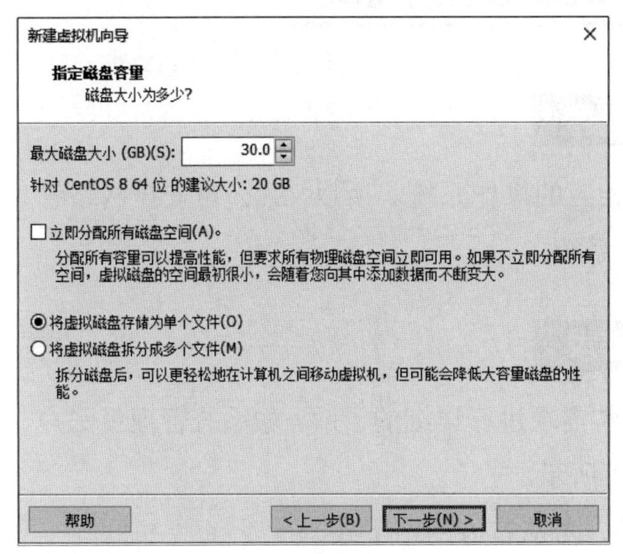

图 1-1-26　“指定磁盘容量”界面

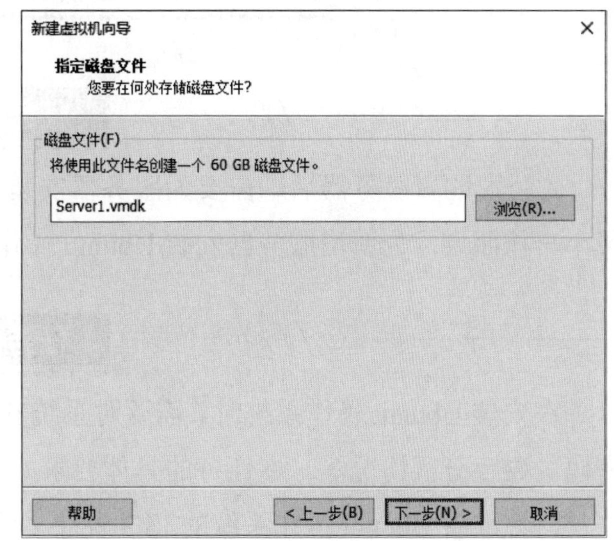

图 1-1-27　“指定磁盘文件”界面

步骤 16：在“已准备好创建虚拟机”界面中，单击“完成”按钮，如图 1-1-28 所示。至此，虚拟机创建完成。在新的虚拟机创建成功后，该虚拟机相应的界面左侧是其硬件摘要信息，右侧是预览窗口，如图 1-1-29 所示。

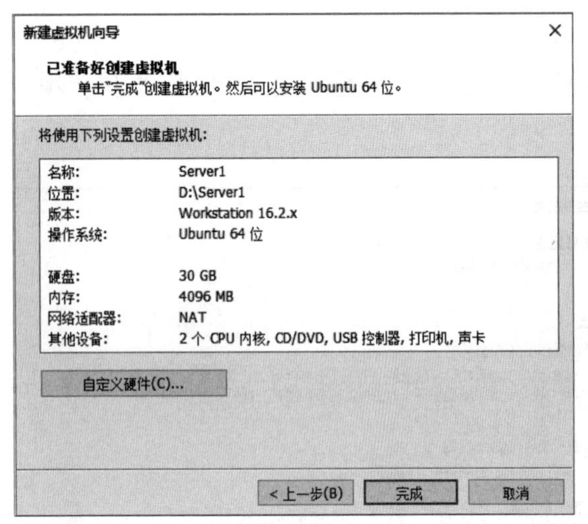

图 1-1-28 “已准备好创建虚拟机”界面

图 1-1-29 新的虚拟机创建成功

任务小结

（1）VMware Workstation 16 Pro 虚拟机软件的功能强大，且安装方法比较简单。

（2）在虚拟机软件下创建虚拟机时，需要区分典型类型和自定义类型的不同，自定义类型要求设置虚拟机的硬件类型、兼容性、存储位置等。

任务 1.2　安装 Ubuntu 操作系统

任务描述

Z 公司购置服务器后，需要为服务器安装相应的操作系统。所以，Z 公司安排网络管理员小李按照要求为新增服务器安装 Ubuntu 操作系统。

任务要求

在安装 Ubuntu 操作系统时，需要对系统安装需求进行详细的了解，如系统管理员账户、密码、磁盘分区情况等。本任务的具体要求如下所示。

（1）准备 Ubuntu 操作系统的 ISO 映像文件，可从官方网站下载。

（2）宿主机的 CPU 应支持虚拟化技术，并处于开启状态。

（3）使用任务 1.1 创建的虚拟计算机系统。

（4）安装 Ubuntu 操作系统，其项目参数及说明如表 1-2-1 所示。

表 1-2-1　安装 Ubuntu 操作系统的项目参数及说明

项 目 参 数	说　明
安装过程中的语言	中文（简体）
键盘布局	“English(US)” → “English(US)”
更新和其他软件	正常安装、安装时不下载更新
安装类型	清除整个磁盘并安装 Ubuntu 操作系统
位置	Shanghai-上海
姓名	chris
主机名	ubuntu
普通用户和密码	chris/123456
其他项目	采用默认配置

知识链接

1. 自由软件与 Linux 操作系统

自由软件的自由（Free）有两个含义：第一，可以免费提供给任何用户使用；第二，源代码公开且可自由修改。可自由修改是指用户可以对公开的源代码进行修改，使自由软件更加完善，还可以在对自由软件进行修改的基础上开发上层软件。

自由软件的出现给人们带来了很多好处。首先，免费的软件可以为使用者节省一笔费用。其次，自由软件公开源代码，这样可以吸引尽可能多的开发者参与软件的查错与改进，使软件的质量和功能得到持续改进。

Richard M. Stallman 是 GNU 项目的创始人。他于 1983 年起开发自由开放的操作系统 GNU（Gun is Not UNIX 的首字母缩写），以此向计算机用户提供自由开放的选择。GNU 是自由软件，即任何用户都可以免费复制、重新分发和修改。

2. Linux 操作系统及其历史

Linux 是一个操作系统，也是一个免费的、源代码开放的自由软件，其编制目的是建立不受任何商品化软件版权制约的、全世界都能自由使用的 UNIX 兼容产品。

Linux 操作系统最初是由芬兰赫尔辛基大学计算机系学生 Linus Torvalds 在 1990 年年底到 1991 年的几个月中，为了他自己的操作系统课程和后来的上网用途而编写的。他在自己购买的 Intel 386 PC 上，利用 Tanenbaum 教授设计的微型 UNIX 操作系统 Minix 作为开发平台。Linus Torvalds说，他刚开始时根本没有想到要编写一个操作系统的内核，更没有想到这一举动会在计算机界产生如此重大的影响。最开始，他编写的只是一个进程切换器，后来是为了满足自己的上网需求而编写的终端仿真程序，再后来是为了满足从网上下载文件的需求而编写的硬盘驱动程序和文件系统，这时他才发现自己已经实现了一个几乎完整的操作系统内核。

出于对这个内核的信心和发展期盼，Linus Torvalds 希望这个内核能够被免费使用，但谨慎的他并没有在 Minix 新闻组中公布，只是于 1991 年年底在赫尔辛基大学的一台 FTP 服务器上发布了一则消息，声称用户可以下载 Linux 操作系统的公开版本（基于 Intel 386 体系结构）和源代码。从此以后，“奇迹”开始发生。

Linux 操作系统允许个人用户使用，由于它是在 Internet 上发布的，因此网络上的任何人在任何地方都可以得到 Linux 操作系统的基本文件，并且可以通过电子邮件发表评论或者提供修正代码。许多高校的学生和科研机构的科研人员等纷纷把它当作学习和研究的对象，他们提供的所有初期的上载代码和评论对 Linux 操作系统的发展至关重要。正是在众多爱好者的努力下，Linux 操作系统在不到 3 年的时间里成了一个功能完善、稳定可靠的操作系统。

如今，Linux 已经成为一个功能完善的主流网络操作系统。作为服务器的操作系统，它包括配置和管理各种网络所需的所有工具，并且得到 Oracle、IBM、惠普、戴尔等大型 IT 企业的支持，越来越多的企业开始采用 Linux 作为服务器的操作系统，也有很多用户采用 Linux 作为桌面操作系统。

3. Linux 操作系统的特性

Linux 操作系统在短短几年内得到了非常迅猛的发展，与其具有的良好特性是分不开的。Linux 操作系统包含了 UNIX 操作系统的全部功能和特性。简单来说，Linux 操作系统具有以下主要特性。

1）开放性

Linux 遵循开放系统互联（Open System Interconnection，OSI）标准，同时采用 GNU 通用公共许可协议（General Public License，GPL）发布，是一个免费、自由、开放的操作系统。也就是说，任何人都可以使用 Linux 操作系统，在对该系统进行修改时无须担心任何版权问题。

2）多用户、多任务

Linux 是多用户、多任务的操作系统，可以支持多个使用者同时使用系统的磁盘、外部设备、处理器等资源。Linux 的保护机制使得每个应用程序和用户互不干扰，即使一个任务崩溃，其他任务也可以照常运行。

3）出色的速度性能

Linux 操作系统可以连续运行数月、数年而无须重新启动，与经常宕机的 Windows NT 操作系统相比，这一优点尤其突出。作为一种计算机操作系统，即使与许多用户非常熟悉的 UNIX 操作系统相比，它的性能也显得更为优秀。Linux 操作系统对 CPU 的要求不高，它可

以把处理器的性能发挥到极限，而限制系统性能提高的因素主要是其总线和磁盘 I/O 的性能。

4）良好的用户界面

Linux 操作系统向用户提供了 3 种界面，即命令行界面、系统调用界面和图形用户界面。

5）丰富的网络功能

Linux 操作系统是在 Internet 的基础上产生并发展起来的，因此完善的内置网络是 Linux 操作系统的一大特点。Linux 操作系统在通信和网络功能方面优于其他操作系统。

6）可靠的系统安全

Linux 操作系统采用了许多安全技术措施，包括对读写进行权限控制、带保护的子系统、审计跟踪、核心授权等，这为网络多用户环境中的用户提供了必要的安全保障。

7）良好的可移植性

可移植性是指操作系统从一个平台转移到另一个平台后仍然能按其自身方式运行的能力。Linux 是一种可移植的操作系统，能够在从微型计算机到大型计算机的任何环境中及任何平台上运行。可移植性为运行 Linux 操作系统的不同计算机平台与其他任何机器进行准确而有效的通信提供了手段，无须额外增加特殊和昂贵的通信接口。

4. Linux 操作系统的组成

Linux 操作系统由内核（Kernel）、外壳（Shell）和应用程序三大部分构成，如图 1-2-1 所示。硬件平台是 Linux 操作系统运行的基础，目前，Linux 操作系统几乎可以在所有类型的计算机硬件平台上运行。

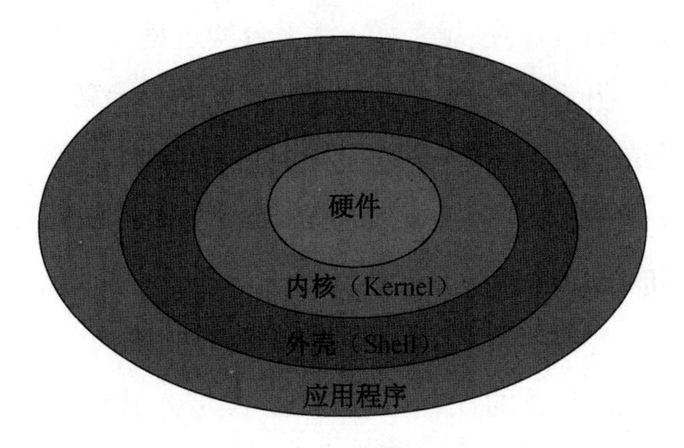

图 1-2-1　Linux 操作系统结构层次图

（1）内核（Kernel）：内核是系统的“心脏”，是运行程序和管理磁盘、打印机等硬件设备的核心程序。

（2）外壳（Shell）：外壳是系统的用户界面，提供了用户与内核进行交互操作的一种接口。它接收用户输入的命令并将其发送到内核中执行。实际上，外壳是一个命令解释器，可以解释所有用户输入的命令并且把它们发送到内核中。目前，外壳有 bash、csh 等版本。

（3）应用程序：标准的Linux操作系统都有一套称为应用程序的程序集，包括文本编辑器、编程语言、图形用户界面、办公套件、Internet 工具、数据库等。

5. Linux 操作系统的应用领域

Linux 操作系统从诞生到现在，已经在各个领域得到了广泛应用，显示了强大的生命力，并且其应用领域正日益扩大。

1）教育领域

首先，设计先进和公开源代码这两大特性使得 Linux 教材成为操作系统相关课程的优秀教材。

其次，OLPC（One Laptop Per Child，每个儿童一台笔记本电脑）计划的笔记本电脑均使用 Linux 操作系统。OLPC 是由麻省理工学院多媒体实验室在 2005 年发起并组织的一个非营利性组织。OLPC 借由生产接近 100 美元的笔记本电脑，提供给对 OLPC 计划有兴趣的发展中国家，并由该国政府直接提供给成千上万名处于困境的儿童使用，从而填补“知识鸿沟”，故又称“百元电脑”。OLPC 已如愿开发出了 OLPC XO 笔记本电脑，可以充分利用 Linux 操作系统在开源方面的优势。

2）服务器领域

Linux 服务器具有稳定、可靠、系统要求低、网络功能强等特点，这使得 Linux 成为 Internet 服务器操作系统的首选，目前已经在服务器操作系统市场实现 40% 以上的占有率。

3）云计算领域

云计算如今的发展如火如荼。在构建云计算平台的过程中，开源技术起到了不可替代的作用。从某种程度上来说，开源是云计算的“灵魂”。在云计算领域，大多数的云基础设施平台都使用 Linux 操作系统。

目前已经有多个云计算平台的开源实现，主要的开源云计算项目有 Eucalyptus、OpenStack、CloudStack 和 OpenNebula 等。

4）嵌入式领域

Linux 是非常适合嵌入式开发的操作系统。Linux 嵌入式应用涵盖的领域极为广泛，可以说嵌入式领域将是 Linux 操作系统最大的发展空间。目前，主流 IT 界取得最大成功的当属由谷歌开发的 Android 操作系统，它是基于 Linux 操作系统的移动操作系统。Android 操作系统把 Linux 操作系统带到了全球无数移动设备消费者的生活中。具体的嵌入式应用有移动通信终端、网络通信设备、智能家电设备、车载电脑和自动柜员机（ATM）等。

5）政府领域

国内已有众多机构使用 Linux 操作系统。例如，2020 年广西壮族自治区柳州市依托

Linux 操作系统创建了强健的电子政务系统。

6）企业领域

Linux 操作系统作为企业级服务器应用广泛，企业利用 Linux 操作系统可以用低廉的投入架设 E-mail 服务器、WWW 服务器、DNS 和 DHCP 服务器、目录服务器、防火墙、文件和打印服务器、代理服务器、透明网关、路由器等。目前，亚马逊、思科、IBM、京东等都是 Linux 操作系统的用户。

7）桌面领域

Linux 操作系统在桌面应用方面进行了改进，完全可以作为一种集办公应用、多媒体应用、网络应用等多方面功能于一体的图形用户界面操作系统。

常用的面向桌面的 Linux 操作系统包括 Linux Mint、Ubuntu Desktop 等。此外，国产的 Linux 也专门基于国内用户的软件使用习惯进行了优化，如由中国 CCN 联合实验室支持和主导的开源项目优麒麟（Ubuntu Kylin）Linux 操作系统，由中标软件和国防科技大学强强联手合作推出的中标麒麟（NeoKylin）Linux 操作系统，由统信软件技术有限公司推出的统信 UOS 中文国产操作系统和由武汉深之度科技有限公司推出的基于 Ubuntu 发行版本的深度（Deepin）Linux 操作系统等。

6. Linux 内核版本

虽然在普通用户看来，Linux 操作系统是以一个整体的形式出现的，但其实 Linux 操作系统的版本由内核版本和发行版本两部分组成，且每部分都有不同的含义和相关规定。

Linux 内核属于设备与应用程序之间的抽象介质，应用程序可以通过内核控制硬件。

Linus Torvalds 领导下的开发小组控制着 Linux 内核开发与规范。目前，Linux 内核的最新版本编号为 6.6（截至编者完成本书的编写时），并且每隔一段时间就会更新一次，使得 Linux 内核版本越来越完善和强大。

在一般情况下，Linux 内核版本的编号有严格的定义标准，为了分辨和统一，由 3 个数字组成（如 6.1.6），格式为“主版本号 . 次版本号 . 修订版本号”。

（1）第 1 个数字表示主版本号，也就是进行大升级的版本，表示内核发生重大变更。

（2）第 2 个数字表示次版本号，若该数字为偶数，则表示生产版本；若该数字为奇数，则表示测试版本。

（3）第 3 个数字表示修订版本号，表示某些小的功能改动或优化，一般表示把若干优化整合在一起统一对外发布的版本。

用户可以到 Linux 官方网站下载所需要的内核版本，如图 1-2-2 所示。

图 1-2-2　Linux 内核版本下载的官方网站

7. Linux 发行版本

如果没有高层应用软件的支持，那么只有内核的操作系统是无法供用户使用的。由于 Linux 操作系统的内核是开源的，任何人都可以对内核进行修改，因此一些商业公司以 Linux 内核为基础，开发了配套的应用程序，并将其组合在一起以发行版本（Linux Distribution）的形式对外发行，又称 Linux 套件。人们如今提到的 Linux 操作系统一般指的是这些发行版本，而不是 Linux 内核版本。常用的 Linux 发行版本有 Red Hat、CentOS、Debian、Ubuntu、openSUSE 及国产的银河麒麟 Kylin 等。

1）中国自主操作系统

中国自主操作系统有银河麒麟 Kylin、统信 UOS 等，这些都是基于开源 Linux 操作系统开发的。

2）Fedora Core

Fedora Core 的前身就是 Red Hat Linux。2003 年 9 月，红帽公司（Red Hat）突然宣布不再推出个人使用的发行套件而专心发展商业版本（Red Hat Enterprise Linux）的桌面套件，同时红帽公司还宣布将原有的 Red Hat Linux 开发计划和 Fedora 计划整合成一个新的 Fedora Project。Fedora Project 将会由红帽公司赞助，以 Red Hat Linux 9 为范本进行改进，原本的开发团队会继续参与 Fedora Project 的开发计划，同时鼓励开放原始码社群参与开发工作。

3）Rocky Linux

Rocky Linux 是一个开源、免费的企业级操作系统，旨在与 RHEL（Red Hat Enterprise Linux）100% 兼容。

2020 年 12 月 8 日，Red Hat 宣布公司将停止开发 CentOS，转而支持该操作系统更新的上游开发变体，称为“CentOS Stream”。之后，CentOS 创始人 Gregory Kurtzer 在 CentOS 网站上发表评论，宣布他将再次启动一个项目以实现 CentOS 的最初目标。该项目名称是对早期 CentOS 联合创始人 Rocky McGaugh 的致敬。截至 2020 年 12 月 12 日，Rocky Linux 的代码仓库已经成为 GitHub 上的热门仓库。

2021 年 6 月 21 日，社区发布了 Rocky Linux 8.4 稳定版本，代号为“Green Obsidian”，

成为首个稳定版本。2022 年 7 月 16 日，Rocky Linux 社区宣布，Rocky Linux 9.0 全面上市，可作为 CentOS Linux 和 CentOS Stream 的直接替代品。

4）Debian Linux

Debian Linux 是最古老的 Linux 发行版本之一，很多其他 Linux 发行版本都是基于 Debian 发展而来的，如 Ubuntu、Google Chrome OS 等。Debian Linux 主要分为 3 个版本：稳定版本（stable）、测试版本（testing）、不稳定版本（unstable）。

5）Ubuntu

Ubuntu 是基于 Debian 发展而来的，其基本目标是为用户提供良好的用户体验和技术支持。实际上，Ubuntu 的发展非常迅猛，其应用已经扩展到了云计算、服务器、个人桌面，甚至移动终端，如手机和平板电脑等。此外，在 Ubuntu 的基础上，也衍生出了十几个发行版本，包括Edubuntu、Kubuntu、Ubuntu GNOME、Ubuntu MATE、Ubuntu Kylin、Ubuntu Server、Ubuntu Stuidio 和 Ubuntu Touch 等。它们要么有专门的应用领域，例如 Edubuntu 专门面向教育领域，可以用在教室等场合，Ubuntu Stuidio 提供了大量开源的多媒体处理工具，可以用来处理视频、音频或者图片等；要么用在不同的设备上面，例如 Ubuntu Server 运行在服务器上，Ubuntu Touch 专门为触摸设备设计。

本书以 Ubuntu 的 22.04 版本为平台介绍 Linux 操作系统的使用方法。书中出现的各种操作，如无特别说明，均以 Ubuntu 为实现平台，同时，仅项目 1 使用桌面版操作系统进行介绍，其他项目均使用服务器版操作系统进行介绍。

任务实施

1. 将安装映像文件放入虚拟机光驱

步骤 1：在 VMware Workstation 16 Pro 虚拟机软件界面左侧选择虚拟机“Server1”，在“Server1”选项卡中双击光盘驱动器“CD/DVD（SATA）”选项，如图 1-2-3 所示。

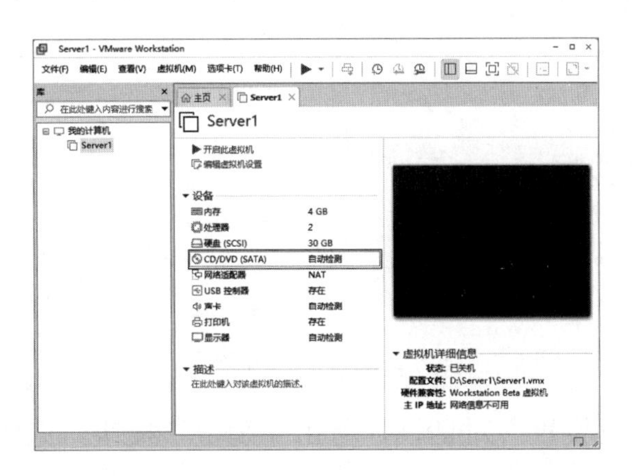

图 1-2-3　VMware Workstation 16 Pro 虚拟机软件界面

步骤 2：在“虚拟机设置”对话框的“硬件”选项卡中，选择光盘驱动器“CD/DVD（SATA）”选项，选中右侧的“使用 ISO 映像文件”单选按钮，单击“浏览”按钮，如图 1-2-4 所示。

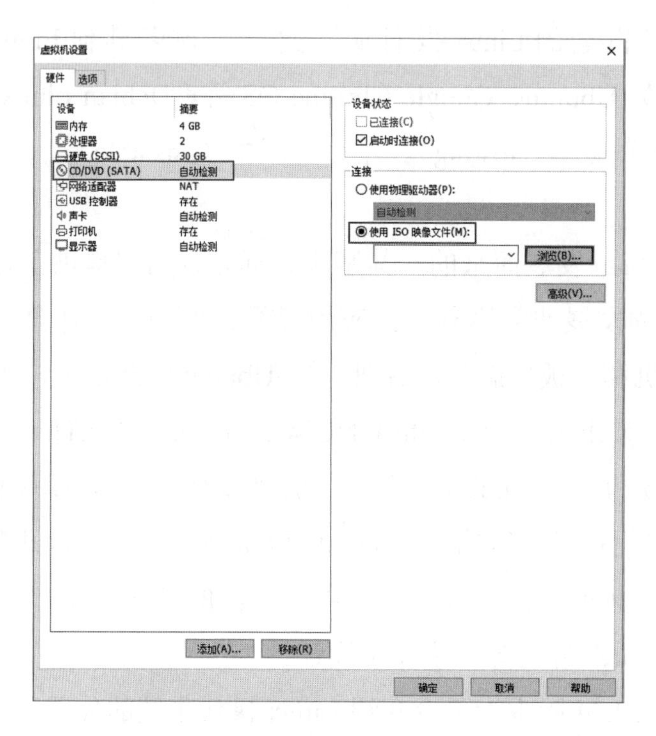

图 1-2-4　“虚拟机设置”对话框

步骤 3：在“浏览 ISO 映像”对话框中浏览并选择 Ubuntu 操作系统的安装映像文件，单击“打开”按钮，如图 1-2-5 所示。

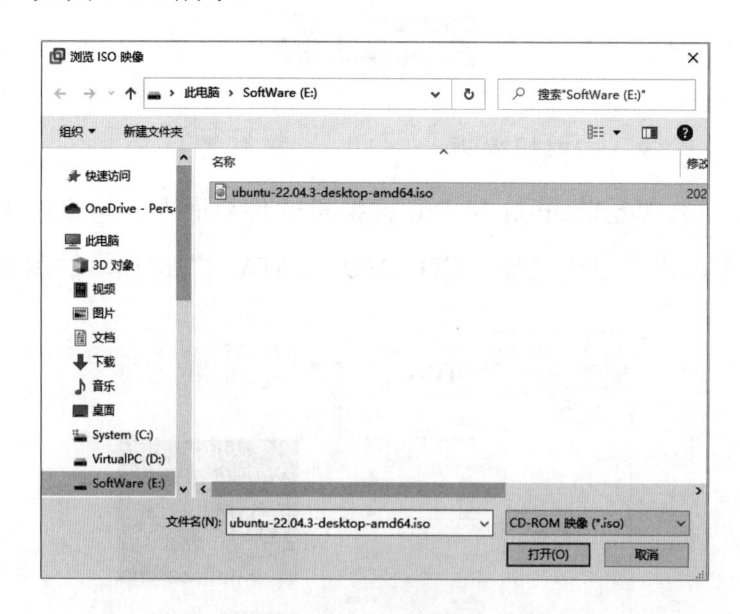

图 1-2-5　“浏览 ISO 映像”对话框

步骤 4：返回“虚拟机设置”对话框，单击“确定”按钮，完成设置。

2. 安装 Ubuntu 操作系统

步骤 1：在 VMware Workstation 16 Pro 虚拟机软件界面的“Server1”选项卡中，单击“开启此虚拟机”按钮，如图 1-2-6 所示。

步骤 2：加载后进入“GNU GRUB version 2.06”界面，选择“*Try or Install Ubuntu”选项，按“Enter”键即可开始安装，如图 1-2-7 所示。

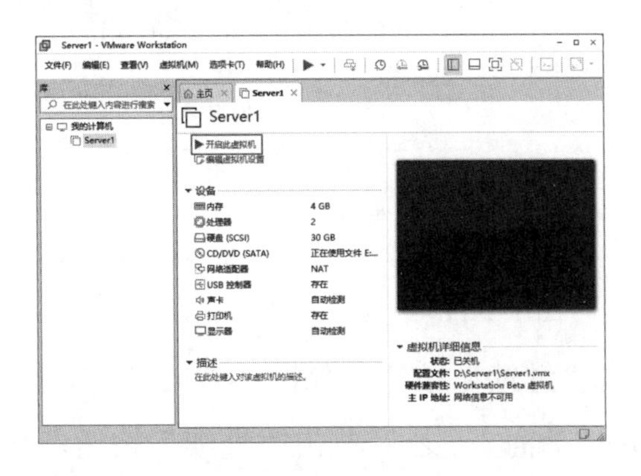

图 1-2-6　单击“开启此虚拟机”按钮

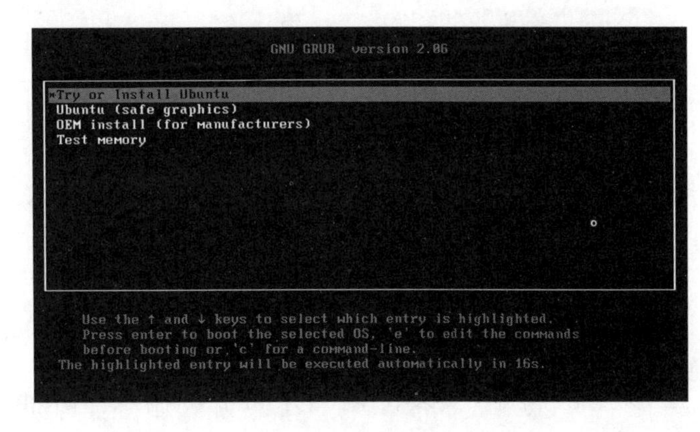

图 1-2-7　“GNU GRUB version 2.06”界面

步骤 3：选择安装过程中的语言，初学者可以选择“中文（简体）”选项，之后单击“安装 Ubuntu”按钮，如图 1-2-8 所示。

步骤 4：在“键盘布局”界面中，选择键盘布局为“English(US)”→“English(US)”，之后单击“继续”按钮，如图 1-2-9 所示。

图 1-2-8　选择语言

图 1-2-9　“键盘布局”界面

步骤 5：在“更新和其他软件”界面中，选中“正常安装”单选按钮并取消勾选“安装 Ubuntu 时下载更新”复选框，之后单击“继续”按钮，如图 1-2-10 所示。

步骤 6：在“安装类型”界面中，选中“清除整个磁盘并安装 Ubuntu”单选按钮，之后单击“现在安装”按钮，如图 1-2-11 所示。

图 1-2-10 “更新和其他软件”界面

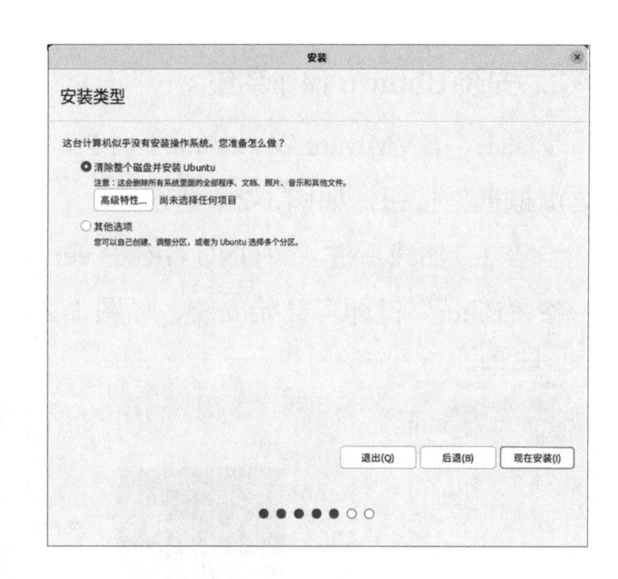

图 1-2-11 “安装类型”界面

步骤 7：在“将改动写入磁盘吗？”界面中，单击“继续”按钮，如图 1-2-12 所示。

步骤 8：在“安装位置”界面中，输入“Shanghai- 上海”，之后单击“继续”按钮，如图 1-2-13 所示。

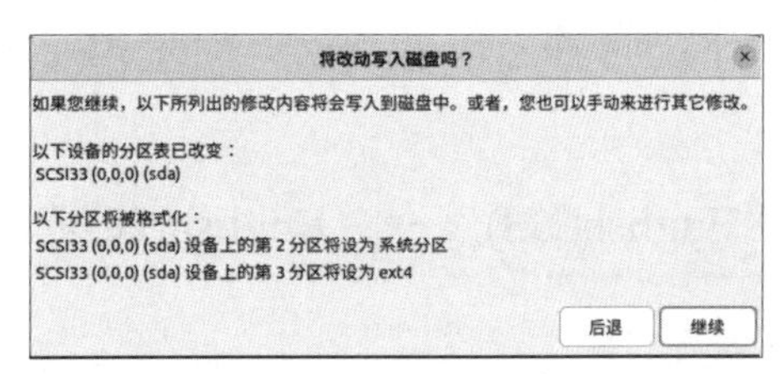

图 1-2-12 “将改动写入磁盘吗？”界面

图 1-2-13 “安装位置”界面（部分）

步骤 9：在“您是谁？”界面中，输入相应的姓名、计算机名、用户名和密码，之后单击“继续”按钮，开始安装 Ubuntu 操作系统，如图 1-2-14 所示。

步骤 10：安装 Ubuntu 操作系统大概需要 8～10 分钟，如图 1-2-15 所示。

图 1-2-14 “您是谁？”界面

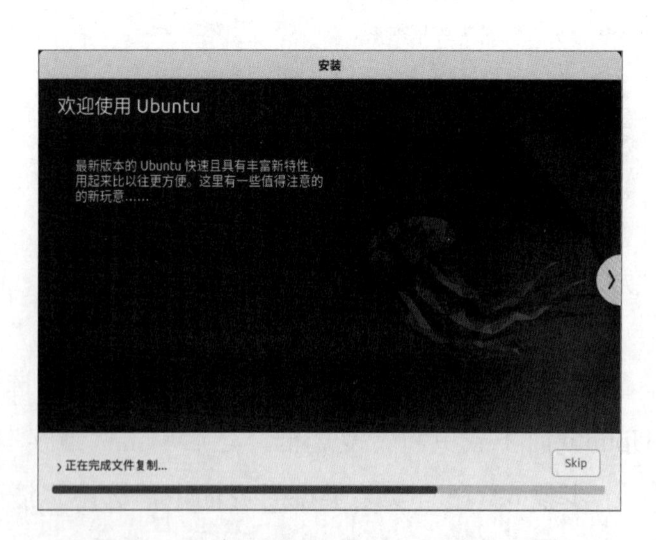

图 1-2-15 正在安装 Ubuntu 操作系统

步骤 11：完成安装后，在“安装完成”界面中，单击“现在重启”按钮，重新引导系统，如图 1-2-16 所示。

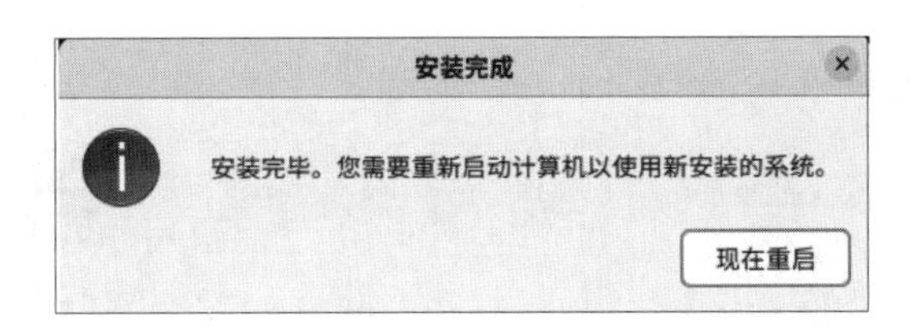

图 1-2-16　“安装完成”界面

3. 初次使用 Ubuntu 操作系统

步骤 1：重新引导系统后，在初次登录系统时，提示“Please remove the installation medium，then press ENTER:”信息，如图 1-2-17 所示，直接按“Enter”键，进入登录界面。

步骤 2：选择“chris”用户，输入密码，直接按“Enter”键，登录系统，如图 1-2-18 所示。

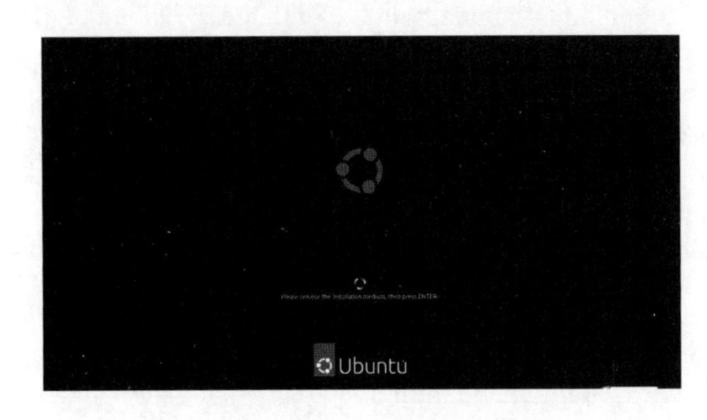

图 1-2-17　提示信息

图 1-2-18　登录系统

步骤 3：登录系统后，进入“在线账号”界面，单击“跳过”按钮，如图 1-2-19 所示。

步骤 4：在“Ubuntu Pro”界面中，单击“前进”按钮，如图 1-2-20 所示。

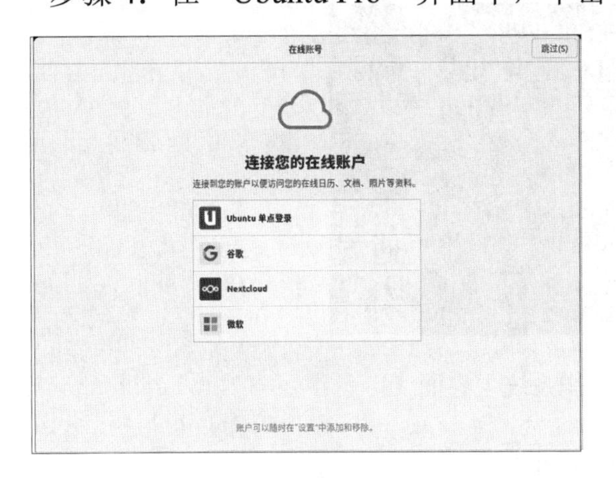

图 1-2-19　“在线账号”界面

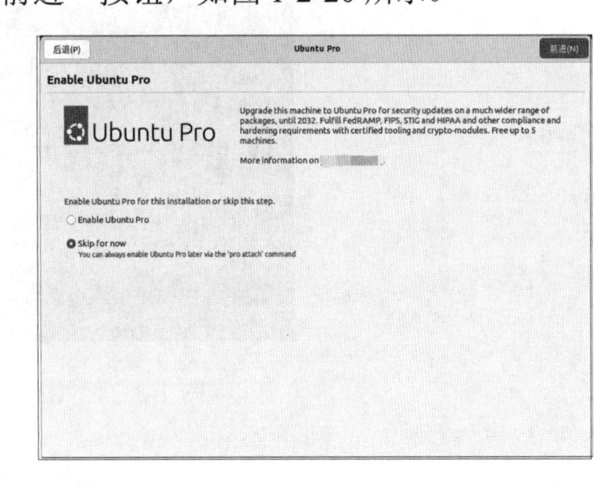

图 1-2-20　“Ubuntu Pro”界面

步骤 5：在“为 Ubuntu 添砖加瓦”界面中，选中“否，不发送系统信息”单选按钮，之后单击“前进”按钮，如图 1-2-21 所示。

步骤 6：在“欢迎使用 Ubuntu”界面中，单击“前进”按钮，如图 1-2-22 所示。

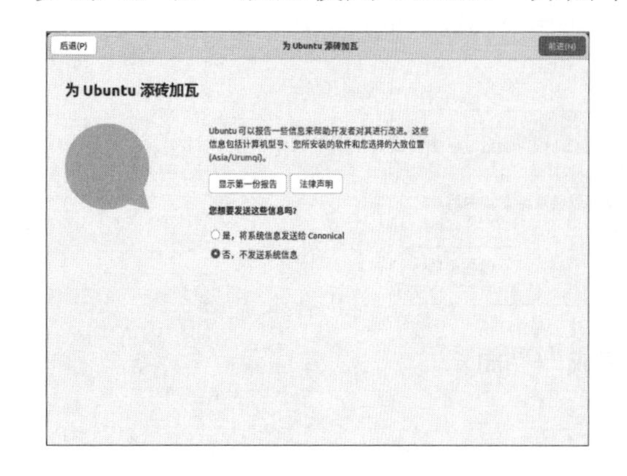

图 1-2-21　“为 Ubuntu 添砖加瓦”界面　　图 1-2-22　“欢迎使用 Ubuntu”界面

步骤 7：在“准备就绪”界面中，单击“完成”按钮后就可以使用 Ubuntu 操作系统了，如图 1-2-23 所示。

图 1-2-23　“准备就绪”界面

步骤 8：进入 Ubuntu 操作系统主界面，如图 1-2-24 所示。

图 1-2-24　Ubuntu 操作系统主界面

任务小结

（1）在安装 Ubuntu 操作系统时，注意交换分区的大小。

（2）在 Ubuntu 操作系统安装成功后，用户需要记住用户名和密码才能登录。

任务 1.3　虚拟机的操作与设置

任务描述

Z 公司的网络管理员小李，根据需求成功安装了 VMware Workstation 16 Pro 虚拟机软件，并且新建了基于 Ubuntu 操作系统的虚拟机，他接下来的任务是进行虚拟机的操作与配置。

任务要求

由于每台虚拟机的功能要求不同，且虚拟机宿主机的性能也存在差异，因此需要对虚拟机进行配置，修改虚拟机的硬件参数配置，并且需要在关闭虚拟机的情况下进行。网络管理员小李需要对虚拟机的配置进行修改，本任务的具体要求如下所示。

（1）预先浏览虚拟机的存储位置“D:\Server1\Server1.vmx”。

（2）修改虚拟机的配置，Ubuntu 虚拟机基本配置如表 1-3-1 所示。

表 1-3-1　Ubuntu 虚拟机基本配置

项　目	说　明
基本操作	打开虚拟机，存储位置为“D:\Server1\Server1.vmx”
	关闭虚拟机、挂起与恢复虚拟机和删除虚拟机
	修改虚拟机的网络连接类型为仅主机模式
克隆	创建完整克隆，设置名称为“Server2”，位置为“D:\”
快照	创建快照，设置名称为“Server1 初始快照”
	管理快照，将 Server1 虚拟机恢复到快照初始状态

知识链接

1. VMware Workstation 虚拟机的网络连接类型

VMware Workstation 虚拟机有 3 种网络连接类型：桥接模式（Bridged）、NAT 模式和仅主机模式（Host-Only）。在学习 VMware Workstation 虚拟机的网络连接类型之前，读者应当先掌握 VMware Workstation 虚拟机网络设备及其作用，具体如表 1-3-2 所示。

表 1-3-2　VMware Workstation 虚拟机网络设备及其作用

虚拟机网络设备（网卡）	作　用
VMnet0	VMware 虚拟桥接网络下的虚拟交换机
VMnet1	VMware 虚拟 Host-Only 网络下的虚拟交换机
VMnet8	VMware 虚拟 NAT 网络下的虚拟交换机
VMware Network Adapter VMnet1	主机与 Host-Only 虚拟网络进行通信的虚拟网卡
VMware Network Adapter VMnet8	主机与 NAT 虚拟网络进行通信的虚拟网卡

1）桥接模式

桥接模式，相当于在物理主机与虚拟机网卡之间架设了一座桥梁，从而通过物理主机的网卡连接网络。这种模式使得虚拟机被分配到一个网络中独立的 IP 地址，其所有网络功能完全和在网络中的物理主机一样，既可以实现虚拟机和物理主机的相互访问，也可以实现虚拟机之间的相互访问。在物理主机中，桥接模式虚拟机网卡对应的物理网卡是 VMnet0。

2）NAT 模式

在这种模式下，物理主机会变成一台虚拟交换机。物理主机的网卡与虚拟机的虚拟网卡可以利用虚拟交换机进行通信，且物理主机与虚拟机在同一网段中，虚拟机可以直接利用物理网络访问外网，实现虚拟机与互联网的连通，但是只能进行单向访问，即虚拟机可以访问网络中的物理机，网络中的物理主机不可以访问虚拟机，并且虚拟机之间不可以互相访问。在物理主机中，NAT 模式虚拟机网卡对应的物理网卡是 VMnet8。

3）仅主机模式

仅主机模式是指在主机中模拟出一张专供虚拟机使用的网卡，并且所有虚拟机都是连接到该网卡上的。这种模式仅允许虚拟机与物理主机通信，不能访问外网。在物理主机中，仅主机模式虚拟机网卡对应的物理网卡是 VMnet1。

2. 虚拟机克隆

虽然安装和配置虚拟机很方便，但这仍然是一项耗时的工作，在很多情况下需要使用多台虚拟机来完成学习或实验，而虚拟机软件提供的克隆功能能够快速部署虚拟机，使其安装和配置更加方便。克隆是指将一台已经存在的虚拟机作为父本，迅速地创建该虚拟机的副本。克隆出来的副本是一台单独的虚拟机，功能独立。在克隆出来的操作系统中，即使共享父本的硬盘，所做的任何操作也不会影响父本，并且在父本中的操作也不会影响克隆出来的副本。同时，副本的网卡、MAC 地址和 UUID（Universally Unique Identifier，通用唯一识别码）与父本都不一样。使用克隆功能，可以轻松复制出虚拟机的多个副本，而不用考虑虚拟机文件和配置文件的位置。

1）克隆的应用

当需要把一个虚拟机操作系统分发给多人使用时，克隆功能非常有效。例如，克隆可以应用于以下场景。

（1）在公司中，可以把安装配置好办公环境的虚拟机克隆给每个工作人员使用。

（2）在进行软件测试时，可以把预先配置好的测试环境克隆给每个测试人员使用。

（3）教师可以先把课程中要用到的实验环境准备好，然后克隆给每个学生使用。

2）克隆的类型

（1）完整克隆。完整克隆的虚拟机是一台独立的虚拟机，克隆结束后无须共享父本。完整克隆的过程是完全克隆出一个副本，并且和父本完全分离。完全克隆会从父本的当前状态开始克隆，克隆结束后与父本再无关联。

（2）链接克隆。链接克隆的虚拟机是通过父本的一个快照克隆出来的。链接克隆需要使用父本的磁盘文件，如果父本不可使用（如已被删除），那么链接克隆也不可使用。

3. 虚拟机快照

在使用操作系统的过程中，往往会反复地对系统进行设置，其中有些操作是不可逆的，即使这些操作是可逆的，也需花费大量的时间和精力。此时可以对系统的状态进行备份，便于在完成实验或者实验失败后，使用快照功能将系统迅速恢复到实验前的状态，而大部分虚拟机都提供了类似的功能。

快照是虚拟机磁盘文件在某个时间点的副本。可以通过设置多个快照为不同的工作保存多个状态，并且这些状态互不影响。可以在操作系统运行过程中随时设置快照，并在之后随时恢复到创建快照时的状态。创建和恢复快照的速度都非常快，仅需几秒。当系统崩溃或系统异常时，可以使用快照功能恢复磁盘文件系统和系统存储状态。

任务实施

1. 虚拟机基本操作

1）打开虚拟机

步骤 1：打开 VMware Workstation 16 Pro 虚拟机软件界面的“主页”选项卡，单击“打开虚拟机”按钮，如图 1-3-1 所示。

步骤 2：在“打开”对话框中，浏览虚拟机的存储位置并选择虚拟机的配置文件“D:\Server1\ Server1.vmx”，之后单击“打开”按钮，如图 1-3-2 所示。

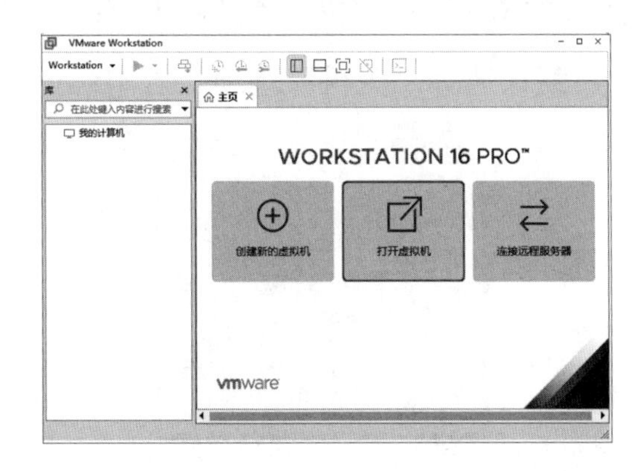

图 1-3-1　VMware Workstation 16 Pro 虚拟机软件界面

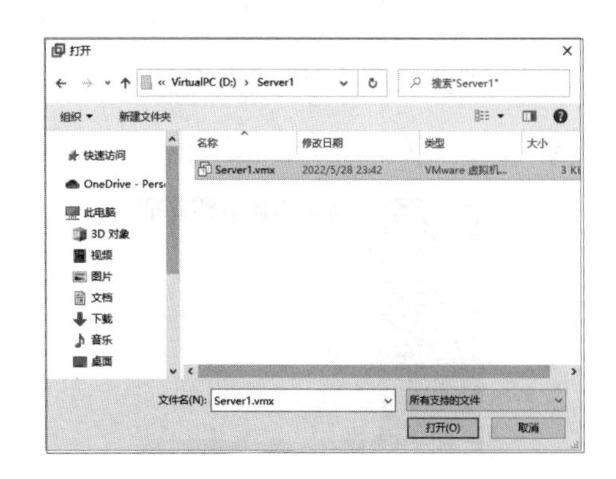

图 1-3-2　“打开”对话框

小贴士

在虚拟机的存储位置下，存储了有关该虚拟机的所有文件或文件夹，常见 VMware Workstation 虚拟机文件扩展名及其作用如表 1-3-3 所示。

表 1-3-3　常见 VMware Workstation 虚拟机文件扩展名及其作用

扩展名	作用
.vmx	虚拟机配置文件，用于存储虚拟机的硬件及设置信息，运行此文件即可显示该虚拟机的配置信息
.vmdk	虚拟磁盘文件，用于存储虚拟机磁盘中的内容
.nvram	存储虚拟机 BIOS 状态信息
.vmsd	存储虚拟机快照相关信息
.log	存储虚拟机运行信息，常用于对虚拟机进行故障诊断
.vmss	存储虚拟机挂起状态信息

步骤 3：返回 VMware Workstation 16 Pro 虚拟机软件界面并显示“Server1”选项卡后，单击“开启此虚拟机”按钮，如图 1-3-3 所示。

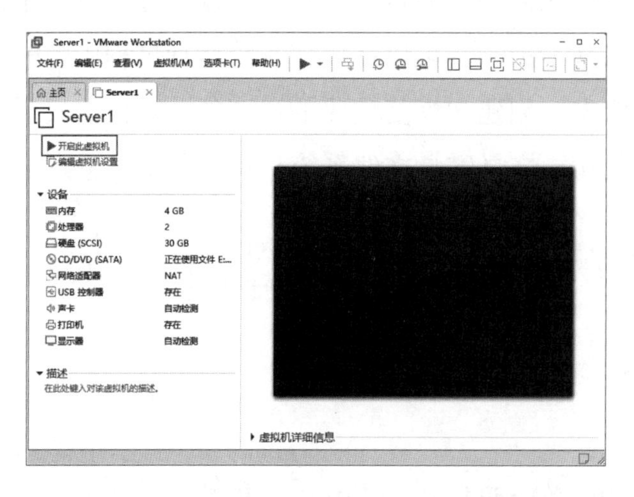

图 1-3-3　“Server1”选项卡

2）关闭虚拟机

步骤 1：在虚拟机所安装的操作系统中关闭虚拟机。本任务以 Server1 虚拟机为例，单击顶部栏右侧的“⏻”按钮，弹出如图 1-3-4 所示的关闭系统菜单，在该菜单中选择“关机 / 注销”选项，弹出如图 1-3-5 所示的“关机 / 注销”子菜单，默认选择“关机”选项，若不做任何选择，则系统将在 60 秒后自动关闭。

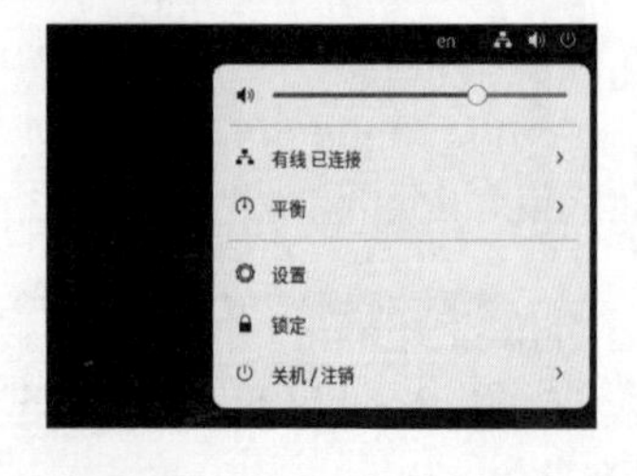

图 1-3-4　关闭系统菜单

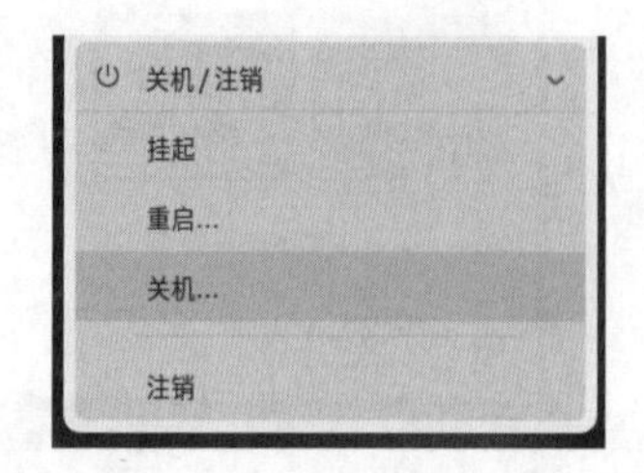

图 1-3-5　“关机 / 注销”子菜单

步骤 2：当出现因虚拟机内操作不当造成的系统蓝屏、宕机等异常情况，无法正常关闭虚拟机时，可以在 VMware Workstation 16 Pro 虚拟机软件界面中单击“❚❚”按钮右侧的下拉按钮，在弹出的下拉菜单中选择“关闭客户机”选项或“关机”选项，如图 1-3-6 和图 1-3-7 所示。

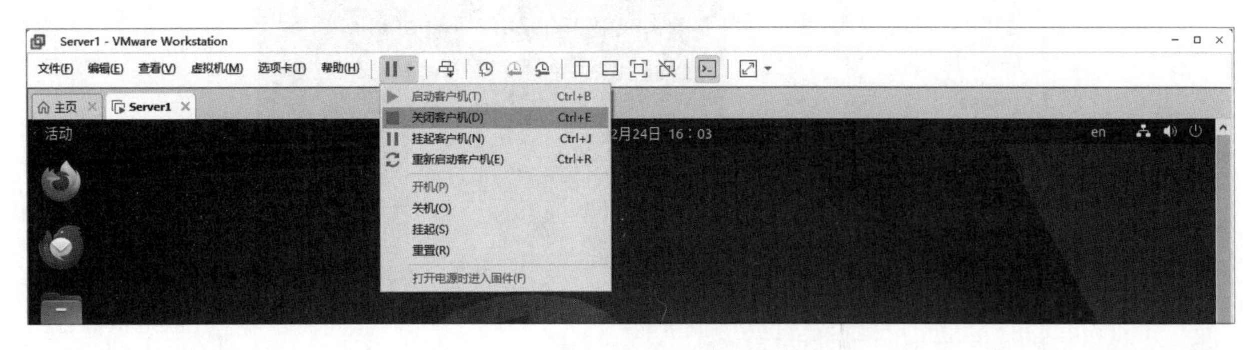

图 1-3-6　选择“关闭客户机”选项

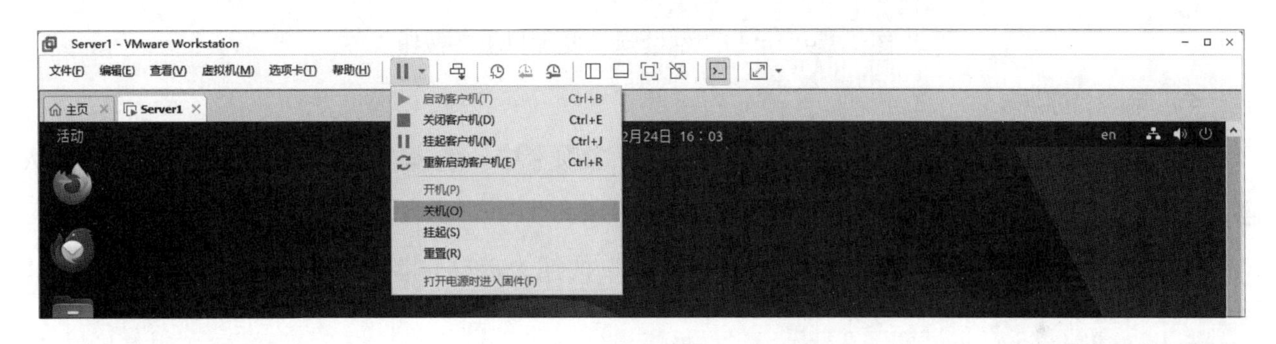

图 1-3-7　选择“关机”选项

3）挂起与恢复运行虚拟机

步骤 1：挂起虚拟机。在 VMware Workstation 16 Pro 虚拟机软件界面中单击“❚❚”按钮，或者单击“❚❚”按钮右侧的下拉按钮，在打开的下拉菜单中选择“挂起客户机”选项，如图 1-3-8 所示。

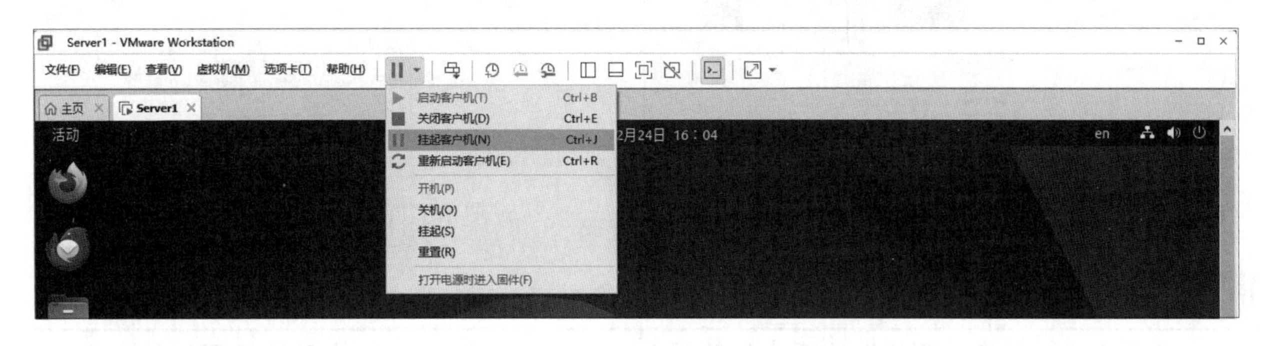

图 1-3-8　选择“挂起客户机”选项

步骤 2：恢复运行已挂起的虚拟机。在 VMware Workstation 16 Pro 虚拟机软件界面中打开该虚拟机对应的选项卡，单击“继续运行此虚拟机”按钮，如图 1-3-9 所示。

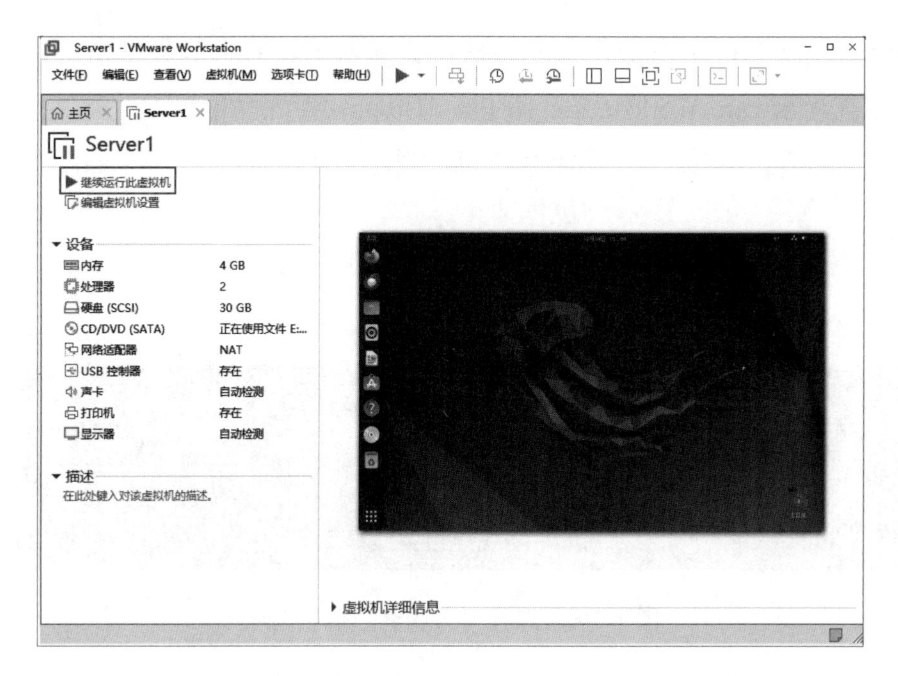

图 1-3-9　单击“继续运行此虚拟机”按钮

4）删除虚拟机

步骤 1：在 Server1 虚拟机对应的“Server1”选项卡中，选择“虚拟机”→“管理”→“从磁盘中删除”选项，删除虚拟机，如图 1-3-10 所示。

步骤 2：在弹出的警告对话框中，单击“是”按钮，确认删除虚拟机，如图 1-3-11 所示。

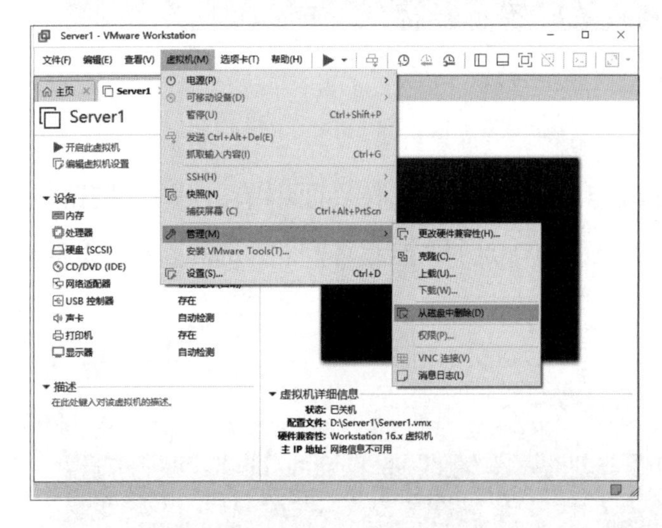

图 1-3-10　删除虚拟机

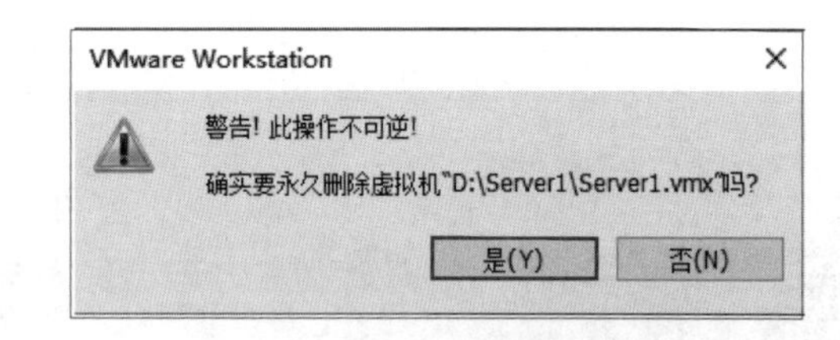

图 1-3-11　确认删除虚拟机

小贴士

当使用“从磁盘中删除”选项来删除虚拟机时，会删除虚拟机物理路径下的所有文件。若仅在 VMware Workstation 16 Pro 虚拟机软件界面左侧的虚拟机列表中删除虚拟机，则只是不在 VMware Workstation 16 Pro 虚拟机软件界面中显示该虚拟机，而不会删除虚拟机物理路径下的任何文件。

5）修改虚拟机硬件参数配置

在使用虚拟机的过程中，可以根据需求对虚拟机的部分硬件参数进行修改，如内存大小、CPU 个数、网络适配器的连接方式等，这里将一台虚拟机的网络适配器的网络连接类型由桥接模式修改为仅主机模式。

步骤 1：在要修改硬件参数的 Server1 虚拟机对应的“Server1”选项卡中，选择“虚拟机”→“设置”选项，如图 1-3-12 所示。

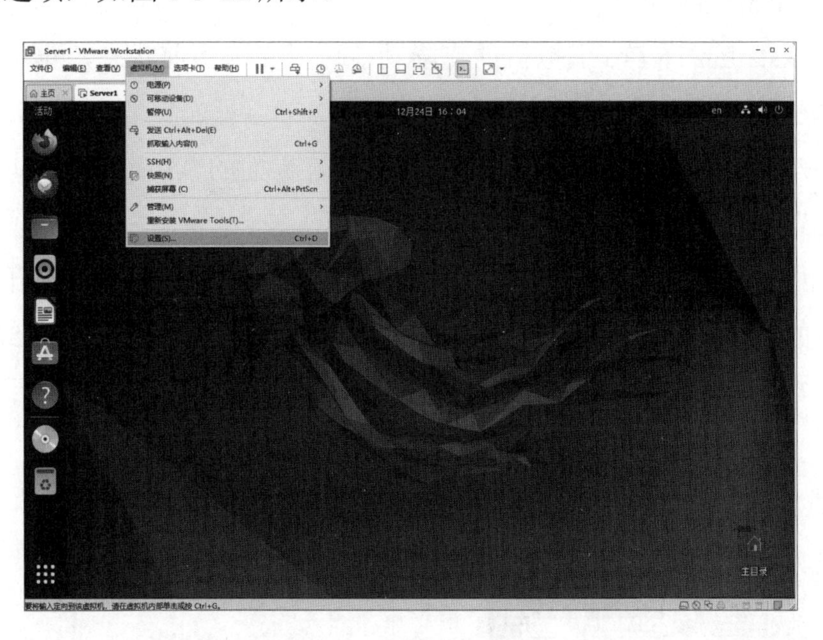

图 1-3-12　选择“设置”选项

步骤 2：在“虚拟机设置”对话框的“硬件”选项卡中，选择“网络适配器”选项，之后修改“网络连接”类型为“仅主机模式（H)：与主机共享的专用网络”，单击“确定”按钮，如图 1-3-13 所示。

图 1-3-13　修改网络适配器设置

小贴士

在使用虚拟机的过程中，如果需要加载或更换光盘映像文件，建议将“CD/DVD（SATA）”的“设备状态”设置为“已连接”和“启动时连接”。

2. 创建虚拟机克隆与快照

1）虚拟机的完整克隆

VMware Workstation 16 Pro 虚拟机的克隆功能可以克隆当前状态，也可以克隆现有快照（需要关闭虚拟机）。

步骤 1：在 VMware Workstation 16 Pro 虚拟机软件界面的“Server1”选项卡中，选择“虚拟机”→“管理”→“克隆”选项，如图 1-3-14 所示。

步骤 2：弹出“克隆虚拟机向导”对话框，直接单击“下一步”按钮，打开“克隆源”界面，选中“虚拟机中的当前状态”单选按钮，单击“下一页”按钮，如图 1-3-15 所示。

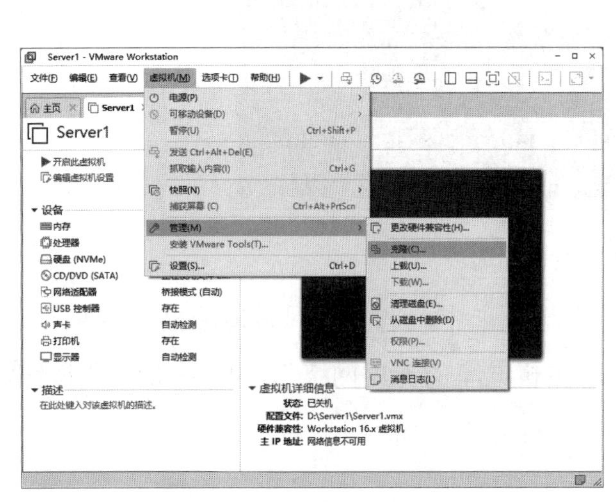

图 1-3-14 选择“克隆”选项

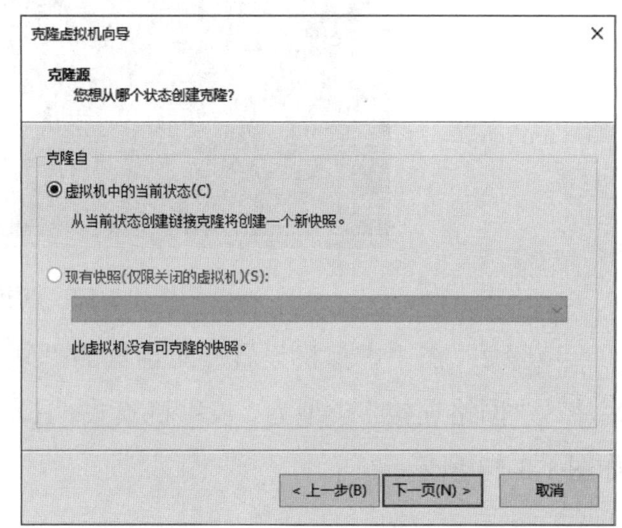

图 1-3-15 克隆虚拟机中的当前状态

步骤 3：在“克隆类型”界面中，选中“创建完整克隆”单选按钮，单页“下一页”按钮，如图 1-3-16 所示。

步骤 4：在“新虚拟机名称”界面中，设置克隆的新虚拟机的名称，并确定新虚拟机的保存位置。单击“完成”按钮，完成虚拟机的克隆，如图 1-3-17 所示。采用同样的方法，可以完成多台虚拟机的克隆。

2）快照的生成

在设置虚拟机的快照时，无须关闭计算机。虚拟机在任何状态下都可以生成快照，以便迅速还原到备份时的状态。

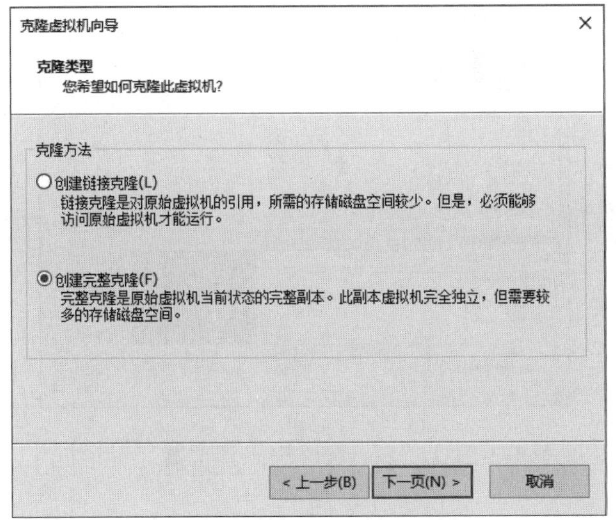

图 1-3-16　选择克隆类型

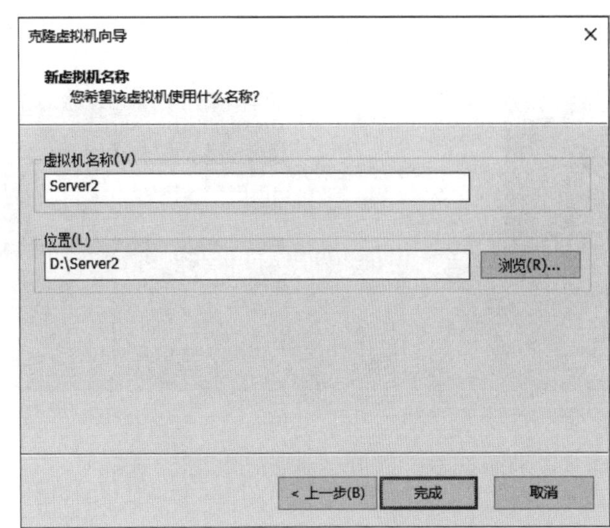

图 1-3-17　设置新虚拟机的名称和保存位置

步骤 1：在虚拟机运行的界面中，选择“虚拟机”→“快照”→“拍摄快照”选项，如图 1-3-18 所示。

步骤 2：在弹出的“Server1- 拍摄快照”对话框中，设置快照的名称和描述，单击“拍摄快照”按钮，生成快照，如图 1-3-19 所示。

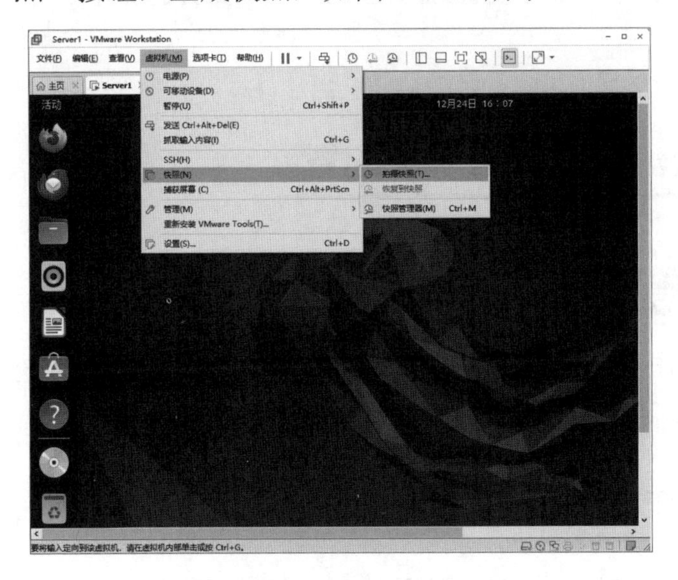

图 1-3-18　选择“拍摄快照”选项

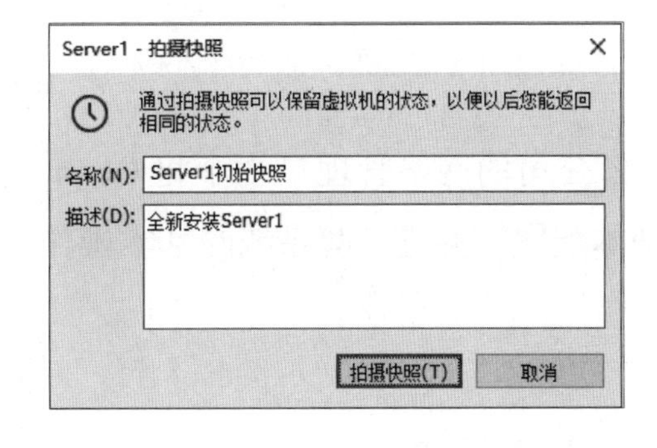

图 1-3-19　设置快照的名称和描述

3）快照的管理

步骤 1：在进行快照管理时，可以恢复到快照的备份点。在虚拟机运行的界面中，选择“虚拟机”→“快照”→“快照管理器”选项，如图 1-3-20 所示。

步骤 2：弹出“Server1- 快照管理器”对话框，如图 1-3-21 所示，选择要恢复的快照点，单击“转到”按钮即可恢复到快照的备份点。

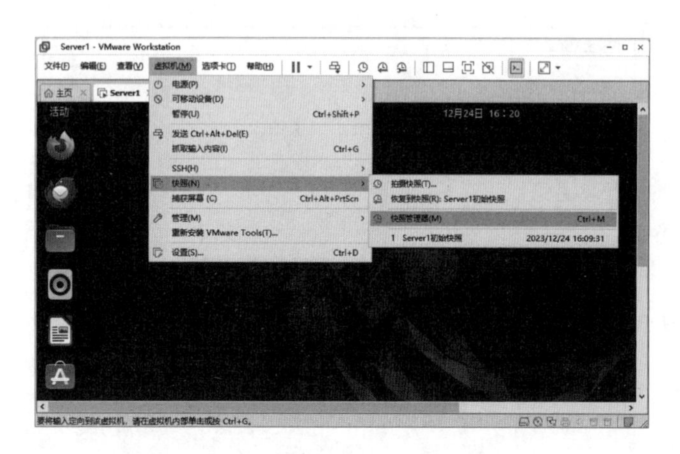

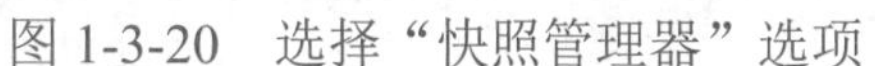

图 1-3-20　选择“快照管理器”选项

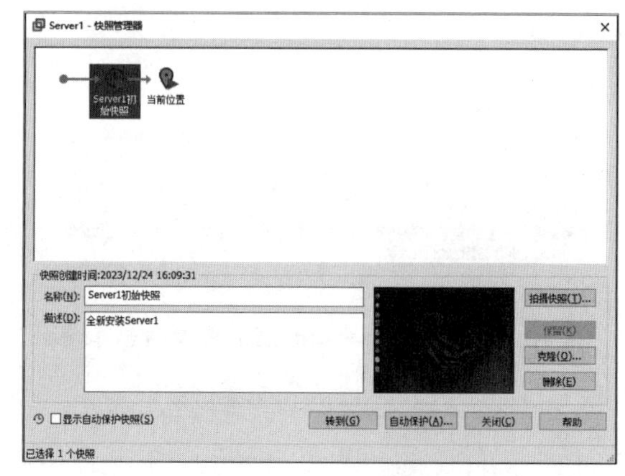

图 1-3-21　“Server1- 快照管理器”对话框

任务小结

（1）VMware Workstation 虚拟机的网络连接类型有桥接模式、NAT 模式和仅主机模式，需要注意这 3 种模式的区别。

（2）使用虚拟机的克隆和快照功能能够快速部署虚拟机。

（3）虚拟机的快照在操作系统运行过程中可以随时设置，以便在系统崩溃或系统异常时，能够快速恢复到创建快照时的状态。

任务 1.4　Ubuntu 系统的基本配置

任务描述

Z 公司的网络管理员小李将 Ubuntu 操作系统安装完成后，需要对所有服务器进行系统的基本配置，并且了解系统的基本操作，从而熟悉和保证系统的正常运行。

任务要求

小李需要在图形用户界面中完成这些基本配置。本任务的具体要求如下所示。

（1）使用普通用户 chris 的身份登录 Ubuntu 操作系统。

（2）在图形用户界面下实现不同终端的切换。

（3）对 Ubuntu 操作系统进行注销和重启的操作。

（4）对 Ubuntu 操作系统进行个性化设置，包括显示器设置、背景设置、网络设置。

（5）打开 Ubuntu 操作系统的终端窗口。

（6）配置超级用户 root 的密码。

知识链接

桌面环境是用户与操作系统之间的一个图形界面。桌面环境由多个组件构成，包括窗口、文件夹、工具栏、菜单栏、图标及拖放服务等。与 Windows 操作系统的桌面环境相比，Linux 操作系统的桌面环境更加丰富多样、千变万化。常见的桌面环境包括 GNOME、KDE、Xfce 和 LXDE，用户可以根据喜好来选择。

1. GNOME

GNOME（GNU Network Object Model Environment，GNU 网络对象模型环境）于 1999 年首次发布，提供了一种简单而经典的桌面体验，没有太多需要定制的选项。GNOME 的受欢迎程度证明了其设计目标的正确性。GNOME 3 桌面的设计目标是简单、易于访问和可靠。Ubuntu 16.04 版本使用的默认桌面是 Unity，而 Ubuntu 18.04 版本开始弃用 Unity，改用 GNOME 3 作为官方默认桌面，这使得 GNOME 3 桌面更加流行。

2. KDE

KDE（K Desktop Environment，K 桌面环境）是高度可配置的，若用户不喜欢该桌面的某些内容，则在绝大多数情况下可以按照自己的想法来配置桌面环境。KDE 于 1998 年发布了第 1 个版本。KDE 在可定制性方面一直优于 GNOME 及其衍生的 Linux 发行版本，这意味着用户可以定制该桌面环境中的一切元素，甚至无须通过扩展插件来完成。

3. Xfce

Xfce 是类 UNIX 操作系统的轻量级桌面环境。虽然它致力于快速运行与低资源消耗，但是它仍具有视觉吸引力且易于使用。Xfce 包含大量组件，具备用户期待的现代桌面环境应有的完整功能。类似于 GNOME 3 和 KDE，Xfce 包含一套应用程序，如根窗口程序、窗口管理器、文件管理器、面板等。Xfce 使用 GTK2 进行开发，同时，与其他桌面环境一样，它也有自己的开发环境（库、守护进程等）。但是不同于 GNOME 3 和 KDE，Xfce 是轻量级的，并且在设计上更接近 CDE（Common Desktop Environment，公共桌面环境），而不是 Windows 或 macOS 操作系统的桌面环境。Xfce 的开发周期较长，却非常稳定，运行速度极快，适合在比较老的机器上使用。

4. LXDE

LXDE（Lightweight X11 Desktop Environment）是一个自由桌面环境，可在 UNIX 及类似 Linux、BSD 等 POSIX 平台上运行。LXDE 旨在提供一个新的、轻巧的、快速的桌面环境。LXDE 注重实用性和轻巧性，并且尽量降低其对系统资源的消耗。不同于其他桌面环境，其元件相依性极小，各元件可独立运行，大多数的元件都无须依赖其他套件而独自执行。LXDE 使用 Openbox 作为其预设视窗管理器，并且希望能够提供一个建立在可独立套件基础上的轻巧而快速的桌面环境。

任务实施

1. 初次登录系统

在初次使用 Ubuntu 操作系统时，root 用户是无法登录系统的。其他版本的 Linux 操作系统一般在安装过程中可以设置 root 用户的密码，使得用户可以直接使用 root 用户身份登录，或者使用 su 命令切换为 root 用户身份。而 Ubuntu 操作系统在默认安装时没有设置 root 用户的密码，也没有启用 root 用户，所以这里只能使用普通用户身份登录系统。

在登录界面中，默认添加的是普通用户，选择普通用户 chris 并输入正确密码，之后按"Enter"键，即可登录系统，如图 1-4-1 所示。

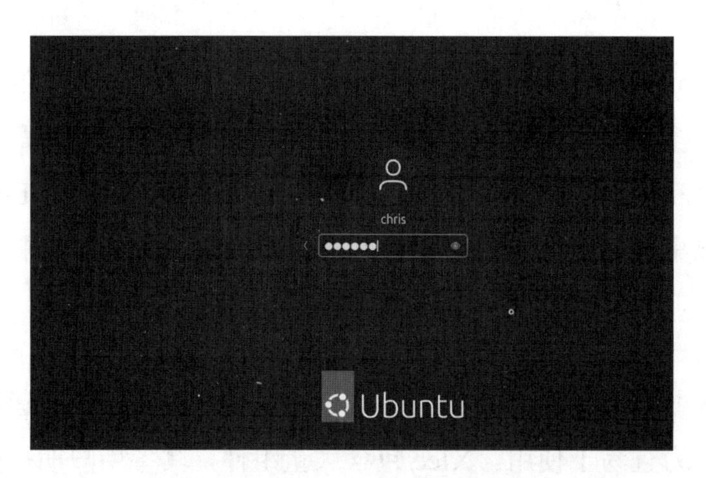

图 1-4-1　登录界面

2. 切换不同终端

在安装好 Ubuntu 操作系统后，系统启动时会直接进入桌面环境（GNOME）。如果需要切换到文本模式（又称命令行界面、字符界面），可以使用相应的快捷键实现。

Ubuntu 操作系统提供了 6 个终端用来管理系统，真正做到了多用户、多任务。这些终端接收用户的键盘输入，并将结果输出到终端的屏幕上。按"Ctrl+Alt+F1"组合键～"Ctrl+Alt+F6"组合键即可切换终端，其中"Ctrl+Alt+F1"组合键对应的是图形用户界面终端，其他组合键对应的是命令行界面终端。例如，按"Ctrl+Alt+F2"组合键显示的命令行界面终端如图 1-4-2 所示。

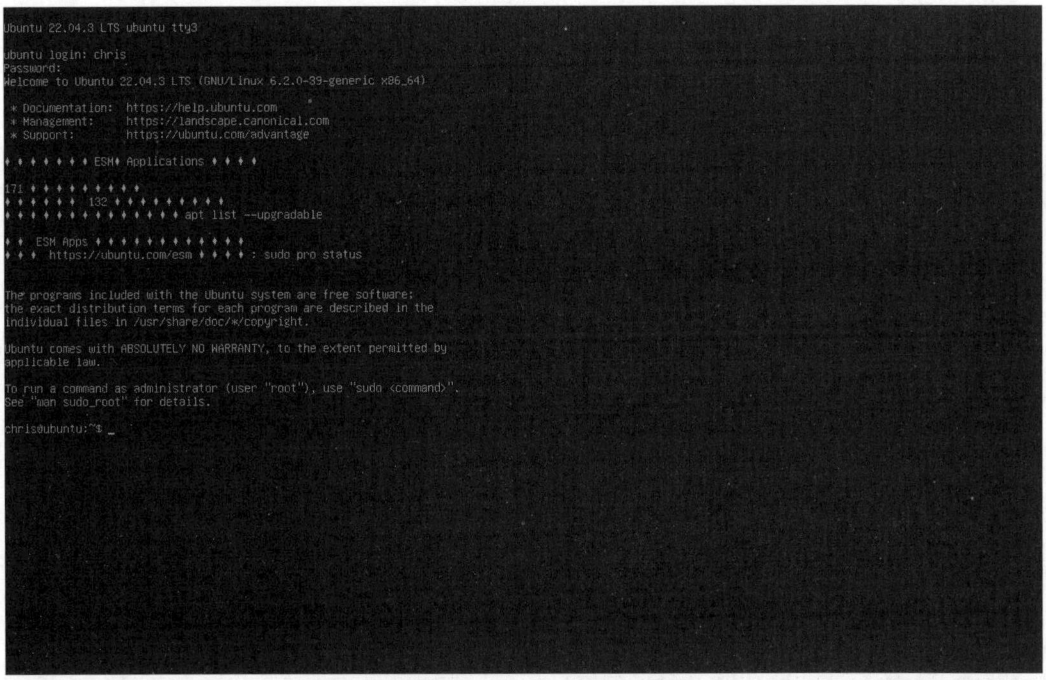

```
Ubuntu 22.04.3 LTS ubuntu tty3

ubuntu login: chris
Password:
Welcome to Ubuntu 22.04.3 LTS (GNU/Linux 6.2.0-39-generic x86_64)

 * Documentation:  https://help.ubuntu.com
 * Management:     https://landscape.canonical.com
 * Support:        https://ubuntu.com/advantage

♦ ♦ ♦ ♦ ♦ ♦ ♦ ESM♦ Applications ♦ ♦ ♦ ♦

171 ♦ ♦ ♦ ♦ ♦ ♦ ♦ ♦ ♦ ♦
♦ ♦ ♦ ♦ ♦ ♦ ♦  132 ♦ ♦ ♦ ♦ ♦ ♦ ♦ ♦ ♦ ♦
♦ ♦ ♦ ♦ ♦ ♦ ♦ ♦ ♦ ♦ ♦ ♦ ♦ ♦ apt list --upgradable

♦ ♦  ESM Apps ♦ ♦ ♦ ♦ ♦ ♦ ♦ ♦ ♦ ♦ ♦ ♦
♦ ♦ ♦  https://ubuntu.com/esm ♦ ♦ ♦ ♦ : sudo pro status


The programs included with the Ubuntu system are free software;
the exact distribution terms for each program are described in the
individual files in /usr/share/doc/*/copyright.

Ubuntu comes with ABSOLUTELY NO WARRANTY, to the extent permitted by
applicable law.

To run a command as administrator (user "root"), use "sudo <command>".
See "man sudo_root" for details.

chris@ubuntu:~$ _
```

图 1-4-2　命令行界面终端

3. 注销和重启

1）注销

若想注销当前用户，可单击顶部栏右侧的“⏻”按钮，弹出如图 1-4-3 所示的关闭系统菜单，在该菜单中选择“关机/注销”选项，弹出如图 1-4-4 所示的“关机/注销”子菜单，选择“注销”选项，弹出如图 1-4-5 所示的提示对话框，单击“注销”按钮，可注销用户。若不进行任何操作，则 root 用户将在 60 秒后自动注销。

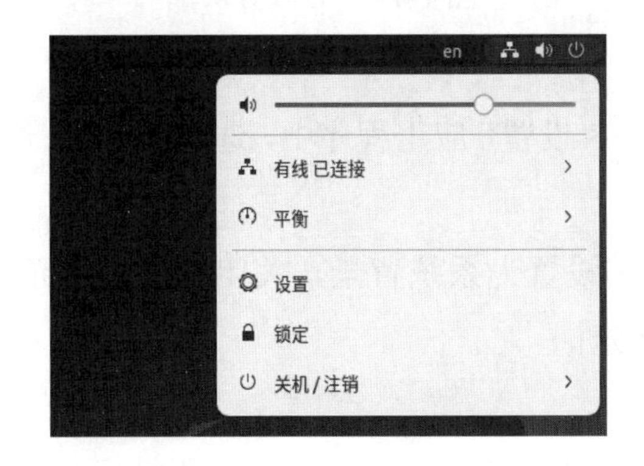

图 1-4-3　关闭系统菜单

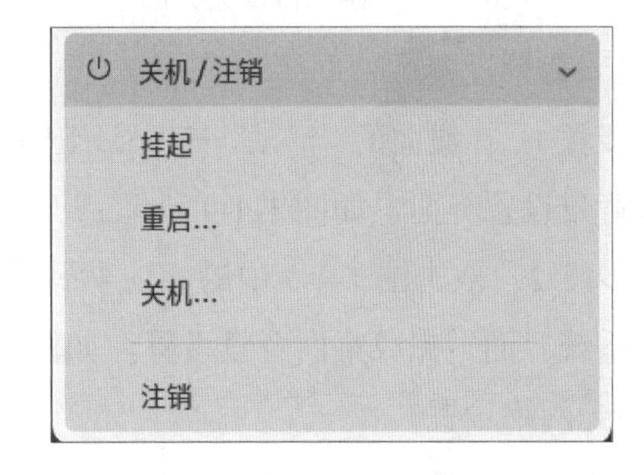

图 1-4-4　“关机 / 注销”子菜单

2）重启

若想重启系统，可单击顶部栏右侧的“⏻”按钮，在弹出的关闭系统菜单中选择“关机/注销”选项，并在弹出的“关机 / 注销”子菜单中选择“重启”选项，弹出如图 1-4-6 所示的提示对话框，单击“重启”按钮，可重启系统。若不进行任何操作，则系统将在 60 秒后自动重启。

图 1-4-5　注销用户的提示对话框

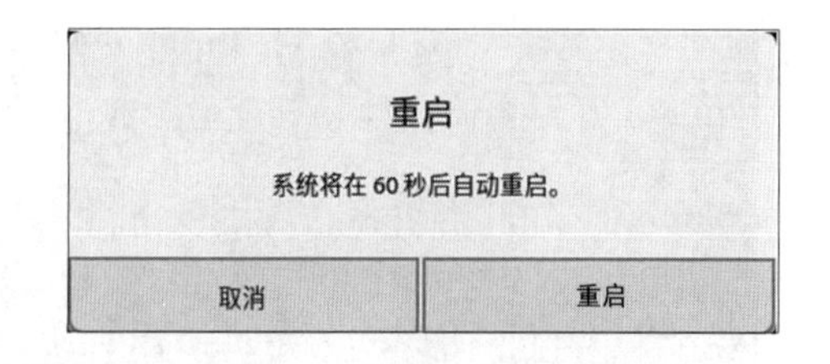

图 1-4-6　重启系统的提示对话框

4. Ubuntu 个性化设置

1）显示器设置

步骤 1：在桌面的“活动”→“显示应用程序”→“设置”应用程序中，选择“显示器”选项，进入显示器设置界面，如图 1-4-7 所示。

步骤 2：在“分辨率”下拉列表中选择“1280×720（16∶9）”选项，单击“应用”按钮完成设置，如图 1-4-8 所示。

图 1-4-7　显示器设置界面

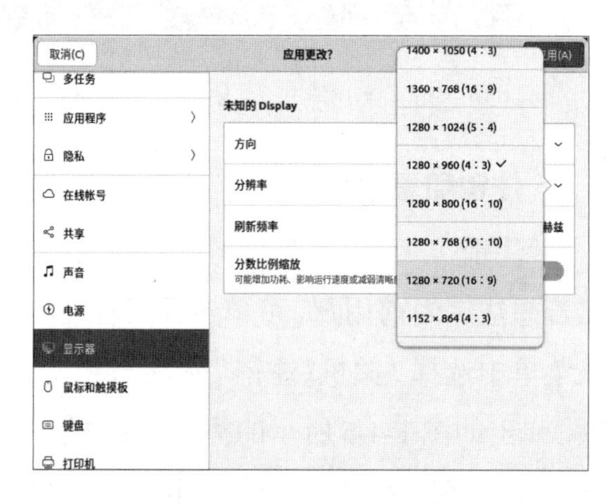

图 1-4-8　设置分辨率

2）背景设置

步骤 1：在桌面的“活动”→“显示应用程序”→“设置”应用程序中，选择“背景”选项，进入背景设置界面，如图 1-4-9 所示。

步骤 2：双击图 1-4-9 中的相应背景图片，将其设置为系统背景，关闭背景设置界面，返回系统界面，完成桌面背景设置，如图 1-4-10 所示。

3）网络设置

步骤 1：在桌面的“活动”→“显示应用程序”→“设置”应用程序中，选择“网络”选项，进入网络设置界面，如图 1-4-11 所示。

步骤 2：单击显示有线网络连接状态（默认为启用状态）栏中的“ ⚙ ”按钮，弹出“有线”对话框。打开“IPv4”选项卡，将“IPv4 方式”修改为“手动”，并根据需要输入网络的相关配置信息，之后单击“应用”按钮，如图 1-4-12 所示。

图 1-4-9　背景设置界面

图 1-4-10　完成桌面背景设置

图 1-4-11　网络设置界面

图 1-4-12　“IPv4”选项卡

步骤 3：返回网络设置界面，将有线网络的连接状态禁用再启用，这样才能使配置的信息生效。再次进入“有线”对话框，打开“详细信息”选项卡，可以看到配置的信息已生效，如图 1-4-13 所示。

图 1-4-13　“详细信息”选项卡

5. 终端窗口

和 Windows 操作系统一样，Ubuntu 操作系统也提供了优秀的图形用户界面，用户可以通过图形用户界面非常方便地执行各种操作。但是对于大多数 Ubuntu 操作系统管理员来说，最常用的操作环境还是 Ubuntu 操作系统的终端窗口，又称命令行界面、字符界面或 Shell（外壳程序）界面。Shell 会将用户通过键盘输入的命令先进行适当的解释，然后提交给内核程序执行，最后将命令的执行结果显示给用户。下面以 Ubuntu 操作系统为例，说明如何打开终端窗口。

在登录 Ubuntu 操作系统之后，在如图 1-4-14 所示的界面中选择“活动”→“显示应用程序”→“终端”选项，即可打开 Ubuntu 操作系统的终端窗口。

在默认配置下，Ubuntu 操作系统的终端窗口如图 1-4-15 所示。终端窗口的最上方是标题栏，在标题栏中显示了当前登录终端窗口的用户名及主机名；在标题栏的右侧有隐藏的菜单栏，用户可以选择相应的菜单及子菜单中的选项完成相应的操作；在标题栏的最右侧有“最小化”、“最大化”和“关闭”按钮。

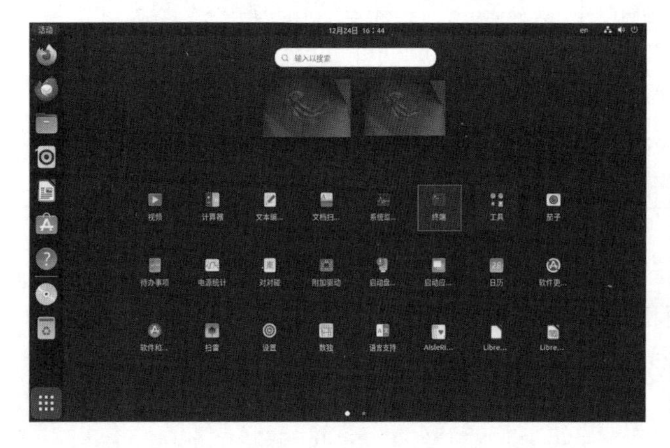

图 1-4-14　打开 Ubuntu 操作系统的终端窗口

图 1-4-15　Ubuntu 操作系统的终端窗口

在 Ubuntu 操作系统的终端窗口中，会出现以字符“#”或“$”结束的命令提示行，如下所示。

```
root@bogon:~#
```

（1）“root”表示当前的登录用户名。

（2）“bogon”表示系统主机名。

（3）“~”表示用户当前的工作目录。

（4）“#”是命令提示符，其中，“$”表示普通用户；“#”表示超级用户。

6. 设置 root 用户密码

在安装 Ubuntu 操作系统的过程中，没有设置 root 用户的密码，因此在默认情况下，root 用户是无法登录系统的，需要单独配置 root 用户的密码。打开终端窗口，可以设置 root

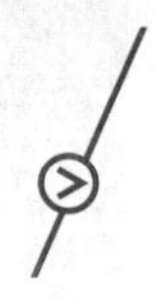

用户的密码，实施命令如下所示。

```
chris@ubuntu:~$ sudo passwd root
[sudo] password for chris:                    //输入当前用户 chris 的密码
New password:                                 //输入 root 用户的密码
Retype new password:                          //再次输入 root 用户的密码
passwd: password updated successfully
chris@ubuntu:~$ su root                       //以 root 用户身份登录
Password:                                     //输入 root 用户的密码
root@ubuntu:/home/chris#exit                  //root 用户登录后的命令提示符为"#"
chris@ubuntu:~$                               //返回普通用户 chris 的命令提示符下
```

任务小结

（1）在使用 Ubuntu 操作系统时，命令行界面比图形用户界面更加方便。

（2）超级管理员用户的提示符为“#”，普通用户的提示符为“$”。

实训题

1. 创建虚拟机

创建一台新的虚拟机，设置其名称为“Ubuntu-1”，将虚拟磁盘保存在 E:\VM 文件夹中，设置内存大小为 2048 MB，处理器个数为 2，磁盘大小为 40 GB，并动态分配磁盘空间。同时，网络连接类型使用仅主机模式。

2. 安装 Ubuntu 操作系统

（1）选择语言为“中文（简体）”，键盘布局方式默认。

（2）设置时区为“Shanghai- 上海”。

（3）添加普通用户 admin1，设置其密码为“password”。

项目二

文件系统与磁盘管理

项目描述

Z 公司是一家拥有上百台服务器的电子商务运营公司。网络管理员小李将服务器的操作系统安装完成后，在使用 Linux 操作系统时，他面对的是各种各样的文件，而文件系统是操作系统中用于管理和存储文件的系统。从操作系统的角度来看，文件系统能对文件的存储空间进行组织和分配，并对文件进行保护和检查。从用户的角度来看，文件系统可以帮助用户创建文件，并对文件进行读写、删除等操作。一名合格的网络管理员必须熟悉 Linux 操作系统的目录结构及作用，掌握常用文件和目录的操作命令，掌握命令行下功能强大的 vim 编辑器的使用方法。

网络管理员的日常维护工作包括服务器的存储管理，所以一名合格的网络管理员必须掌握磁盘的分区、格式化及挂载等操作。为了避免有些用户无限制地使用磁盘空间，网络管理员最好对用户能够使用的最大磁盘空间进行限制。

本项目主要介绍 Linux 操作系统中的文件和目录管理命令、vim 编辑器的使用方法和支持的文件系统类型，以及如何对磁盘进行分区、挂载和阵列等。

知识目标

1. 了解文件系统的基本概念。
2. 掌握 Linux 文件系统的目录结构及主要目录的用途。
3. 掌握文件的类型。
4. 掌握常用的文件和目录管理命令。
5. 掌握 vim 编辑器的 3 种模式。
6. 理解磁盘分区的命名规则。
7. 掌握 RAID 的原理。
8. 掌握磁盘管理命令。

能力目标

1．能够使用文件和目录管理命令进行查看、创建、删除、复制和移动等操作。

2．能够使用 vim 编辑器实现对文件的操作。

3．能够使用 fdisk、mkfs 等磁盘管理命令对磁盘进行分区和格式化。

4．能够正确使用文件系统创建命令和挂载命令。

5．能够实现对不同 RAID 的配置。

素质目标

1．引导读者建立数据安全意识。

2．引导读者建立提前规划意识。

3．培养读者严谨、细致的工作态度和职业素养。

任务 2.1　管理文件与目录

任务描述

Z 公司的网络管理员小李听从工程师的建议，开始专心研究 Linux 操作系统的常用操作。在查找了很多资料后，他决定从管理文件与目录开始学习。

任务要求

管理文件与目录所涉及的命令是 Linux 基础命令中应用相对较多的命令，同时，管理文件与目录也是 Linux 操作系统管理中基础的岗位技能，可作为广大初学者的首选学习内容。本任务的具体要求如下所示。

（1）在根目录下创建 /test、/test/etc、/test/exer/task1、/test/exer/task2 目录，并使用 tree 命令查看 /test 目录的结构。

（2）复制 /etc 目录下名称以字母“a”“b”“c”开头的所有文件（包括子目录）到 /test/etc 目录下，并将当前目录切换到 /test/etc 目录下，以相对路径的方式查看 /test/etc 目录下的内容。

（3）将当前目录切换到 /test/exer/task1 目录下，并创建 file1.txt 和 file2.txt 空文件，之后将 file2.txt 文件重命名为 file4.txt，使用相对路径的方式将 /test/etc/bash.bashrc 文件复制

为 /test/exer/task1/file3.txt 文件，并查看当前目录下的文件。

（4）以绝对路径的方式，删除 /test/etc 目录下名称以“cron”开头的所有文件（包括子目录），并将 /test/etc 目录下名称以“app”开头的所有文件（包括子目录）移动到 /test/exer/task2 目录下。

（5）查看 /test/etc 目录下名称以“ba”开头的文件的文件类型。

（6）将当前目录切换到 /test/exer/task1 目录下，使用相对路径的方式为 file1.txt 文件创建硬链接文件 file5.txt，为 file3 文件创建软链接文件 file6.txt，并将链接文件存放于 /test/exer/task2 目录下，查看两个目录下的文件列表。

（7）使用 echo 命令创建 /var/info1 文件，文件内容如下所示。

```
Banana
Orange
Apple
```

（8）统计 /etc/sysctl.conf 文件中的行数、单词数、字节数，并将统计结果输出到 /var/info2 文件中。

（9）查看 /var/info1 文件的前两行内容，并将输出结果存放到 /var/info3 文件中。

（10）查询 /etc 目录下名称以“c”开头、以“conf”结尾，并且大于 5 KB 的文件，将查询结果存放到 /var/info4 文件中。

（11）输入 /var/info1 文件的后两行内容，并将输出结果存放到 /var/info5 文件中。

（12）输出 /var/info1 文件中不包括 pp 字符串的行，并输出行号，将输出结果存放到 /var/info6 文件中。

知识链接

1. 认识文件系统

Linux 操作系统通过分配文件块的方式把文件存储在存储设备中，而分配信息本身也存在于磁盘中。不同的文件系统使用不同的方法分配和读取文件块，而不同的操作系统使用不同类型的文件系统。为了与其他操作系统兼容并进行数据交互，每个操作系统都支持多种类型的文件系统，如 Windows 操作系统支持 FAT、NTFS 等文件系统；Linux 操作系统中用于存储数据的磁盘分区通常支持 Ext3、Ext4、XFS 等文件系统，而用于实现虚拟存储的 SWAP 分区支持 SWAP 等文件系统。

Linux 操作系统中常用的文件系统及其功能如表 2-1-1 所示。

表 2-1-1　Linux 操作系统中常用的文件系统及其功能

文件系统	说　明
Ext	延伸文件系统（Extended File System，简写为 Ext 或 Ext1），又称扩展文件系统，是 Linux 操作系统最早的文件系统，最大可支持 2 GB 的文件系统，目前已不再使用
Ext2	Ext 的升级版本，最大可支持 2 TB 的文件系统，到 Linux 核心 2.6 版本时，可支持最大 32 TB 的分区
Ext3	Ext2 的升级版本，完全兼容 Ext2，是一个日志文件系统，非常稳定可靠
Ext4	Ubuntu 操作系统的默认文件系统，Ext3 的改进版本，引入了众多高级功能，提供了更高的性能和可靠性，带来了颠覆性的变化，如更大的文件系统和更大的文件、多块分配、延迟分配、快速 FSCK、日志校验、无日志模式、在线碎片整理、inode 增强、默认启用 Barrier、纳秒级时间戳等。Ext4 支持最大 1 EB 的文件系统和 16 TB 的文件、无限数量的子目录
SWAP	用于 Linux 操作系统的交换分区。交换分区一般为系统物理内存的两倍，类似于 Windows 操作系统的虚拟内存功能
XFS	Rocky Linux 的默认文件系统，是一种高性能的日志文件系统，用于大容量磁盘（可支持高达 18 EB 的存储容量）和巨型文件处理，几乎具有 Ext4 的所有功能，伸缩性强，性能优异
ISO 9660	光盘的标准文件系统，支持对光盘的读写和刻录等
proc	一个伪文件系统，它只存在于内存中，而不占用外存空间。在运行时访问内核的内部数据结构，改变内核设置的机制

2. Linux 文件系统的层次结构

读者可以回想一下在 Windows 操作系统中管理文件的方式。一般来说，人们会把文件和目录按照不同的用途存放在 C 盘、D 盘等以不同盘符表示的分区中。而在 Linux 文件系统中，所有的文件和目录都被存放在一个被称为“根目录”的节点（用“/”表示）中。在根目录下可以创建子目录和文件，在子目录下还可以继续创建子目录和文件。所有目录和文件形成一棵以根目录为根节点的倒置目录树，该目录树的每个节点都代表一个目录或文件。Linux 文件系统的层次结构如图 2-1-1 所示。

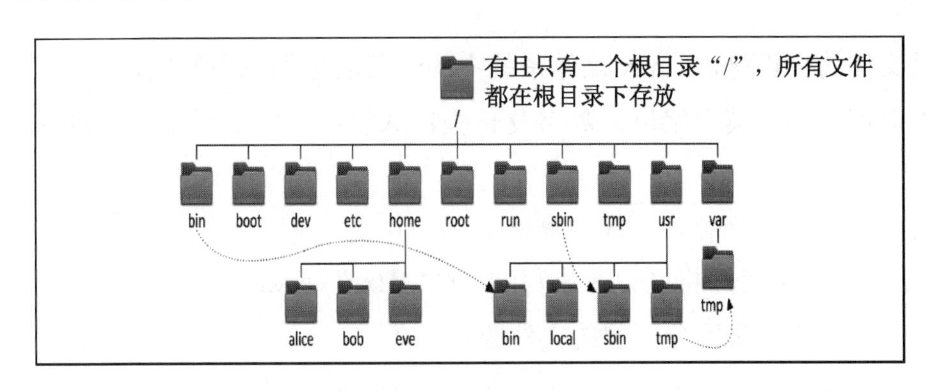

图 2-1-1　Linux 文件系统的层次结构

Linux 操作系统的目录使用树形结构管理，并且系统默认自带的目录都有特定的内容，有些目录很重要，在操作时注意不要失误。Ubuntu 操作系统自带的目录及其功能如表 2-1-2 所示。

表 2-1-2　Ubuntu 操作系统自带的目录及其功能

目　　录	功　　能
/	根目录，所有 Linux 操作系统的文件和目录所在的地方
/bin	bin 是 binary 的缩写，用于存放经常使用的命令
/boot	用于存放内核及加载内核所需的文件
/cdrom	光盘挂载点，用户可以通过该挂载点访问光盘上面的文件
/dev	dev 是 device（设备）的缩写，在 Linux 操作系统下，外部设备是以文件的形式存在的，如磁盘、Modem 等
/etc	用于存放启动文件及配置文件
/home	用户的主目录，每个用户都有一个自己的目录，目录名与账号名相同
/lib32 和 /lib64	用于存放 C 编译器的库和部分 C 编译器，前者为 32 位，后者为 64 位
/lost+found	一般情况下是空的，当系统非正常关机后，该目录会产生一些文件
/media	通常用来挂载分区，如双系统下的 Windows 分区、U 盘、CD/DVD 等会自动挂载并在该目录下自动生成一个目录
/mnt	与 /media 目录功能相同，提供存储介质的临时挂载点，如光驱、U 盘等
/opt	主要用于存放第三方软件及自己编译的软件包，特别是测试版的软件。安装到该目录下的程序，其所有的数据、库文件等都存放在同一目录下，可随时删除，不影响系统的使用
/proc	虚拟文件系统，如系统内核、进程、外部设备及网络状态等
/root	超级管理员的主目录
/sbin	用于存放基本的系统命令，如引导、修复或恢复系统的命令
/srv	一些服务启动之后，这些服务所需要访问的数据目录
/sys	映射内核的一些信息，可供应用程序使用
/tmp	临时文件夹，即系统临时目录
/usr	用于存放与用户相关的应用程序和库文件，用户自行安装的软件一般存放在该目录下
/var	用于存放不断扩充、变化的内容，包括各种日志文件、E-mail、网站等

3. 文件名和文件类型

1）文件名

文件名是文件的标识符，Linux 操作系统中的文件名遵循以下约定。

（1）文件名可以使用英文字母、数字及一些特殊字符，但是不能包含如下表示路径或在 Shell 中有含义的字符。

```
/ ! # * & ? \ , ; <> [] {} ( ) ^ @ % | “ ‘ `
```

（2）目录名或文件名是严格区分大小写的，如“A.txt”“a.txt”“A.TXT”是 3 个不同的文件，但不建议使用字符大小写来区分不同的文件或目录。

（3）当文件名以句点“.”开头时，说明该文件为隐藏文件，通常不显示。在使用 ls 命令时，需要配合使用 -a 选项才可以看到隐藏文件。

（4）目录名或文件名的长度不能超过 255 个字符。

（5）文件的扩展名对 Linux 操作系统没有特殊的含义，这与 Windows 操作系统不一样。

2）文件类型

在 Windows 操作系统中，文件类型通常由扩展名决定，而在 Linux 操作系统中，扩展名的作用没有如此强大。当然，在 Linux 操作系统中，文件的扩展名也遵循一些约定，如压缩文件一般用“.zip”作为扩展名，RPM 软件包一般用“.rpm”作为扩展名，TAR 归档包一般用“.tar”作为扩展名，GZIP 压缩文件一般用“.gz”作为扩展名等。

在 Linux 操作系统中，所有的目录和设备都是以文件的形式存在的。常见的 Linux 文件类型包括普通文件、目录文件、设备文件、管道文件、链接文件和套接字文件。

（1）普通文件。在使用 ls -l 命令查看某个文件的属性时，可以看到类似“-rw-r--r--”的属性符号。文件属性符号的第 1 个字符“-”表示文件类型为普通文件。普通文件一般是用一些相关的应用程序创建的。使用 ls 命令可以查看 /etc/groff 目录下的文件。查看普通文件属性的命令如例 2.1.1 所示。

例 2.1.1：查看普通文件属性的命令

```
root@ubuntu:~# ls -l /etc/groff/
-rw-r--r-- 1 root root 1048 Mar 23  2022 man.local
-rw-r--r-- 1 root root 1042 Mar 23  2022 mdoc.local
// 两个文件属性符号的第 1 个字符均是“-”，表示该文件是普通文件
```

（2）目录文件。如果某个文件属性符号的第 1 个字符是“d”，则该文件在 Linux 操作系统中是目录文件。使用 ls 命令可以查看 /home 目录下的文件。查看目录文件属性的命令如例 2.1.2 所示。

例 2.1.2：查看目录文件属性的命令

```
root@ubuntu:~# ls -l /home
drwxr-x--- 14 chris chris 4096 11月  3 23:17 chris
// 第 1 个字符“d”表示 admin 是一个目录文件
```

（3）设备文件。Linux 操作系统下的 /dev 目录中有大量的设备文件，主要是块设备文件和字符设备文件。

块设备文件的主要特点是可以随机读写，而最常见的块设备就是磁盘。使用 ls -l /dev/| grep sd 命令可以查看块设备文件。查看块设备文件属性的命令如例 2.1.3 所示。

例 2.1.3：查看块设备文件属性的命令

```
root@ubuntu:~# ls -l /dev/|grep sd
brw-rw----  1 root  disk      8,   0 10月 30 19:47 sda
brw-rw----  1 root  disk      8,   1 10月 30 19:47 sda1
brw-rw----  1 root  disk      8,   2 10月 30 19:47 sda2
brw-rw----  1 root  disk      8,   3 10月 30 19:47 sda3
//sda、sda1 等均表示磁盘或磁盘中的分区，其属性符号的第 1 个字符为“b”，这里的“b”表示文件类型为
块设备文件
```

常见的字符设备文件是打印机和终端，可以接收字符流。/dev/null 是一个非常有用的字符设备文件，被送入这个设备的所有内容均会被忽略。使用 ls 命令可以查看字符设备文件。

查看字符设备文件属性的命令如例 2.1.4 所示。

例 2.1.4：查看字符设备文件属性的命令

```
root@ubuntu:~# ls -l /dev/|grep null
crw-rw-rw-  1 root  root      1,    3 10月 30 19:47 null
// 可以看出其属性符号的第 1 个字符为“c”，这里的“c”表示文件类型为字符设备文件
```

（4）管道文件。管道文件有时也称为 FIFO 文件，其文件属性符号的第 1 个字符为“p”。在/run/systemd/sessions 目录下可以查看管道文件。查看管道文件属性的命令如例 2.1.5 所示。

例 2.1.5：查看管道文件属性的命令

```
root@ubuntu:~# ls -l /run/systemd/sessions/|grep p
prw------- 1 root root   0 Nov  6 11:35 11.ref
prw------- 1 root root   0 Nov  6 11:12 8.ref
```

（5）链接文件。链接文件有两种类型，即软链接文件和硬链接文件（硬链接生成的是普通文件）。其中，软链接文件又称符号链接文件，这个文件包含了另一个文件的路径名，可以是任意文件或目录，可以链接不同文件系统的文件。软链接文件属性符号的第 1 个字符为“l”。查看软链接文件属性的命令如例 2.1.6 所示。

例 2.1.6：查看软链接文件属性的命令

```
root@ubuntu:~# ls -l /dev/log
lrwxrwxrwx 1 root root 28 Nov  6 08:00 /dev/log -> /run/systemd/journal/dev-log
```

可以看到，/run/systemd/journal 目录下的 dev-log 文件，它是来源于/dev 目录下的 log 文件的软链接文件。关于链接文件的具体实现将在后面的项目中介绍。

（6）套接字文件。使用套接字文件可以实现网络通信。套接字文件属性符号的第 1 个字符是“s”，/run/lvm/lvmpolld.socket 文件就是套接字文件。查看套接字文件属性的命令如例 2.1.7 所示。

例 2.1.7：查看套接字文件属性的命令

```
root@ubuntu:~# ll /run/lvm/lvmpolld.socket
srw------- 1 root root 0 Nov  6 08:00 /run/lvm/lvmpolld.socket
```

4. 路径

在操作文件或目录时，一般应指定路径，否则会默认对当前的目录进行操作。路径一般分为绝对路径和相对路径。

1）绝对路径

绝对路径是指从根目录“/”开始到指定文件或目录的路径，其特点为总是从根目录“/”开始，通过“/”来分隔目录名。

2）相对路径

相对路径是指从当前目录出发，到达指定文件或目录的路径（当前目录一般不会出现在路径中）。还可以配合特殊目录“.”和“..”来灵活地切换路径，或者选择指定目录和

文件。

绝对路径和相对路径的具体形式如例 2.1.8 所示。

例 2.1.8：绝对路径和相对路径的具体形式

若当前目录是 apport，要操作 blacklist.d 目录，则可以用绝对路径表示为“/etc/apport/blacklist.d”，用相对路径表示为“blacklist.d”或“./blacklist.d”；若当前目录是 dpkg，要操作 origins 目录，则可以用绝对路径表示为“/etc/dpkg/origins”，用相对路径表示为“../dpkg/origins”，即“..”表示 dpkg 的 etc 父目录。

```
root@ubuntu:~# apt install tree                    //安装 tree 命令，会在项目三中详细介绍
root@ubuntu:~# tree /etc/apport
/etc/apport
├── blacklist.d
│   ├── apport
│   └── README.blacklist
└── crashdb.conf
```

相对路径和绝对路径是等效的，它们各有优缺点，绝对路径固定、唯一、容易理解，但是在路径太长的情况下就显得烦琐；相对路径可以使路径变得简短，但是容易出错。读者可以根据实际情况灵活运用。

5. Linux 命令结构

Linux 操作系统中所有的管理操作都可以通过命令行来完成，因此要成为一名合格的 Linux 操作系统管理员，学会用命令行来管理系统是非常必要的。在学习具体的 Linux 命令之前，应了解 Linux 命令的基本结构。Linux 命令一般由命令名、选项和参数三部分组成，其中选项和参数为可选项，其基本语法格式如下所示。

```
命令名 [选项] [参数]
```

1）命令名

命令名是命令的表示，表示命令的基本功能，在命令提示符后面输入的必须是命令，或者是可执行程序的路径，或者是脚本的路径、名称。

2）选项

选项的作用是修改命令的执行方式及特性。命令只会执行最基本的功能，若要执行更高级、更复杂的功能，则需要为命令提供相应的选项。

3）参数

参数表示命令的作用对象，一般跟在选项后面。参数可以是文件或目录，也可以没有，或者有多个。需要注意的是，有些命令必须使用多个参数才可以正确执行。

6. 使用命令操作的一般规律

（1）命令名、文件名、选项和参数等严格区分英文字母大小写，且命令名始终在最前面。

（2）命令、选项和参数之间必须用空格隔开。

（3）可以同时使用多个选项，而且选项有长选项和短选项之分。

① 短选项：通常用一个短线“-”和一个字母来引导。如果需要在命令中加入多个短选项，那么可以用一个短线“-”把多个选项组合在一起来引导。在组合引导时，选项与选项之间无须隔开，也可以对每个短选项都单独用一个短线“-”引导，但需要用空格隔开。

② 长选项：通常用两个短线“--”和单词格式的选项来引导。长选项通常不能组合引导，必须分开引导。

（4）在同时使用多个参数时，各个参数之间必须用空格隔开。

（5）可以使用符号“\”来转义回车符，以实现一条命令跨越多行的情况。

（6）可以使用 Tab 键来自动补全命令，若给定的字符串只有一条唯一对应的命令，则直接补全；若按两次 Tab 键，则会将所有以当前已输入字符串开头的命令显示在列表中。Linux 命令行界面的“自动补全”功能如例 2.1.9 所示。

例 2.1.9：Linux 命令行界面的“自动补全”功能

```
root@ubuntu:~# rm                      //输入 rm 后按两次“Tab”键
rm  rmdir rmmod rmt            rmt-tar
root@ubuntu:~# rmdir                   //输入 rmdi 后按“Tab”键，可自动补全 rmdir 命令
```

（7）若要查看最近使用过的命令，可以利用上下箭头方向键，找回最近执行过的命令，也可以在命令行界面中执行 history 命令。使用 history 命令可显示整个历史命令列表的内容，如果在 history 命令后加一个整数，则表示希望显示的命令条数，且每条命令前都有一个序号。快速执行历史命令的格式及其功能如表 2-1-3 所示。

表 2-1-3　快速执行历史命令的格式及其功能

选　　项	功　　能
!n	重复执行第 *n* 条命令
!-n	重复执行前第 *n* 条命令
! !	重新执行上一条命令
!string	执行最近用到的以“string”开头的历史命令

例 2.1.10：history 命令的基本用法

```
root@ubuntu:~# history 3                     //显示最近 3 条历史命令
    2  touch file1
    3  ls
    4  cd
```

7. 文件和目录浏览类命令

1）pwd 命令

pwd 命令用于显示当前工作目录的完整路径。pwd 命令的使用方法比较简单，在默认情况下不带任何参数，执行该命令即可显示当前工作目录，如例 2.1.11 所示。

例 2.1.11：pwd 命令的基本用法

```
root@ubuntu:~# pwd
/root
```

用户通过命令行界面登录系统后，默认的工作目录是登录用户的主目录。例 2.1.11 显示，root 用户登录系统后的工作目录是 /root。

2）cd 命令

用户登录时的默认工作目录是自己的主目录（root 用户的主目录为 /root，普通用户的主目录为 /home/ 用户名目录）。若需要切换工作目录，则可以使用 cd 命令实现，其基本语法格式如下所示。

```
cd [目录路径]
```

cd 命令的常用选项及其功能如表 2-1-4 所示。

表 2-1-4　cd 命令的常用选项及其功能

选　项	功　能
.	留在当前目录
..	切换到当前目录的上一级目录下
-	切换到上次所在目录下
~	切换到当前登录用户的主目录下
~用户名	切换到指定用户的主目录下

cd 命令的基本用法如例 2.1.12 所示。

例 2.1.12：cd 命令的基本用法

```
root@ubuntu:~# pwd
/root
root@ubuntu:~# cd ..                            //切换到上一级目录下
root@ubuntu:/# pwd
/
root@ubuntu:/# cd ~                             //切换到当前登录用户的主目录下
root@ubuntu:~# cd /etc/apt                      //切换到绝对路径 /etc/apt 下
root@ubuntu:/etc/apt# pwd
/etc/apt
root@ubuntu:/etc/apt# cd ~root                  //切换到 root 用户的主目录下
root@ubuntu:~# pwd
/root
```

3）ls 命令

ls 命令的主要作用是列出指定目录下的内容，若未指定目录，则列出当前目录下的内容。ls 命令的基本语法格式如下所示。

```
ls [选项] [目录名]
```

若使用参数“目录名”，则表示要查看目标目录的具体内容；若省略该参数，则表示查看当前目录下的内容。ls 命令有许多选项，使用 ls 命令的显示结果形式多样。ls 命令的常用选项及其功能如表 2-1-5 所示。

表 2-1-5　ls 命令的常用选项及其功能

选　　项	功　　能
-a	显示所有文件，包括隐藏文件，如“.”“..”
-d	仅可以查看目录的属性参数及信息，无法查看它们的内容
-i	显示文件的 inode 编号
-l	长格式输出，显示文件的详细信息，包含文件属性
-L	递归显示，即列出目录及子目录下的所有目录和文件

文件的详细信息包括 7 列，每列的含义如表 2-1-6 所示。

表 2-1-6　文件的详细信息中每列的含义

列　　数	功　　能
第 1 列	文件类型及权限
第 2 列	连接数
第 3 列	文件所有者
第 4 列	文件所属用户组
第 5 列	文件大小，默认以字节为单位
第 6 列	文件最后修改日期
第 7 列	文件名

ls 命令的基本用法如例 2.1.13 所示。

例 2.1.13：ls 命令的基本用法

```
root@ubuntu:~# cd /etc/cloud/
root@ubuntu:/etc/cloud# ls                              // 列出当前目录下的内容，默认按文件名排序
clean.d  cloud.cfg  cloud.cfg.d  ds-identify.cfg  templates
root@ubuntu:/etc/cloud# ls -a                           // 显示所有文件，包括隐藏文件
.  ..  clean.d  cloud.cfg  cloud.cfg.d  ds-identify.cfg  templates
root@ubuntu:/etc/cloud# ls -l                           // 长格式输出，显示详细信息
drwxr-xr-x 2 root root 4096 Nov 18 14:04 clean.d
-rw-r--r-- 1 root root 3758 Jun 28 22:16 cloud.cfg
drwxr-xr-x 2 root root 4096 Nov 18 14:04 cloud.cfg.d
-rw-r--r-- 1 root adm    16  Nov 18 14:04 ds-identify.cfg
drwxr-xr-x 2 root root 4096 Aug 10 00:21 templates
root@ubuntu:/etc/cloud# ls -ld clean.d                  // 显示目录本身的详细信息
drwxr-xr-x 2 root root 4096 Nov 18 14:04 clean.d
```

小提示

在 Linux 操作系统下，定义了 ls -l 命令的别名，可以将其写作“ll”。例如，root@ubuntu:~# ll /etc/httpd 等同于 root@ubuntu:~# ls -l /etc/httpd。

4）cat、more、less、head、tail 命令

（1）cat 命令。

cat 命令的作用是滚动显示文件内容，或者将几个文件合并为一个文件。cat 命令的基本语法格式如下所示。

```
cat [选项] 文件列表
```

cat 命令的常用选项及其功能如表 2-1-7 所示。

表 2-1-7 cat 命令的常用选项及其功能

选 项	功 能
-b	对文件非空行标记行号
-n	对文件每行标记行号

cat 命令的基本用法如例 2.1.14 所示。

例 2.1.14：cat 命令的基本用法

```
root@ubuntu:~# cd /etc
root@ubuntu:/etc# cat legal                                 // 显示文件中的内容
                                                            // 注意，这里是空行
The programs included with the Ubuntu system are free software;
the exact distribution terms for each program are described in the
individual files in /usr/share/doc/*/copyright.
                                                            // 注意，这里是空行
Ubuntu comes with ABSOLUTELY NO WARRANTY, to the extent permitted by
applicable law.
                                                            // 注意，这里是空行
root@ubuntu:/etc# cat -b legal                              // 只显示文件中非空行的行号

     1  The programs included with the Ubuntu system are free software;
     2  the exact distribution terms for each program are described in the
     3  individual files in /usr/share/doc/*/copyright.
                                                            // 注意，这里是空行
     4  Ubuntu comes with ABSOLUTELY NO WARRANTY, to the extent permitted by
     5  applicable law.
                                                            // 注意，这里是空行
root@ubuntu:/etc# cat -n legal                              // 显示文件中所有行的行号
     1                                                      // 这里是空行
     2  The programs included with the Ubuntu system are free software;
     3  the exact distribution terms for each program are described in the
     4  individual files in /usr/share/doc/*/copyright.
     5
     6  Ubuntu comes with ABSOLUTELY NO WARRANTY, to the extent permitted by
     7  applicable law.
     8                                                      // 这里是空行
```

（2）more 命令。

在使用 cat 命令显示文件内容时，若文件太长，输出的内容不能分页显示，则可以使用 more 命令来分页显示文件内容，即一次显示一页内容。more 命令的基本语法格式如下所示。

```
more [选项] 文件名
```

在大部分情况下，可以不加任何选项地直接执行 more 命令来查看文件内容。当使用 more 命令打开文件后，可以按“Enter”键向下移动一行，按“F”键或空格键向下翻一页，按“B”键或“Ctrl+B”组合键向上翻半页，按“Q”键退出 more 命令。注意，不能使用键盘上下方向键翻页。more 命令经常和管道命令组合使用，即将管道命令的输出作为 more 命令的输入。管道命令将在后面详细介绍。

more 命令的基本用法如例 2.1.15 所示。

例 2.1.15：more 命令的基本用法

```
root@ubuntu:~# more /etc/rpc                    // 分屏查看 /etc/rpc 文件的内容
```

（3）less 命令。

less 命令的功能比 more 命令的功能更强大，用法也更灵活。less 命令是 more 命令的增强版，less 命令可以通过键盘上下方向键向上或向下翻页，还可以按“B”键向上翻一页，按空格键向下翻一页，按“U”键或“Ctrl+U”组合键向上翻半页，按“Q”键退出 less 命令。

（4）head 命令。

使用 head 命令可以方便地实现文件内容的查看，但是在默认情况下，使用 head 命令查看时，只会显示文件的前 10 行内容。head 命令的基本语法格式如下所示。

```
head [选项] 文件列表
```

head 命令的常用选项及其功能如表 2-1-8 所示。

表 2-1-8　head 命令的常用选项及其功能

选　项	功　能
-c	显示文件开头的前 *n* 字节，如“-c 6”表示文件内容的前 6 字节
-n	后面接数字，显示文件开头的前 *n* 行内容

head 命令的基本用法如例 2.1.16 所示。

例 2.1.16：head 命令的基本用法

```
root@ubuntu:~# cd /etc
root@ubuntu:/etc# cat issue
Ubuntu 22.04.3 LTS \n \l

root@ubuntu:/etc# head -c 6 issue              // 显示 issue 文件的前 6 字节
Ubuntu
root@ubuntu:/etc# head -n 2 issue              // 显示 issue 文件的前 2 行内容
Ubuntu 22.04.3 LTS \n \l
```

（5）tail 命令。

与 head 命令的查看效果相反，tail 命令用于查看文件的后几行内容。在默认情况下，使用 tail 命令查看时，只会显示文件的后 10 行内容。-c 和 -n 选项对 tail 命令也同样适用。tail 命令的基本用法如例 2.1.17 所示。

例 2.1.17：tail 命令的基本用法

```
root@ubuntu:~# cd /etc
root@ubuntu:/etc# cat issue
Ubuntu 22.04.3 LTS \n \l

root@ubuntu:/etc# tail -c 6 issue              // 显示 issue 文件的后 6 字节
n \l

root@ubuntu:/etc# tail -n 2 issue              // 显示 issue 文件的后 2 行内容
```

```
Ubuntu 22.04.3 LTS \n \l
```

5）wc 命令

wc 命令用于统计指定文件中的行数、单词数和字节数，并输出统计结果。wc 命令的基本语法格式如下所示。

```
wc [选项] 文件列表
```

wc 命令的常用选项及其功能如表 2-1-9 所示。

表 2-1-9　wc 命令的常用选项及其功能

选　项	功　能
-c	统计并输出文件字节数
-l	统计并输出文件行数
-L	统计并输出文件最长行的长度
-w	统计并输出文件单词数

wc 命令的基本用法如例 2.1.18 所示。

例 2.1.18：wc 命令的基本用法

```
root@ubuntu:~# cd /etc
root@ubuntu:/etc# cat issue
root@ubuntu:/etc# wc issue                                    //输出文件行数、单词数和字节数
2  5  26  issue
```

8. 文件和目录操作类命令

1）touch 命令

touch 命令用于创建一个新文件或修改已有文件。当指定的文件不存在时，会在当前的目录下用指定的文件名创建一个空文件。touch 命令的基本语法格式如下所示。

```
touch [选项]  文件名
```

touch 命令的常用选项及其功能如表 2-1-10 所示。

表 2-1-10　touch 命令的常用选项及其功能

选　项	功　能
-a	把文件的存取时间修改为当前时间
-m	把文件的修改时间修改为当前时间

touch 命令的基本用法如例 2.1.19 所示。

例 2.1.19：touch 命令的基本用法

```
root@ubuntu:~# touch file1 file2          //在当前目录下创建 file1 和 file2 两个文件
root@ubuntu:~# ls -l file1 file2
-rw-r--r-- 1 root root 0 Dec 17 13:35 file1
-rw-r--r-- 1 root root 0 Dec 17 13:35 file2
```

2）mkdir 命令

mkdir 命令用于创建一个新的目录，但目录刚被创建后，里面不包含文件。mkdir 命令

的基本语法格式如下所示。

```
mkdir [选项] 目录名
```

mkdir 命令的常用选项及其功能如表 2-1-11 所示。

表 2-1-11　mkdir 命令的常用选项及其功能

选　项	功　能
-p	在创建目录时，递归创建，若目录不存在，则与子目录一起创建
-m	为新建的目录指定权限，默认权限是 drwxr-xr-x

mkdir 命令的基本用法如例 2.1.20 所示。

例 2.1.20：mkdir 命令的基本用法

```
root@ubuntu:~# mkdir test1                                     //创建 test1 目录
root@ubuntu:~# mkdir -p test2/share                            //带 -p 选项创建两级目录
root@ubuntu:~# ls -l
-rw-r--r-- 1 root root    0 Dec 17 13:35 file1
-rw-r--r-- 1 root root    0 Dec 17 13:35 file2
drwx------ 3 root root 4096 Nov 18 14:07 snap
drwxr-xr-x 2 root root 4096 Dec 17 13:37 test1
drwxr-xr-x 3 root root 4096 Dec 17 13:37 test2             //test2 目录被自动创建
root@ubuntu:~# ls -l test2
drwxr-xr-x 2 root root 4096 Dec 17 13:37 share
```

3）cp 命令

cp 命令主要用于复制文件或目录，其基本语法格式如下所示。

```
cp [选项] 源文件或源目录　目标文件或目标目录
```

cp 命令的功能非常强大，选项也很多，除单纯的复制文件或目录外，还可以在复制整个目录时对文件进行改名等操作。cp 命令的常用选项及其功能如表 2-1-12 所示。

表 2-1-12　cp 命令的常用选项及其功能

选　项	功　能
-i	若目标文件或目标目录已经存在，则提示是否覆盖已有的目标文件
-s	只创建源文件的软链接文件而不是复制源文件
-p	保留源文件或源目录的属性，包括所有者、属组、权限和时间信息
-r	递归复制目录，将指定目录下的文件与子目录的所有内容复制
-a	复制时尽可能保留源文件或源目录的所有属性，包括权限、所有者和时间信息等

该命令的选项解析如下。

（1）若目标文件不存在，则复制源文件为目标文件。

（2）若目标文件存在且目标文件是文件，则将目标文件覆盖；若目标文件是目录，则将源文件复制到目标目录中，并保持原名不变。

（3）若源文件不止一个，则目标文件必须是目录。

（4）若源文件是目录，则可以根据需求使用 -p、-a、-r 选项中的任何一个完成复制。

cp 命令的基本用法如例 2.1.21 所示。

例 2.1.21：cp 命令的基本用法

```
root@ubuntu:~# cp file1 file2 test1       //将 file1 和 file2 文件复制到 test1 目录下
root@ubuntu:~# ls -l test1
-rw-r--r-- 1 root root 0 Dec 24 14:58 file1
-rw-r--r-- 1 root root 0 Dec 24 14:58 file2
root@ubuntu:~# cp file1 file3             //在当前目录下将 file1 文件复制为 file3 文件
root@ubuntu:~# cp -r test1 test3
root@ubuntu:~# ls -l
-rw-rw-r-- 1 chris root    0 Dec 24 06:12 file1
-rw-rw-rw- 1 root  root    0 Dec 24 06:12 file2
-rw-r--r-- 1 root  root    0 Dec 24 14:59 file3
drwx------ 3 root  root 4096 Dec 24 04:59 snap
drwxr-xr-x 2 root  root 4096 Dec 24 14:58 test1
drwxr-xr-x 2 root  root 4096 Dec 24 14:59 test2
drwxr-xr-x 2 root  root 4096 Dec 24 14:59 test3                  //目标目录 test3 被创建
root@ubuntu:~# ls -l test1 test3
root@ubuntu:~# ls -l test1 test3
test1:
total 0
-rw-r--r-- 1 root root 0 Dec 24 14:58 file1
-rw-r--r-- 1 root root 0 Dec 24 14:58 file2
test3:
total 0
-rw-r--r-- 1 root root 0 Dec 24 14:59 file1
-rw-r--r-- 1 root root 0 Dec 24 14:59 file2                      //将源目录内容同时复制
root@ubuntu:~# cp -r test1 test3
root@ubuntu:~# ls -l test3
-rw-r--r-- 1 root root    0 Dec 24 14:59 file1
-rw-r--r-- 1 root root    0 Dec 24 14:59 file2
drwxr-xr-x 2 root root 4096 Dec 24 15:03 test1
```

4）mv 命令

mv 命令用于对文件或目录进行移动或重命名。mv 命令的基本语法格式如下所示。

```
mv [选项] 源文件或源目录 目标文件或目标目录
```

mv 命令的常用选项及其功能如表 2-1-13 所示。

表 2-1-13　mv 命令的常用选项及其功能

选　项	功　能
-f	强制覆盖目标文件且不给用户提示
-i	交互式操作，覆盖目标文件前先询问用户（默认选项）

该命令的选项解析如下。

（1）若目标文件和源文件同名，则源文件会覆盖目标文件。

（2）若使用 -i 选项，则覆盖目标文件前会有提示。

（3）若源文件和目标文件在相同目录下，则相当于对源文件重命名。

（4）若源目录和目标目录都已存在，则会将源目录及其所有内容移动到目标目录下。

mv 命令的基本用法如例 2.1.22 所示。

例 2.1.22：mv 命令的基本用法

```
root@ubuntu:~# mv -i file1 test1                    // 将 file1 文件移动到 test1 目录下
mv: overwrite 'test1/file1'? y                      // 使用 -i 选项，覆盖目标文件前会提示用户
root@ubuntu:~# mv file2 test2                       // 将 file2 文件移动到 test2 目录下
root@ubuntu:~# mv file3 file4                       // 将 file3 文件重命名为 file4
root@ubuntu:~# ls -l
-rw-r--r-- 1 root root     0 Dec 24 14:59 file4
drwx------ 3 root root 4096 Dec 24 04:59 snap
drwxr-xr-x 2 root root 4096 Dec 24 15:12 test1
-rw-rw-rw- 1 root root     0 Dec 24 06:12 test2
drwxr-xr-x 3 root root 4096 Dec 24 15:03 test3
root@ubuntu:~# mv test1  test2                      // 将 test1 目录移动到 test2 目录下
root@ubuntu:~# ls -l test2
-rw-r--r--. 1 root root    0  Dec 30 19:44 file2
drwxr-xr-x 2 root root 4096  Dec 17 13:37 share
drwxr-xr-x 2 root root 4096  Dec 30 13:01 test1
```

5）rmdir 命令

rmdir 命令用于删除空目录，也就是说，目录在删除前必须是空的，否则 rmdir 命令会报错。用户在删除某目录时，需要具有对其父目录的写权限。rmdir 命令的基本语法格式如下所示。

```
rmdir  目录名
```

rmdir 命令的常用选项及其功能如表 2-1-14 所示。

表 2-1-14　rmdir 命令的常用选项及其功能

选　项	功　能
-p	递归删除目录，且强制删除，在删除文件或目录时不提示用户（使用 -p 选项时一定要谨慎）
-v	显示命令的执行过程

rmdir 命令的基本用法如例 2.1.23 所示。

例 2.1.23：rmdir 命令的基本用法

```
root@ubuntu:~# cd test2
root@ubuntu:~/test2# ls -l
-rw-r--r--. 1 root root    0  Dec 30 19:44 file2
drwxr-xr-x 2 root root 4096  Dec 17 13:37 share
drwxr-xr-x 2 root root 4096  Dec 30 13:01 test1
root@ubuntu:~/test2# rmdir share                          //share 目录是空的
root@ubuntu:~/test2# rmdir test1                          //test1 目录下有文件
rmdir: failed to remove 'test1': No such file or directory
```

6）rm 命令

rm 命令用于永久性地删除文件或目录。rm 命令的基本语法格式如下所示。

```
rm [选项] 文件或目录
```

rm 命令的常用选项及其功能如表 2-1-15 所示。

表 2-1-15　rm 命令的常用选项及其功能

选　项	功　能
-f	强制删除，在删除文件或目录时不给出任何提示（使用 -f 选项时一定要谨慎）
-i	实现交互式删除文件。和 -f 选项的功能相反，在删除文件或目录时会给出提示
-r	递归删除目录及其中的所有文件和子目录

rm 命令的基本用法如例 2.1.24 所示。

例 2.1.24：rm 命令的基本用法

```
root@ubuntu:~# cd test3
root@ubuntu:~/test3# ls                          // 查看当前目录下是否有 file1、file2 文件
file1  file2  test1
root@ubuntu:~/test3# rm -i file1                       // 删除 file1 文件
rm: remove regular empty file 'file1'? y               // 使用 -i 选项时会有提示
root@ubuntu:~/test3# rm -f file2                       // 使用 -f 选项时没有提示
root@ubuntu:~/test3# ls
test1
root@ubuntu:~/test3# rm test1
rm: cannot remove ‘test1’: Is a directory              // 使用 rm 命令不能直接删除目录
root@ubuntu:~/test3# rm -ir test1
rm: descend into directory 'test1'? y                  // 每删除一个文件前都会有提示
rm: remove regular empty file 'test1/file1'? y
rm: remove regular empty file 'test1/file2'? y
rm: remove directory ‘test1’? y                        // 删除目录自身也会有提示
root@ubuntu:~/test3# ls                                // 查询是否删除成功
root@ubuntu:~/test3#
```

9. 重定向与管道命令

在 Linux 操作系统中，标准的输入设备默认指的是键盘，标准的输出设备默认指的是显示器。但是，Linux 操作系统提供了一种特殊的操作，可以改变命令的默认输入或输出目标，称为重定向。重定向分为输入重定向、输出重定向和错误重定向。这里只介绍输入重定向和输出重定向。

1）输入重定向

有些命令需要用户通过键盘来输入数据，但有时用户手动输入数据会显得非常麻烦，这时可以使用重定向符“<”实现输入源的重定向。

输入重定向指的是把命令或可执行程序的标准输入重定向到指定的文件中，也就是说，把通过键盘输入的数据改为从文件中读取。输入重定向的基本用法如例 2.1.25 所示。

例 2.1.25：输入重定向的基本用法

```
root@ubuntu:~# cat < /etc/fstab                          // 查看/etc/fstab 文件中的内容
# /etc/fstab: static file system information.
#
# Use 'blkid' to print the universally unique identifier for a
# device; this may be used with UUID= as a more robust way to name devices
# that works even if disks are added and removed. See fstab(5).
#
# <file system> <mount point>   <type>  <options>       <dump>  <pass>
# / was on /dev/ubuntu-vg/ubuntu-lv during curtin installation
/dev/disk/by-id/dm-uuid-LVM-5VhJvfRrXQ2IwJ3Qr43nFu3JfLzQV7m6wBsonP47EdCgb6SPCG21
IOkNAAcf30gR / ext4 defaults 0 1
# /boot was on /dev/sda2 during curtin installation
/dev/disk/by-uuid/9008b2a4-edbc-4278-a528-70d66bd3d984 /boot ext4 defaults 0 1
/swap.img       none    swap    sw      0       0
```

2）输出重定向

输出重定向指的是把一个命令的标准输出重定向到一个文件中，而不是显示在屏幕上。在很多情况下都可以使用这个功能。例如，当某个命令输出内容较多时，在屏幕上不能完全显示，则可以先把它重定向到一个文件中，再用文本编辑器打开这个文件。

Linux操作系统主要提供了两个重定向符来实现输出重定向，分别是“>”和“>>”。这两个重定向符的区别在于，在目标文件已经存在的情况下，“>”会用新的内容覆盖目标文件的内容，而“>>”则会将新的内容追加到目标文件内容的后面，不清除原来的内容。输出重定向的基本用法如例2.1.26所示。

例2.1.26：输出重定向的基本用法

```
root@ubuntu:~# ls
file4   ls.result      snap   test2   test3
root@ubuntu:~# pwd
/root
root@ubuntu:~# ls /root > dir       //把/root目录下的文件重定向到dir文件中
root@ubuntu:~# cat dir              //查看dir文件中的内容
file4
ls.result
snap
test2
test3
root@ubuntu:~# ls /home
chris
root@ubuntu:~# ls /home >> dir      //把/home目录下的文件追加到dir文件中
root@ubuntu:~# cat dir       //查看dir文件中的内容，发现chris已经被追加到dir文件中
anaconda-ks.cfg
file4
ls.result
snap
test2
test3
chris
```

3）管道命令

简单来说，使用管道命令可以让前一条命令的输出成为后一条命令的输入。管道命令的基本语法格式如下所示。

```
"命令1"|"命令2"
```

管道命令的基本用法如例2.1.27所示。

例2.1.27：管道命令的基本用法

```
root@ubuntu:~# cat /etc/issue|wc                    //wc命令把cat命令的输出当作输入
      2       5     26
```

4）echo命令

echo命令用于将文本字符串或变量的值输出到终端窗口中或者重定向到文件中。echo命令的基本语法格式如下所示。

```
echo [选项] [字符串]
```

echo 命令的常用选项及其功能如表 2-1-16 所示。

表 2-1-16　echo 命令的常用选项及其功能

选　项	功　能
-n	不输出末尾的换行符
-e	解释字符串中的转义字符

echo 命令的基本用法如例 2.1.28 所示。

例 2.1.28：echo 命令的基本用法

```
root@ubuntu:~# echo "Hello World"                 //输出文本字符串"Hello World"
Hello World
root@ubuntu:~# echo -e "Hello\tWorld\n"           //输出带转义字符的文本字符串
Hello   World                                     //\t 表示制表符，\n 表示换行符

root@ubuntu:~# echo "Hello World">welcome.txt  //将文本内容重定向到文件中
root@ubuntu:~# cat welcome.txt
Hello World
```

10. 文件查找类命令

1）find 命令

find 命令是 Linux 操作系统中强大的搜索命令，它不仅可以按照文件名搜索文件，还可以按照权限、大小、时间、inode 编号等搜索文件，或者在某一目录及其所有子目录下按照匹配表达式指定的条件搜索文件。find 命令的基本语法格式如下所示。

```
find [目录] [匹配表达式]
```

其中，“目录”表示搜索的起始位置，如果没有指定该选项，则默认为当前工作目录；“匹配表达式”主要用来表达搜索什么样的文件，以及如何处理搜索到的文件。find 命令的常用选项及其功能如表 2-1-17 所示。

表 2-1-17　find 命令的常用选项及其功能

选　项	功　能
-name filename	查找指定名称的文件
-user username	查找属于指定用户的文件
-group groupname	查找属于指定组的文件
-empty	查找空文件或空目录
-size [+-]n[bckw]	查找文件大小为 *n* 块的文件
-type	查找指定类型的文件，文件类型包括：块设备文件（b）、字符设备文件（c）、目录（d）、管道文件（p）、普通文件（f）、软链接文件（l）

find 命令的基本用法如例 2.1.29 所示。

例 2.1.29：find 命令的基本用法

```
root@ubuntu:~# find . -name "file4"              //查找文件名为“file4”的文件
./file4
```

```
root@ubuntu:~# find . -size 2                        // 查找 2 个文件块
./.viminfo
root@ubuntu:~# find /etc  -size +100k                // 查找文件大小为 100KB 的文件
/etc/lvm/lvm.conf
/etc/ssl/certs/ca-certificates.crt
/etc/ssh/moduli
```

2）grep 命令

grep 命令是一种强大的文本搜索工具，可以从文件中提取符合指定匹配表达式的行，默认允许所有人使用。grep 命令的基本语法格式如下所示。

```
grep [选项] 文件
```

grep 命令的常用选项及其功能如表 2-1-18 所示。

表 2-1-18　grep 命令的常用选项及其功能

选　项	功　能
-c	只输出匹配行的数量
-n	显示匹配行及行号
-v	显示不包含匹配文本的所有行
^	匹配正则表达式的开始行
$	匹配正则表达式的结束行
[]	匹配单个字符，如 [A]，即 A 符合要求
[-]	匹配范围，如 [A～Z]，即 A、B、C 一直到 Z 都符合要求

grep 命令的基本用法如例 2.1.30 所示。

例 2.1.30：grep 命令的基本用法

```
root@ubuntu:~# grep swap /etc/fstab                         // 提取包含 swap 的行
/swap.img        none      swap       sw         0        0
root@ubuntu:~# grep -n none /etc/fstab                      // 提取包含 none 的行
12:/swap.img  none      swap       sw         0        0
```

3）whereis 命令

whereis 命令用于搜索可执行文件、源文件和帮助文档在文件系统中的位置。在默认情况下，whereis 命令仅搜索特定的位置，这些位置包括 PATH 和 MANPATH 系统变量指定的路径等。whereis 命令的基本语法格式如下所示。

```
whereis [选项] [命令名]
```

whereis 命令的常用选项及其功能如表 2-1-19 所示。

表 2-1-19　whereis 命令的常用选项及其功能

选　项	功　能
-b	指定命令搜索二进制文件
-m	指定命令搜索命令手册
-c	指定命令搜索源代码文件

whereis 命令的基本用法如例 2.1.31 所示。

例 2.1.31：whereis 命令的基本用法

```
root@ubuntu:~# whereis fdisk                          // 搜索二进制文件和命令手册
fdisk: /usr/sbin/fdisk /usr/share/man/man8/fdisk.8.gz
root@ubuntu:~# whereis -b fdisk                       // 搜索二进制文件
fdisk: /usr/sbin/fdisk
```

4）which 命令

which 命令用于查找命令对应的可执行文件的完整路径。which 命令的基本语法格式如下所示。

```
which [文件名目录]
```

which 命令的基本用法如例 2.1.32 所示。

例 2.1.32：which 命令的基本用法

```
root@ubuntu:~# which fdisk
/usr/sbin/fdisk
```

11. 显示系统信息命令

1）date 命令

date 命令用于显示或设置当前系统时间。date 命令的基本用法如例 2.1.33 所示。

例 2.1.33：date 命令的基本用法

```
root@ubuntu:~# date                                   // 显示当前系统时间
Sat 30 Dec 13:53:41 UTC 2023
```

2）who 命令

who 命令用于显示当前有哪些用户登录系统。who 命令的基本用法如例 2.1.34 所示。

例 2.1.34：who 命令的基本用法

```
root@ubuntu:~# who                                    // 显示用户信息
root    tty1     2023-12-31 08:39
root@ubuntu:~# who -a                                 // 显示所有用户信息
          system boot  2023-12-31 08:42
          run-level 5  2023-12-31 08:43
root    -  tty1          2023-12-31 08:43   .       1352
```

3）whoami 命令

whoami 命令用于显示当前生效的系统登录用户。whoami 命令的基本用法如例 2.1.35 所示。

例 2.1.35：whoami 命令的基本用法

```
root@ubuntu:~# whoami
root
```

4）clear 命令

clear 命令用于清空当前终端窗口的内容。clear 命令的基本用法如例 2.1.36 所示。

例 2.1.36：clear 命令的基本用法

```
root@ubuntu:~# clear
```

12. 其他命令

1）ln 命令

ln 命令用于链接文件或目录。链接文件有两种，即前文说过的软链接文件和硬链接文件。

软链接文件又叫符号链接文件，在对软链接文件进行读写操作时，系统会自动把该操作转换为对源文件的操作，但在删除软链接文件时，系统仅删除软链接文件，而不删除源文件，这种形式类似于 Windows 操作系统中的快捷方式。

硬链接文件表示两个文件名指向的是磁盘上的同一块存储空间，且对任何一个文件的修改将影响到另一个文件。硬链接文件是已存在的另一个文件，在对硬链接文件进行读写和删除操作时，结果和软链接文件相同，但在删除硬链接文件的源文件时，硬链接文件依然存在，而且保留了原有的内容。ln 命令的基本语法格式如下所示。

```
ln [选项] 源文件或源目录 链接文件名
```

ln 命令的常用选项及其功能如表 2-1-20 所示。

表 2-1-20　ln 命令的常用选项及其功能

选　项	功　能
-s	对源文件创建软链接文件，而非硬链接文件

ln 命令的基本用法如例 2.1.37 所示。

例 2.1.37：ln 命令的基本用法

```
root@ubuntu:~# ln -s file1 file2
//对 file1 文件创建名称为 file2 的软链接文件，如果不加任何参数，则表示默认创建的是硬链接文件
```

小提示

只能对文件创建硬链接文件，不能对目录创建硬链接文件。

2）man 命令

man 命令是 Linux 操作系统下核心的命令之一。man 命令并不是英文单词“man”的意思，它是英文单词“manual”的缩写，即使用手册的意思。

man 命令的使用方法非常简单，只需要在 man 命令后面加上需要查找的命令名即可。man 命令的基本用法如图 2-1-2 所示。man 命令会列出一份完整的说明，内容包括命令语法、各选项的意义及相关命令。更为强大的是，使用 man 命令不仅可以查看 Linux 操作系统中命令的使用帮助，还可以查看软件服务配置文件、系统调用、库函数等帮助信息。

3）shutdown 命令

shutdown 命令用于在指定时间关闭操作系统。所有的登录用户都会收到关机提示信息，以便及时保存正在进行的工作。shutdown 命令的基本语法格式如下所示。

```
shutdown [选项] 时间 [关机提示信息]
```

其中，“时间”可以指定“hh:mm”格式的绝对时间，“hh”表示小时，“mm”表示分钟，“hh:mm”表示在特定的时间点关闭操作系统；也可以采用“+m”的格式，表示m分钟后关闭操作系统。

```
MAN(1)                        Manual pager utils                        MAN(1)

NAME
       man - an interface to the system reference manuals

SYNOPSIS
       man [man options] [[section] page ...] ...
       man -k [apropos options] regexp ...
       man -K [man options] [section] term ...
       man -f [whatis options] page ...
       man -l [man options] file ...
       man -w|-W [man options] page ...

DESCRIPTION
       man is the system's manual pager.  Each page argument given to man is normally the name of
       a program, utility or function.  The manual page associated with each of  these  arguments
       is then found and displayed.  A section, if provided, will direct man to look only in that
       section of the manual.  The default action is to search in all of the  available  sections
       following  a pre-defined order (see DEFAULTS), and to show only the first page found, even
       if page exists in several sections.

       The table below shows the section numbers of the manual followed by  the  types  of  pages
       they contain.

       1   Executable programs or shell commands
       2   System calls (functions provided by the kernel)
       3   Library calls (functions within program libraries)
       4   Special files (usually found in /dev)
       5   File formats and conventions, e.g. /etc/passwd
       6   Games
       7   Miscellaneous  (including  macro  packages  and  conventions),  e.g. man(7), groff(7),
           man-pages(7)
       8   System administration commands (usually only for root)
       9   Kernel routines [Non standard]

       A manual page consists of several sections.
 Manual page man(1) line 1 (press h for help or q to quit)
```

图 2-1-2　man 命令的基本用法

shutdown 命令的常用选项及其功能如表 2-1-21 所示。

表 2-1-21　shutdown 命令的常用选项及其功能

选　项	功　能
-h	关闭操作系统
-r	重新启动操作系统
-c	取消即将运行的关闭操作

shutdown 命令的基本用法如例 2.1.38 所示。

例 2.1.38：shutdown 命令的基本用法

```
root@ubuntu:~# shutdown  -h  now                        // 现在关闭操作系统
root@ubuntu:~# shutdown  -h  23:00                      // 在 23 点关闭操作系统
root@ubuntu:~# shutdown  -r  +15                        //15 分钟后重新启动操作系统
```

任务实施

（1）在根目录下创建/test、/test/etc、/test/exer/task1、/test/exer/task2 目录，并使用 tree 命令查看/test 目录的结构，实施命令如下所示。

```
root@ubuntu:~# mkdir -p /test/etc /test/exer/task1 /test/exer/task2
root@ubuntu:~# apt install tree                    // 安装 tree 命令
root@ubuntu:~# tree /test
/test
├── etc
└── exer
    ├── task1
```

```
    └── task2
4 directories, 0 files
```

（2）复制/etc 目录下名称以字母“a”“b”“c”开头的所有文件（包括子目录）到/test/etc 目录下，并将当前目录切换到/test/etc 目录下，以相对路径的方式查看/test/etc 目录下的内容，实施命令如下所示。

```
root@ubuntu:~# cp -r /etc/[a-c]* /test/etc/
root@ubuntu:~# cd /test/etc
root@ubuntu:/test/etc# ls
adduser.conf      apparmor.d         bash.bashrc          bindresvport.blacklist
ca-certificatesconsole-setup         cron.hourly          cron.weekly
alternatives      apport             bash_completion      binfmt.d
ca-certificates.conf cron.d          cron.monthly         cryptsetup-initramfs
apparmor          apt                bash_completion.d    byobu
cloud             cron.daily         crontab              crypttab
```

（3）将当前目录切换到/test/exer/task1 目录下，并创建 file1.txt 和 file2.txt 空文件，之后将 file2.txt 文件重命名为 file4.txt，使用相对路径的方式将/test/etc/bash.bashrc 文件复制为/test/exer/task1/file3.txt 文件，并查看当前目录下的文件，实施命令如下所示。

```
root@ubuntu:/test/etc# cd ../exer/task1
root@ubuntu:/test/exer/task1# touch file1.txt file2.txt
root@ubuntu:/test/exer/task1# mv file2.txt file4.txt
root@ubuntu:/test/exer/task1# cp ../../etc/bash.bashrc file3.txt
root@ubuntu:/test/exer/task1# ll
total 12
drwxr-xr-x 2 root root 4096 Dec 30 14:04 ./
drwxr-xr-x 4 root root 4096 Dec 30 13:59 ../
-rw-r--r-- 1 root root    0 Dec 30 14:03 file1.txt
-rw-r--r-- 1 root root 2319 Dec 30 14:04 file3.txt
-rw-r--r-- 1 root root    0 Dec 30 14:03 file4.txt
```

（4）以绝对路径的方式，删除/test/etc 目录下名称以“cron”开头的所有文件（包括子目录），并将/test/etc 目录下名称以“app”开头的所有文件（包括子目录）移动到/test/exer/task2 目录下，实施命令如下所示。

```
root@ubuntu:/test/exer/task1# rm -rf /test/etc/cron*
root@ubuntu:/test/exer/task1# ls /test/etc
adduser.conf                apparmor       apport  bash.bashrc  bash_completion.d
binfmt.d                    ca-certificates cloud  cryptsetup-initramfs
alternatives                apparmor.d     apt     bash_completion
bindresvport.blacklist      byobu          ca-certificates.conf    console-setup
crypttab
root@ubuntu:/test/exer/task1# mv /test/etc/app* /test/exer/task2
root@ubuntu:/test/exer/task1# ll /test/exer/task2
total 20
drwxr-xr-x 5 root root 4096 Dec 30 14:08 ./
drwxr-xr-x 4 root root 4096 Dec 30 13:59 ../
drwxr-xr-x 3 root root 4096 Dec 30 13:59 apparmor/
drwxr-xr-x 8 root root 4096 Dec 30 13:59 apparmor.d/
drwxr-xr-x 3 root root 4096 Dec 30 13:59 apport/
```

（5）查看/test/etc 目录下名称以“ba”开头的文件的文件类型，实施命令如下所示。

```
root@ubuntu:/test/exer/task1# file /test/etc/ba*
/test/etc/bash.bashrc:        ASCII text
/test/etc/bash_completion:    ASCII text
/test/etc/bash_completion.d: directory
```

（6）将当前目录切换到/test/exer/task1目录下，使用相对路径的方式为file1.txt文件创建硬链接文件file5.txt，为file3文件创建软链接文件file6.txt，并将链接文件存放于/test/exer/task2目录下，查看两个目录下的文件列表，实施命令如下所示。

```
root@ubuntu:/test/exer/task1# cd /test/exer/task1
root@ubuntu:/test/exer/task1# pwd
/test/exer/task1
root@ubuntu:/test/exer/task1# ln file1.txt ../task2/file5.txt
root@ubuntu:/test/exer/task1# ln -s file3.txt ../task2/file6.txt
root@ubuntu:/test/exer/task1# ll -i
total 12
786440 drwxr-xr-x 2 root root 4096 Dec 30 14:04 ./
786439 drwxr-xr-x 4 root root 4096 Dec 30 13:59 ../
786893 -rw-r--r-- 2 root root    0 Dec 30 14:03 file1.txt
786895 -rw-r--r-- 1 root root 2319 Dec 30 14:04 file3.txt
786894 -rw-r--r-- 1 root root    0 Dec 30 14:03 file4.txt
root@ubuntu:/test/exer/task1# ll -i ../task2
total 20
786441 drwxr-xr-x 5 root root 4096 Dec 30 14:12 ./
786439 drwxr-xr-x 4 root root 4096 Dec 30 13:59 ../
786557 drwxr-xr-x 3 root root 4096 Dec 30 13:59 apparmor/
786562 drwxr-xr-x 8 root root 4096 Dec 30 13:59 apparmor.d/
786734 drwxr-xr-x 3 root root 4096 Dec 30 13:59 apport/
786893 -rw-r--r-- 2 root root    0 Dec 30 14:03 file5.txt
786872 lrwxrwxrwx 1 root root    9 Dec 30 14:12 file6.txt -> file3.txt
```

（7）使用echo命令创建/var/info1文件，文件内容如下所示。

```
Banana
Orange
Apple
```

实施命令如下所示。

```
root@ubuntu:~# echo Banana>/var/info1
root@ubuntu:~# echo Orange>>/var/info1
root@ubuntu:~# echo Apple>>/var/info1
root@ubuntu:~# cat /var/info1
Banana
Orange
Apple
```

（8）统计/etc/sysctl.conf文件中的行数、单词数、字节数，并将统计结果输出到/var/info2文件中，实施命令如下所示。

```
root@ubuntu:~# wc /etc/sysctl.conf >/var/info2
root@ubuntu:~# cat /var/info2
10  72 449 /etc/sysctl.conf
```

（9）查看/var/info1文件的前两行内容，并将输出结果存放到/var/info3文件中，实施命令如下所示。

```
root@ubuntu:~# head -2 /var/info1>/var/info3
root@ubuntu:~# cat /var/info3
Banana
Orange
```

（10）查询/etc 目录下名称以“c”开头、以“conf”结尾，并且大于 5 KB 的文件，将查询结果存放到/var/info4 文件中，实施命令如下所示。

```
root@ubuntu:~# find /etc -name "c*.conf" -size +5k>/var/info4
root@ubuntu:~# cat /var/info4
/etc/cups/cups-browsed.conf
/etc/cups/cupsd.conf
```

（11）输入/var/info1 文件的后两行内容，并将输出结果存放到/var/info5 文件中，实施命令如下所示。

```
root@ubuntu:~# tail -2 /var/info1>/var/info5
root@ubuntu:~# cat /var/info5
Orange
Apple
```

（12）输出/var/info1 文件中不包括 pp 字符串的行，并输出行号，将输出结果存放到/var/info6 文件中，实施命令如下所示。

```
root@ubuntu:~# grep -n -v "pp" /var/info1>/var/info6
root@ubuntu:~# cat /var/info6
1:Balana
2:Orange
```

任务小结

（1）Linux 文件系统使用树形目录结构管理，要求用户掌握每个目录的作用，否则很容易误操作。

（2）Linux 文件系统的基本运维命令不多，要求用户熟练掌握。

任务 2.2　vim 编辑器

在 Linux 命令行状态下，经常需要编辑配置文件或者进行 Shell 编程、程序设计等。这些操作都需要使用编辑器，而在 Linux 命令行状态下有很多不同的编辑器，vim 是其中功能最强大的全屏幕文本编辑器。

任务描述

Z 公司安装了 Ubuntu 作为服务器的网络操作系统，现在需要在服务器上进行文件的创建和编辑工作，所以网络管理员小李开始查找 Ubuntu 操作系统中的常用命令。在查找了很多资料后，小李发现使用 vim 编辑器可以实现文件的创建和编辑等工作。

任务要求

网络管理员除了需要使用运维命令完成日常的系统管理工作，还有一项重要的工作是编辑各种系统配置文件，而这项工作需要借助文本编辑器才能完成。这里详细介绍 vim 编辑器的使用方法。本任务的具体要求如下所示。

（1）在/root 目录下启动 vim 编辑器，vim 后面不加文件名。

（2）进入 vim 编辑模式，输入例 2.2.1 所示的测试文本。

例 2.2.1：测试文本

```
   Linux has the characteristics of open source, no copyright and
   more users in the technology community.
   Open source enables users to cut freely, with high flexibility, powerful function
and low cost.
   In particular, the network protocol stack embedded in the system can realize the
function of router after proper configuration.
   These characteristics make Linux an ideal platform for developing routing
switching devices.
```

（3）将以上文本保存为 Ubuntu 文件，并退出 vim 编辑器。

（4）重新启动 vim 编辑器，打开 Ubuntu 文件。

（5）显示文件行号。

（6）将光标移动到第 4 行。

（7）在当前行下方插入新行，并输入内容“This is a very good system!”。

（8）将文中的“Linux”用“Ubuntu”替换。

（9）将光标移动到第 3 行，并复制第 3 行和第 4 行的内容。将光标移动到文件最后一行，并将上一步复制的内容粘贴在最后一行的下方。

（10）保存文件后退出 vim 编辑器。

知识链接

1. vim 编辑器简介

绝大多数 Linux 发行版本都内置了 vi 编辑器，而且有些系统工具会把 vi 编辑器当作默认的文本编辑器。vim 编辑器是增强版的 vi 编辑器，除了具备 vi 编辑器的功能，还可以用不同颜色显示不同类型的文本内容。相比于 vi 编辑器专注于文本编辑，vim 编辑器还可以进行程序编辑，尤其是在编辑 Shell 脚本文件或者使用 C 语言进行编程时，能够高亮显示关键字和语法错误。无论是专业的 Linux 操作系统管理员，还是普通的 Linux 操作系统用户，都应该熟练使用 vim 编辑器。

vim 编辑器可以执行输出、删除、查找、替换、块操作等众多文本操作，而且用户可以根据自己的需要对其进行定制，这是其他编辑程序所没有的。vim 编辑器不是一个排版程序，它不像 Word 或 WPS 那样可以对字体、格式、段落等其他属性进行编排，它只是一个文本编辑程序。vim 编辑器是全屏幕文本编辑器，没有菜单，只有命令。

2. 启动与退出 vim 编辑器

在终端窗口中输入“vim”，后跟要编辑的文件名，即可进入 vim 编辑器的工作环境。若未指定文件名，则会新建一个未命名的文本文件，但在退出 vim 编辑器时必须指定文件名；若指定了文件名，则会新建（文件不存在时）或打开同名文件。

```
chris@ubuntu:~$ sudo vim 文件名
```

3. vim 编辑器的工作模式

vim 编辑器有 3 种工作模式，分别是命令模式（一般模式）、编辑模式（插入模式）和末行模式。vim 编辑器的工作模式及其功能如表 2-2-1 所示。

表 2-2-1　vim 编辑器的工作模式及其功能

模　式	功　能
命令模式	支持光标移动，文本查找与替换，文本复制、粘贴或删除等操作
编辑模式	在该模式下可输入文本内容，按“Esc”键可返回命令模式
末行模式	支持保存、退出、读取文件等操作

4. vim 编辑器的工作模式转换

vim 编辑器的工作模式转换如图 2-2-1 所示。

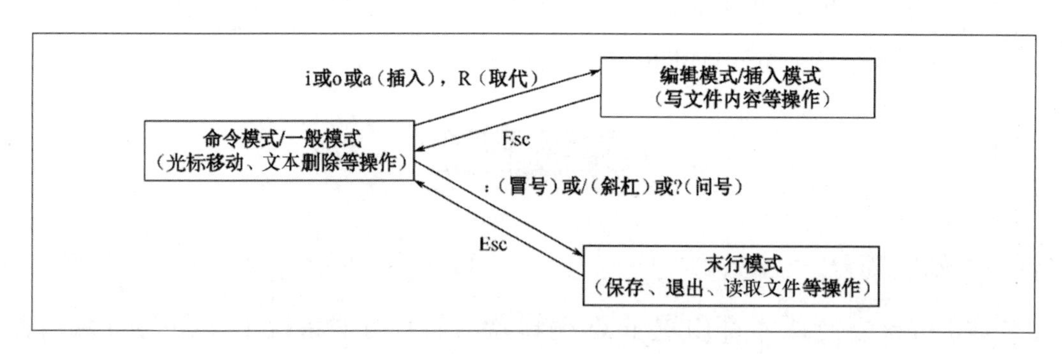

图 2-2-1　vim 编辑器的工作模式转换

5. vim 编辑器的常用按键及命令

1）在命令模式下的按键说明

vim 编辑器在打开文件后，默认会进入命令模式。vim 编辑器在命令模式下的常用按键及其类型、功能如表 2-2-2 所示。

表 2-2-2　vim 编辑器在命令模式下的常用按键及其类型、功能

按　键	类　型	功　能
h/j/k/l	移动	光标向左 / 下 / 上 / 右移动一个字符
Ctrl+f/b		屏幕向下 / 上移动一页
Ctrl+d/u		屏幕向下 / 上移动半页
H		光标移动至当前屏幕第一行的行首
M		光标移动至当前屏幕中央一行的行首
L		光标移动至当前屏幕最后一行的行首
G		光标移动至文件最后一行的行首
nG		光标移动至文件的第 *n* 行的行首（其中 *n* 为数字）
^		光标移动至行首
$		光标移动至行尾
w		光标向右移动一个单词
nw		光标向右移动 *n* 个单词（其中 *n* 为数字）
b		光标向左移动一个单词
nb		光标向左移动 *n* 个单词（其中 *n* 为数字）
yy	复制粘贴	复制光标所在行
nyy		复制从光标所在行开始的向下 *n* 行
p		将已复制数据粘贴至光标所在行的下一行
P		将已复制数据粘贴至光标所在行的上一行
x	删除	向后一个字符，相当于“Delete”键
X		向前一个字符，相当于“Backspace”键
nx		向右删除 *n* 个字符
nX		向左删除 *n* 个字符
dd		删除光标所在的一整行
ndd		从光标所在行开始向下删除 *n* 行（包括光标所在行）
u	撤销与重复	撤销前一个动作
U		重复前一个动作
/word	查找	在光标之后的文本中查找 word 字符串，当查找到第一个 word 后，输入“n”继续查找下一个
?word		在光标之前的文本中查找 word 字符串，当查找到第一个 word 后，输入“n”继续查找下一个
:n1,n2s/word1/word2/g	替换	在 n1 至 n2 行之间查找所有 word1 字符串并将其替换为 word2
:s/word1/word2/g		在全文中查找 word1 字符串并将其替换为 word2
:s/word1/word2/gc		在全文中查找 word1 字符串并将其替换为 word2，且在每次替换前需要用户确认

2）进入编辑模式的说明

从命令模式进入编辑模式可以使用不同的按键，常用按键及其功能如表 2-2-3 所示。

表 2-2-3　从命令模式进入编辑模式的常用按键及其功能

按　键	功　能
a	进入编辑模式并在当前光标后插入内容

续表

按　键	功　能
A	进入编辑模式并将光标移动至当前段落末尾
i	进入编辑模式并在当前光标前插入内容
I	进入编辑模式并将光标移动至当前段落段首
o	进入编辑模式并在当前行后面新建空行
O	进入编辑模式并在当前行前面新建空行

3）在末行模式下的命令说明

vim 编辑器在末行模式下的常用命令及其类型、功能如表 2-2-4 所示。

表 2-2-4　vim 编辑器在末行模式下的常用命令及其类型、功能

命　令	类　型	功　能
:w	读写文件	对编辑后的文件进行保存
:w!		若文件属性为只读，则强制保存该文件
:w[filename]	读写文件	将编辑后的文件存储为另一个文件，文件名为“filename”
:r[filename]		读取 filename 文件，并将其内容插入光标所在行的下面
:q	退出	没有对文件做过修改，退出 vim 编辑器
:q!		对文件内容做过修改，强制不保存退出
:wq		保存后退出
:wq!		强制保存后退出
ZZ		若文件没有修改，则直接不保存退出；若文件已修改，则保存后退出
:set nu	显示行号	在每行的行首显示行号
:set nonu		与 :set nu 相反，取消行号

任务实施

步骤 1：进入 Ubuntu 操作系统，打开一个终端窗口，在命令行中输入“vim”（后面不加文件名），启动 vim 编辑器，按“a”键进入编辑模式。

步骤 2：输入例 2.2.1 所示的测试文本。

步骤 3：按“Esc”键返回命令模式，输入“:”进入末行模式，输入“w Ubuntu”将程序保存为 Ubuntu 文件，输入“:q”退出 vim 编辑器。

步骤 4：重新启动 vim 编辑器，通过“vim Ubuntu”打开 Ubuntu 文件。

步骤 5：输入“:set nu”，显示行号。

步骤 6：按“4”键并按“G”键，将光标移至第 4 行行首。

步骤 7：按“o”键在当前行下面输入新行，并输入内容“This is a very good system!”。

步骤 8：在编辑模式下，按“Esc”键返回命令模式。输入“:”进入末行模式，并输入“s/Linux/Ubuntu/g”，将文本中的“Linux”替换为“Ubuntu”。

步骤 9：按“3”键并按“G”键，将光标移至第 3 行行首，输入“2yy”，复制第 3 行和

第 4 行的内容。按“G”键将光标移至最后一行的行首，按“p”键将其粘贴到最后一行的下方。

步骤 10：在末行模式下输入“:wq”，保存文件后退出 vim 编辑器。

任务小结

（1）vim 编辑器是 vi 编辑器的增强版，没有菜单，只有命令。

（2）vim 编辑器的功能非常强大，有命令模式（一般模式）、编辑模式（插入模式）和末行模式 3 种工作模式。

任务 2.3　管理磁盘分区与文件系统

任务描述

Z 公司购置了 Linux 服务器，网络管理员小李需要负责将 Linux 操作系统中的磁盘进行分区，并创建不同类型的磁盘格式。在 Linux 操作系统中，需要将不同类型的文件系统挂载在不同的分区下，并使用命令查看磁盘使用情况，以验证磁盘管理的正确性。

任务要求

磁盘需要经过分区和格式化后才能使用，而分区从实质上来说也是对磁盘的一种格式化，在 Linux 操作系统中可以使用 fdisk 命令实现。本任务的具体要求如下所示。

（1）添加一块磁盘，大小为 20 GB。

（2）使用 fdisk 命令创建两个主分区和两个逻辑分区，主分区大小均为 5 GB；逻辑分区大小分别为 8 GB 和 2 GB。

（3）将创建好的分区进行格式化，格式化的文件系统为 XFS。

（4）将格式化后的磁盘分区进行手动挂载。

（5）将格式化后的第一个磁盘分区进行自动挂载。

（6）验证磁盘分区和自动挂载。

知识链接

1. 磁盘分区的作用

没有经过分区的磁盘，是不能直接使用的。在计算机中出现的 C 盘、D 盘代表的就是磁盘分区的盘符。前文说过，分区从实质上来说也是对磁盘的一种格式化，之后才能使用磁盘来更好地保存各种信息。磁盘分区能够优化磁盘管理，提高系统运行效率和安全性。具体来说，磁盘分区有以下优点。

（1）易于管理和使用。对于一块磁盘来说，如果用户不对其空间进行分割而直接存储各种文件，就会让该磁盘难以管理和使用；如果用户对其空间进行分割以形成不同的分区，并把相同类型的文件放到同一个分区中，就可以方便该磁盘的管理和使用。

（2）有利于数据安全。在将文件分区存放时，即使系统感染病毒也会有充分的时间采取措施来清除病毒，以防止病毒侵入更多文件，并且即使重装系统也只会丢失系统所在的数据而使其他数据得以保存，这大大提高了数据的安全性。

（3）提高系统运行效率。将不同类型的文件分区存放后，在需要某个文件时直接到特定的分区中寻找，可以节约寻找文件的时间。

2. 磁盘分区表与分区名称

磁盘分区表是专门用来保存磁盘分区信息的。磁盘分区表的格式可以分为传统的 MBR（Master Boot Record，主引导记录）格式和 GPT（GUID Partition Table，GUID 磁盘分区表）格式。

（1）MBR 格式：一种传统的磁盘分区表格式。MBR 位于磁盘的第一个扇区，记录着系统启动信息和磁盘分区表信息。前 446 字节是系统引导信息，之后的 64 字节是磁盘分区表信息，最后 2 字节是结束标志字。由于每个分区项占用 16 字节，因此最多只能划分 4 个主分区。为了支持更多的分区，就引入了扩展分区及逻辑分区的概念。可以把其中一个主分区当作扩展分区，之后在扩展分区上划分出更多的逻辑分区。也就是说，磁盘主分区和扩展分区的总数最多可以有 4 个，扩展分区最多只能有 1 个，而且扩展分区本身并不能用来存放用户数据。MBR 磁盘支持的最大容量为 2.2 TB。图 2-3-1 所示为主分区、扩展分区和逻辑分区的关系。

图 2-3-1　主分区、扩展分区和逻辑分区的关系

（2）GPT 格式：一种新的磁盘分区表格式。GPT 磁盘的第一个扇区仍然保留了 MBR，称为 PMBR，P 表示 Protective，意思是保护性。PMBR 之后是磁盘分区表信息，包括表头和分区表项。其中，表头包含首尾分区表位置和分区数量等信息，分区表项的数量无限制。磁盘的尾部有一个和头部相同的备份磁盘分区表，如果头部的磁盘分区表损坏了，那么可以使用尾部的备份磁盘分区表来恢复。

Windows 操作系统使用 C、D、E 等对分区进行命名。而 Linux 操作系统使用“设备

名称＋分区编号”表示磁盘的各个分区，主分区或扩展分区的编号为1～4，逻辑分区的编号则从5开始。这样的命名方式显得更加清晰，避免了因为增加或卸载磁盘造成的盘符混乱。

Linux操作系统的分区命名方法：IDE磁盘采用“/dev/hdxy”来命名。x表示磁盘（用a、b等来标识），y是分区的编号（用1、2、3等来标识）。SCSI磁盘采用“/dev/sdxy”来命名。光驱（不管是IDE类型还是SCSI类型）采用和IDE磁盘一样的方式来命名。

IDE磁盘和光驱设备可以通过内部连接来区分。第一个IDE信道的主（Master）设备标识为/dev/hda，第一个IDE信道的从（Slave）设备标识为/dev/hdb。按照这个原则，第二个IDE信道的主、从设备应当分别用/dev/hdc和/dev/hdd来标识。

SCSI磁盘和光驱设备依赖于设备的ID，不考虑遗漏的ID。比如，3个SCSI设备的ID分别是0、2、5，设备名称分别是/dev/sda、/dev/sdb、/dev/sdc。如果现在再添加一个ID为3的设备，那么这个设备将被称为“/dev/sdc”，而ID为5的设备将被称为“/dev/sdd”。

分区的编号不依赖于IDE或SCSI设备的命名，编号1～4是为主分区或扩展分区保留的，从编号5开始才用来为逻辑分区命名。例如，第一块硬盘的主分区为hda1，扩展分区为hda2，扩展分区下的一个逻辑分区为hda5。Linux分区名称及其说明如表2-3-1所示。

表2-3-1　Linux分区名称及其说明

名　称	说　明
/dev/hda	IDE1接口的主磁盘
/dev/hda1	IDE1接口的主磁盘的第一个主分区
/dev/hda2	IDE1接口的主磁盘的第二个主分区
/dev/hda5	IDE1接口的主磁盘的第一个逻辑分区
/dev/hdb	IDE1接口的从磁盘
/dev/hdb1	IDE1接口的从磁盘的第一个主分区
/dev/sda	ID为0的SCSI磁盘
/dev/sda1	ID为0的SCSI磁盘的第一个主分区
/dev/sdd3	ID为3的SCSI磁盘的第三个主分区
/dev/sda5	ID为0的SCSI磁盘的第一个逻辑分区

3. 磁盘管理工具fdisk

fdisk工具的使用方法非常简单，只需要把磁盘名称当作参数即可。fdisk工具最主要的功能是修改分区表（Partition Table）。fdisk命令的基本语法格式如下所示。

```
root@ubuntu:~# fdisk /dev/sdb       //注意，fdisk命令的参数是磁盘名称而不是分区名称
……//此处省略部分内容
Command (m for help):
```

在命令提示后面输入相应的命令来选择需要的操作，例如输入“m”命令，可以列出所有可用命令。fdisk工具中的常用命令及其功能如表2-3-2所示。

表 2-3-2　fdisk 工具中的常用命令及其功能

命　令	功　能	命　令	功　能
a	调整磁盘启动分区	q	不保存更改，退出 fdisk 工具
d	删除磁盘分区	t	更改分区类型
l	列出所有支持的分区类型	u	切换所显示的分区大小的单位
m	列出所有命令	w	把修改写入磁盘分区表后退出
n	创建新分区	x	列出高级选项
p	列出磁盘分区表		

4. 创建文件系统

在磁盘分区创建完成后，需要为磁盘创建文件系统，即对其进行格式化，否则磁盘仍然无法使用。在创建文件系统时，需要确认分区中的数据是否可用，因为创建文件系统后会删除分区中原有的数据，且数据不可恢复。mkfs 命令用于创建文件系统，其语法格式如下所示。

```
mkfs [选项] 分区设备名
```

mkfs 命令的常用选项及其功能如表 2-3-3 所示。

表 2-3-3　mkfs 命令的常用选项及其功能

选　项	功　能
-t 文件系统类型	指定要创建的文件系统类型
-c	创建文件系统前先检查坏块
-v	显示要创建的文件系统的详细信息

mkfs 命令的基本用法如例 2.3.1 所示。

例 2.3.1：mkfs 命令的基本用法

```
root@ubuntu:~# mkfs -t xfs /dev/sdb2
meta-data=/dev/sdb1              isize=512    agcount=4, agsize=327680 blks
         =                       sectsz=512   attr=2, projid32bit=1
         =                       crc=1        finobt=0, sparse=0
data     =                       bsize=4096   blocks=1310720, imaxpct=25
         =                       sunit=0      swidth=0 blks
naming   =version 2              bsize=4096   ascii-ci=0 ftype=1
log      =internal log           bsize=4096   blocks=2560, version=2
         =                       sectsz=512   sunit=0 blks, lazy-count=1
realtime =none                   extsz=4096   blocks=0, rtextents=0
```

5. 分区的挂载、卸载与自动挂载

1）挂载、卸载

所谓挂载，就是将新建的文件系统与目录建立关联关系的过程，这是使分区可以正常使用的最后一步。文件系统所挂载到的目录称为“挂载点”。文件系统可以在系统引导过程中自动挂载，也可以手动挂载。手动挂载文件系统的命令是 mount，其基本语法格式如下所示。

```
mount [-t 文件系统类型] 分区名 目录名
```

-t 选项表示挂载的文件系统类型，可以被省略，主要是因为 mount 命令能自动检测出分区格式化时使用的文件系统。下面将光盘挂载到 /mnt 目录下，如例 2.3.2 所示。

例 2.3.2：挂载分区

```
root@ubuntu:~# mount /dev/cdrom /mnt                // 将光盘挂载到 /mnt 目录下
mount: /mnt: WARNING: source write-protected, mounted read-only.
```

需要注意的是，在挂载光盘前，需要将光盘的设备状态设置为“已连接”和“启动时连接”，否则无法挂载成功。具体步骤为：在“虚拟机设置”对话框的“硬件”选项卡中选择“CD/DVD（IDE）”选项，将设备状态设置为“已连接”和“启动时连接”，将连接方式设置为“使用 ISO 映像文件”，并找到 Ubuntu 操作系统的映像文件，单击“确定”按钮，如图 2-3-2 所示。

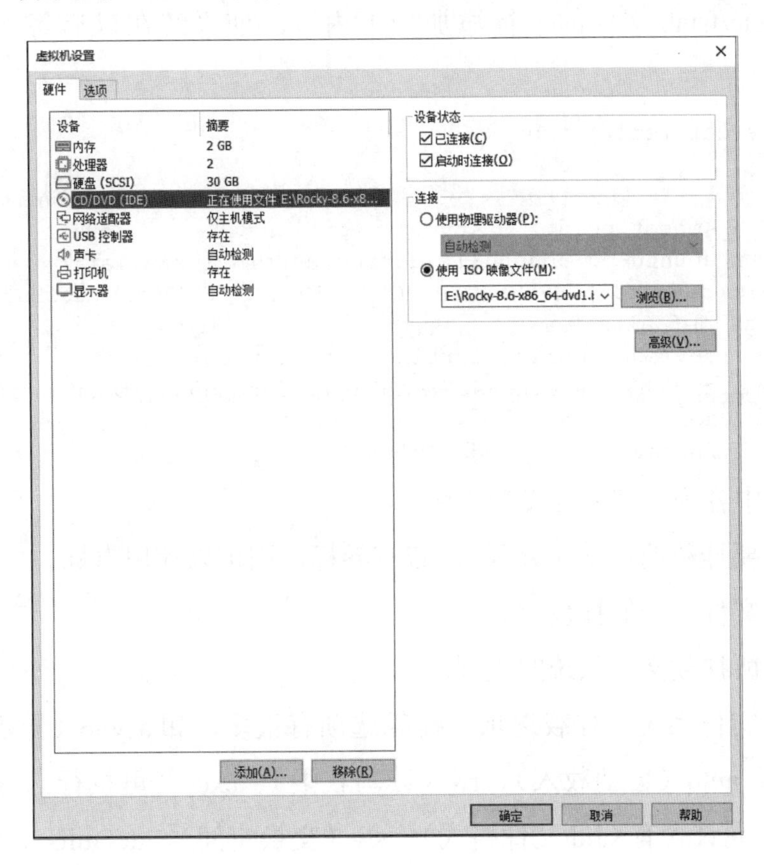

图 2-3-2　设置设备状态和连接方式

关于分区的挂载，需要特别注意以下 3 点。

（1）不要把一个分区挂载到不同的目录下。

（2）不要把多个分区挂载到同一个目录下。

（3）作为挂载点的目录最好是一个空目录。

一般而言，挂载点应该是一个空目录，否则目录中原来的文件将被系统暂时隐藏。如果想看到原来的内容，就需要使用命令将分区卸载。卸载分区就是解除分区与挂载点的关联关系，卸载分区所用的命令是 umount，如例 2.3.3 所示。

例 2.3.3：卸载分区

```
root@ubuntu:~# umount /dev/cdrom                                    //使用分区名卸载
root@ubuntu:~# umount /mnt                                          //使用挂载点卸载
root@ubuntu:~# lsblk -p /dev/cdrom                                  //检查分区挂载点
NAME     MAJ:MIN RM  SIZE RO TYPE MOUNTPOINT
/dev/sr0  11:0    1    2G  0 rom                                    //挂载点显示为空
```

2）自动挂载

使用 mount 命令挂载的文件系统，当计算机重启或关机再启动时，需要重新执行 mount 命令才可以继续使用。如果希望文件系统在计算机重启时自动挂载，那么可以通过修改 /etc/fstab 文件来实现，如例 2.3.4 所示。

例 2.3.4：在 /etc/fstab 文件的末行添加如下内容，使系统在以后每次运行时自动挂载分区

```
root@ubuntu:~# cat /etc/fstab
……                                                          //此处省略部分内容
# <file system> <mount point>   <type>  <options>       <dump>  <pass>
# / was on /dev/ubuntu-vg/ubuntu-lv during curtin installation
/dev/disk/by-id/dm-uuid-LVM-5VhJvfRrXQ2IwJ3Qr43nFu3JfLzQV7m6wBsonP47EdCgb6SPCG21
IOkNAAcf30gR / ext4 defaults 0 1
# /boot was on /dev/sda2 during curtin installation
/dev/disk/by-uuid/9008b2a4-edbc-4278-a528-70d66bd3d984 /boot ext4 defaults 0 1
/swap.img       none    swap    sw        0     0
/dev/sdb2       /data2  xfs     defaults  0     0
```

/etc/fstab 文件中各列内容的含义如下所示。

（1）第 1 列：要挂载的设备（分区），若有卷标，则可以使用卷标。

（2）第 2 列：文件系统的挂载点。

（3）第 3 列：所挂载文件系统的类型。

（4）第 4 列：文件系统的挂载选项。挂载选项有很多，如 async（异步写入）、dev（允许创建设备文件）、auto（自动载入）、rw（读写权限）、exec（可执行）、nouser（普通用户不可挂载）、suid（允许含有 suid 文件格式）、sw（交换空间）、defaults（表示同时具备以上参数，默认使用 defaults），以及 usrquota（用户配额）、grpquota（组配额）等。

（5）第 5 列：提供 dump 功能来备份系统，“0”表示不使用 dump，“1”表示使用 dump，“2”也表示使用 dump，但重要性比“1”小。

（6）第 6 列：指定计算机启动时文件系统的检查次序，“0”表示不检查，“1”表示最先检查，“2”表示检查，但检查时间比“1”晚。

6. 查看文件与空间使用情况

以下介绍日常的文件系统管理中常用的命令。

1）df 命令

df 命令用于从超级数据块中读取信息，以及查看系统中已经挂载的各个文件系统的磁盘使用情况。df 命令的基本语法格式如下所示。

```
df [选项] [目录或文件名]
```

df 命令的常用选项及其功能如表 2-3-4 所示。

表 2-3-4　df 命令的常用选项及其功能

选　项	功　能
-a	显示所有文件系统的磁盘使用情况，包括 /proc、/sysfs 等系统特有的文件系统
-m	以 MB 为单位显示文件系统空间大小
-k	以 KB 为单位显示文件系统空间大小
-h	以人们习惯的 KB、MB 或 GB 为单位显示文件系统空间大小
-H	等同于 -h 选项，但指定容量的换算以 1000 进位，即 1 KB 等于 1000 B，而不是 1024B
-T	显示所有已挂载的文件系统的类型
-i	显示文件系统的 inode 编号

在使用 df 命令时，若不加任何选项和参数，则默认显示系统中所有的文件系统，如例 2.3.5 所示。

例 2.3.5：df 命令的基本用法

```
root@ubuntu:~# df
Filesystem                          1K-blocks    Used Available Use% Mounted on
Tmpfs                                  396952    1544    395408   1%  /run
/dev/mapper/ubuntu--vg-ubuntu—lv     14339080 6689960   6898940  50%  /
tmpfs                                 1984752       0   1984752   0%  /dev/shm
tmpfs                                    5120       0      5120   0%  /run/lock
/dev/sda2                             1992552  257528   1613784  14%  /boot
tmpfs                                  396948       4    396944   1%  /run/user/0
```

针对使用 mount|grep sdb 命令查看挂载信息的情况，也可以使用 df 命令来实现，如例 2.3.6 所示。

例 2.3.6：使用 df 命令查看挂载信息

```
root@ubuntu:~# df -TH|grep sdb
/dev/sdb1            xfs       5.4G    34M  5.4G    1% /data1
/dev/sdb2            xfs       5.4G    34M  5.4G    1% /data2
/dev/sdb5            xfs       8.6G    34M  8.6G    1% /data3
/dev/sdb6            xfs       2.2G    34M  2.2G    2% /data4
```

2）du 命令

du 命令用于显示磁盘空间的使用情况。该命令支持逐级显示指定目录的每一级子目录占用文件系统数据块的情况，其基本语法格式如下所示。

```
du [选项] [目录或文件名]
```

du 命令的常用选项及其功能如表 2-3-5 所示。

表 2-3-5　du 命令的常用选项及其功能

选　项	功　能
-a	递归显示指定目录中各文件及子目录中文件的容量
-k	以 1024 字节为单位显示磁盘空间容量
-m	以 1024 KB 为单位显示磁盘空间容量
-h	以人们习惯的 KB、MB 或 GB 为单位显示磁盘空间容量
-s	显示目录的总磁盘占用量，不显示子目录和子文件的磁盘占用量
-S	仅显示目录本身的磁盘占用量，不包括子目录的磁盘占用量

在使用 du 命令时，若不加任何选项和参数，则默认显示当前目录及其子目录的磁盘占用量，如例 2.3.7 所示。

例 2.3.7：du 命令的基本用法

```
root@ubuntu:~# cd /boot
root@ubuntu:/boot# du
2344    ./grub/fonts
4       ./grub/locale
2508    ./grub/i386-pc
7220    ./grub
16      ./lost+found
257524  .
```

使用 -s 选项可以查看当前目录的磁盘占用量，而使用 -S 选项仅显示每个目录本身的磁盘占用量，如例 2.3.8 所示。

例 2.3.8：du 命令的基本用法——使用 -s 和 -S 选项

```
root@ubuntu:/boot# du -s
257524   .
root@ubuntu:/boot# du -S
2344    ./grub/fonts
4       ./grub/locale
2508    ./grub/i386-pc
2364    ./grub
16      ./lost+found
250288  .
```

3）lsblk 命令

使用 lsblk 命令同样可以查看磁盘信息，且该命令会以树状结构列出系统中的所有磁盘及磁盘分区，如例 2.3.9 所示。

例 2.3.9：使用 lsblk 命令查看磁盘信息

```
root@ubuntu:~# lsblk -p
NAME                                 MAJ:MIN    RM   SIZE RO TYPE MOUNTPOINTS
/dev/loop0                           7:0         0 111.9M  1 loop /snap/lxd/24322
/dev/loop1                           7:1         0  63.4M  1 loop /snap/core20/1974
/dev/loop2                           7:2         0  53.3M  1 loop /snap/snapd/19457
/dev/loop3                           7:3         0  40.9M  1 loop /snap/snapd/20290
/dev/sda                             8:0         0    30G  0 disk
├─/dev/sda1                          8:1         0     1M  0 part
├─/dev/sda2                          8:2         0     2G  0 part /boot
```

```
  └─/dev/sda3                         8:3        0    28G  0 part
    └─/dev/mapper/ubuntu--vg-ubuntu─lv  253:0  0    14G  0 lvm  /
/dev/sdb                              8:16       0    20G  0 disk
/dev/sr0                              11:0       1     2G  0 rom  /mnt
```

有关 lsblk 命令的其他选项，可以通过 man 命令查看。

任务实施

1. 为虚拟机添加磁盘

步骤 1：在进行磁盘管理之前需要先添加一块磁盘。在虚拟机中添加磁盘非常容易，可以在虚拟机软件界面中单击“编辑虚拟机设置”按钮，弹出“虚拟机设置”对话框，如图 2-3-3 所示。

步骤 2：单击“添加”按钮，弹出“添加硬件向导”对话框，在“硬件类型”列表框中选择“硬盘”选项，如图 2-3-4 所示。

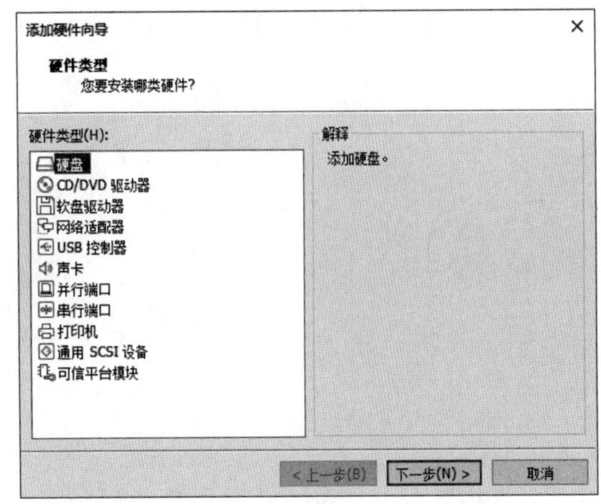

图 2-3-3　“虚拟机设置”对话框　　　　图 2-3-4　“添加硬件向导”对话框

步骤 3：单击“下一步”按钮，设置磁盘类型为“SCSI”；单击“下一步”按钮，选中“创建新虚拟磁盘”单选按钮；单击“下一步”按钮，设置最大磁盘大小为 20GB，并选中“将虚拟磁盘存储为单个文件”单选按钮，如图 2-3-5 所示；单击“下一步”按钮，设置磁盘存储位置，如图 2-3-6 所示。磁盘添加完成后的效果如图 2-3-7 所示。

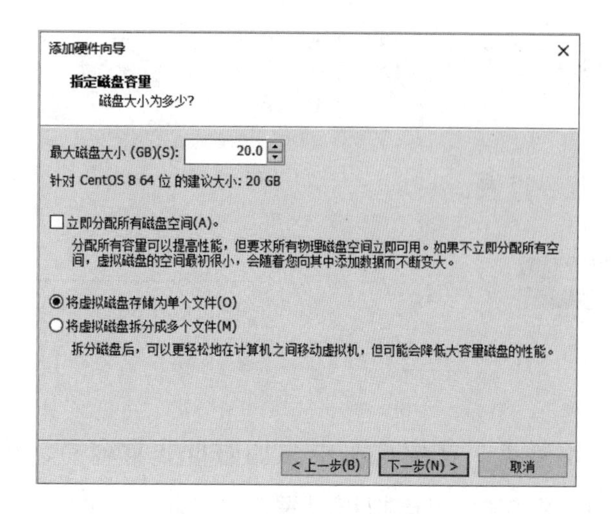

图 2-3-5　设置最大磁盘大小

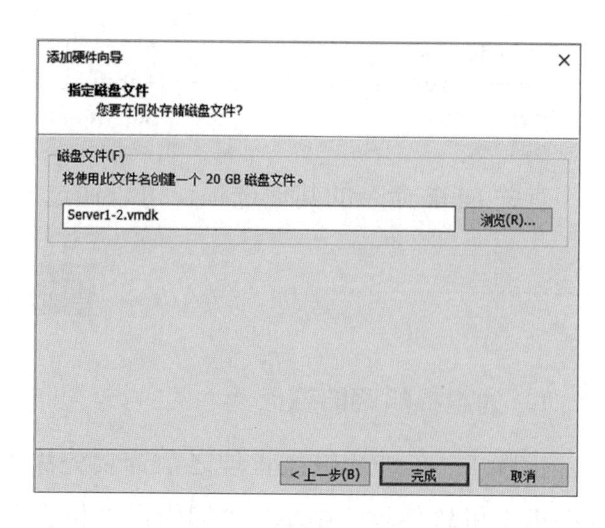

图 2-3-6　设置磁盘存储位置

图 2-3-7　磁盘添加完成后的效果

2. 使用 fdisk 命令创建磁盘分区

1）使用 fdisk 命令查看磁盘信息

使用 fdisk 命令可以查看磁盘信息，如下所示。

```
root@ubuntu:~# fdisk -l
Disk /dev/loop0: 111.95 MiB, 117387264 bytes, 229272 sectors
Units: sectors of 1 * 512 = 512 bytes
Sector size (logical/physical): 512 bytes / 512 bytes
......
                                                  // 此处省略部分内容
Disk /dev/sdb: 20 GiB, 21474836480 bytes, 41943040 sectors
```

```
Disk model: VMware Virtual S
Units: sectors of 1 * 512 = 512 bytes
Sector size (logical/physical): 512 bytes / 512 bytes
I/O size (minimum/optimal): 512 bytes / 512 bytes
……                                                        // 此处省略部分内容
// 可以看出 /dev/sdb 是新添加的磁盘，是没有经过分区和格式化的
```

2）创建主分区

步骤 1：使用如下所示的命令，打开 fdisk 操作菜单。

```
root@ubuntu:~# fdisk /dev/sdb
```

步骤 2：输入命令“p”，查看当前分区表。从命令执行结果可以看出，/dev/sdb 磁盘并无任何分区。

```
Command (m for help): p
Disk /dev/sdb: 20 GiB, 21474836480 bytes, 41943040 sectors
Disk model: VMware Virtual S
Units: sectors of 1 * 512 = 512 bytes
Sector size (logical/physical): 512 bytes / 512 bytes
I/O size (minimum/optimal): 512 bytes / 512 bytes
Disklabel type: dos
Disk identifier: 0xa9f12cc2
```

步骤 3：输入命令“n”，再输入命令“p”，并创建编号为 1 和 2 的主分区，两个主分区大小均为 5 GB，如下所示。

```
Command (m for help): n
Partition type                                                // 分区类型
  p   primary (0 primary, 0 extended, 4 free)                 // 主分区
  e   extended (container for logical partitions)             // 扩展分区
Select (default p): p
Partition number (1-4, default 1): 1
First sector (2048-41943039, default 2048):
Last sector, +/-sectors or +/-size{K,M,G,T,P} (2048-41943039, default 41943039):
+5G

Created a new partition 1 of type 'Linux' and of size 5 GiB.
// 创建了一个新分区 1，类型为“Linux”，大小为 5 GB

Command (m for help): n
Partition type
  p   primary (1 primary, 0 extended, 3 free)
  e   extended (container for logical partitions)
Select (default p): p
Partition number (2-4, default 2): 2
First sector (10487808-41943039, default 10487808):
Last sector, +/-sectors or +/-size{K,M,G,T,P} (10487808-41943039, default
41943039): +5G

Created a new partition 2 of type 'Linux' and of size 5 GiB.
// 创建了一个新分区 2，类型为“Linux”，大小为 5 GB
```

3）创建扩展分区

创建编号为 3 的扩展分区，将剩余空间全部分配给扩展分区，并保持起始柱面和结束柱

面的默认设置，按“Enter”键，如下所示。

```
Command (m for help): n
Partition type
   p   primary (2 primary, 0 extended, 2 free)
   e   extended (container for logical partitions)
Select (default p): e
Partition number (3,4, default 3): 3
First sector (20973568-41943039, default 20973568):
Last sector, +/-sectors or +/-size{K,M,G,T,P} (20973568-41943039, default 41943039):

Created a new partition 3 of type 'Extended' and of size 10 GiB.
//分区 3，已设置为“Extended”类型，大小为 10 GB
```

4）创建逻辑分区

在扩展分区上创建逻辑分区，设置其中一个逻辑分区的空间大小为 8 GB，将剩余空间全部分配给另一个逻辑分区，且无须为逻辑分区指定编号，如下所示。

```
Command (m for help): n
All space for primary partitions is in use.
Adding logical partition 5
First sector (20975616-41943039, default 20975616):
Last sector, +/-sectors or +/-size{K,M,G,T,P} (20975616-41943039, default 41943039): +8G

Created a new partition 5 of type 'Linux' and of size 8 GiB.
//分区 5，已设置为“Linux”类型，大小为 8 GB

Command (m for help): n
All space for primary partitions is in use.
Adding logical partition 6
First sector (37754880-41943039, default 37754880):
Last sector, +/-sectors or +/-size{K,M,G,T,P} (37754880-41943039, default 41943039):

Created a new partition 6 of type 'Linux' and of size 2 GiB.
//分区 6，已设置为“Linux”类型，大小为 2 GB
```

5）查看分区结果

在分区全部完成后，可以使用 p 命令查看分区结果，之后，需要输入命令“w”将新的分区表写入磁盘，否则新的分区表不起任何作用，如下所示。

```
Command (m for help): p
Disk /dev/sdb: 20 GiB, 21474836480 bytes, 41943040 sectors
Disk model: VMware Virtual S
Units: sectors of 1 * 512 = 512 bytes
Sector size (logical/physical): 512 bytes / 512 bytes
I/O size (minimum/optimal): 512 bytes / 512 bytes
Disklabel type: dos
Disk identifier: 0xa9f12cc2

Device     Boot    Start      End  Sectors  Size Id  Type
/dev/sdb1           2048 10487807 10485760   5G  83  Linux
/dev/sdb2       10487808 20973567 10485760   5G  83  Linux
```

```
/dev/sdb3          20973568 41943039 20969472     10G    5   Extended
/dev/sdb5          20975616 37752831 16777216    8G    83   Linux
/dev/sdb6          37754880 41943039  4188160     2G   83    Linux

Command (m for help): w
The partition table has been altered.
Calling ioctl() to re-read partition table.
Syncing disks.
// 正在同步磁盘
```

3. 使用 mkfs 命令创建文件系统

使用 mkfs.xfs /dev/sdb1 命令将主分区 /dev/sdb1 格式化为 XFS 分区（其他分区，如 sdb2、sdb5 和 sdb6 的操作省略），如下所示。

```
root@ubuntu:~# mkfs.xfs /dev/sdb1
meta-data=/dev/sdb1              isize=512    agcount=4, agsize=327680 blks
         =                       sectsz=512   attr=2, projid32bit=1
         =                       crc=1        finobt=0, sparse=0
data     =                       bsize=4096   blocks=1310720, imaxpct=25
         =                       sunit=0      swidth=0 blks
naming   =version 2              bsize=4096   ascii-ci=0 ftype=1
log      =internal log           bsize=4096   blocks=2560, version=2
         =                       sectsz=512   sunit=0 blks, lazy-count=1
realtime =none                   extsz=4096   blocks=0, rtextents=0
```

4. 分区的手动挂载

步骤 1：将 /dev/sdb1 挂载到 /data1 目录下，将 /dev/sdb2 挂载到 /data2 目录下，将 /dev/sdb5 挂载到 /data3 目录下，将 /dev/sdb6 挂载到 /data4 目录下，具体操作如下所示。

```
root@ubuntu:~# mkdir /data1 /data2 /data3 /data4
root@ubuntu:~# mount /dev/sdb1  /data1
root@ubuntu:~# mount /dev/sdb2  /data2
root@ubuntu:~# mount /dev/sdb5  /data3
root@ubuntu:~# mount /dev/sdb6  /data4
```

步骤 2：在挂载成功后，可以通过 mount|grep sdb 命令查看挂载信息，如下所示。

```
root@ubuntu:~# mount|grep sdb
/dev/sdb1 on /data1 type xfs (rw,relatime,attr2,inode64,logbufs=8,logbsize=32k,
noquota)
/dev/sdb2 on /data2 type xfs (rw,relatime,attr2,inode64,logbufs=8,logbsize=32k,
noquota)
/dev/sdb5 on /data3 type xfs (rw,relatime,attr2,inode64,logbufs=8,logbsize=32k,
noquota)
/dev/sdb6 on /data4 type xfs (rw,relatime,attr2,inode64,logbufs=8,logbsize=32k,
noquota)
```

小提示

当设备被挂载到指定的挂载点目录下时，挂载点目录下原来的文件将被暂时隐藏，无法访问。此时挂载点目录显示的是设备上的文件。在设备被卸载后，挂载点目录下原来的文件即可恢复。

5. 分区的自动挂载

步骤 1：要在系统每次运行时实现分区自动挂载，可以在/etc/fstab 文件中将/dev/sdb1 分区以 defaults 方式挂载到/data1 目录下，添加内容如下所示。

```
root@ubuntu:~# cat /etc/fstab

......                                                    //此处省略部分内容
/swap.img       none    swap      sw        0    0
/dev/sdb1       /data1  xfs     defaults    0    0
```

步骤 2：重启计算机，可以通过 mount|grep sdb1 命令查看挂载信息，如下所示。

```
root@ubuntu:~# mount|grep sdb1
/dev/sdb1 on /data1 type xfs (rw,relatime,attr2,inode64,logbufs=8,logbsize=32k,noquota)
```

任务小结

（1）在添加磁盘时，最好在关闭系统后添加，否则可能会导致添加不成功。

（2）对磁盘进行分区能够优化磁盘管理，提高系统运行效率和安全性。

任务 2.4　管理软 RAID

任务描述

Z 公司的网络管理员小李最近在访问服务器时，感觉访问速度慢，经过排查发现服务器的磁盘空间即将用完，小李决定添置大容量磁盘为服务器提供网络存储、文件共享、数据库等网络服务功能，满足日常的办公需要。针对访问速度慢、磁盘空间不够等问题，小李决定购买磁盘后使用动态磁盘进行管理，即管理软 RAID。

任务要求

动态磁盘的管理是基于卷的管理。卷是由一块或多块磁盘上的可用空间组成的存储单元，可以被格式化为一种文件系统并分配驱动器号。动态磁盘具有提供容错性、提高磁盘利用率和访问效率的功能。本任务的具体要求如下所示。

（1）添加 4 块磁盘，每块磁盘大小为 5 GB。

（2）执行 mdadm 命令，对前 3 块磁盘创建 RAID 5，设置名称为/dev/md0。

（3）对创建好的/dev/md0 设备进行挂载。

（4）假设/dev/md0 设备中有一块磁盘已经损坏，更换第 4 块磁盘作为新的 RAID 成员。

知识链接

1. 认识 RAID

RAID（Redundant Arrays of Independent Disks，独立冗余磁盘阵列）用于将多个廉价的小型磁盘驱动器合并成一个磁盘阵列，以提高存储性能和容错功能。RAID 分为软 RAID 和硬 RAID，其中，软 RAID 是通过软件实现多块磁盘冗余的，而硬 RAID 一般是通过 RAID 卡来实现多块磁盘冗余的。软 RAID 的配置方法相对简单，管理也比较灵活，对于中小企业来说是一种不错的选择；而硬 RAID 的配置成本较高，但是在性能方面具有一定的优势。

RAID 作为高性能的存储系统，已经得到了越来越广泛的应用。从 RAID 概念的提出到现在，RAID 已经发展了 6 个级别，分别是 0、1、2、3、4、5，但最常用的是 0、1、3、5 这 4 个级别。常用的 RAID 技术及其特点如表 2-4-1 所示。

表 2-4-1　常用的 RAID 技术及其特点

RAID 技术	特　点
RAID 0	存取速度最快，没有容错功能（带区卷）
RAID 1	完全容错，成本高，磁盘使用率低（镜像卷）
RAID 3	写入性能最好，没有多任务功能
RAID 4	具备多任务及容错功能，但奇偶检验磁盘驱动器会形成性能瓶颈
RAID 5	具备多任务及容错功能，写入时有额外开销（Overhead）
RAID 01	存取速度快，完全容错，成本高

2. RAID 技术

1）RAID 0

RAID 0 是一种简单的、无数据校验功能的数据条带化技术。它实际上并非真正意义上的 RAID 技术，因为它并不提供任何形式的冗余策略。RAID 0 将所在磁盘条带化后组成大容量的存储空间。RAID 0 无冗余的数据条带如图 2-4-1 所示。RAID 0 将数据分散存储在所有磁盘中，以独立访问的方式实现多块磁盘的并发访问。由于可以并发执行 I/O 操作，充分利用总线带宽，再加上无须进行数据校验，因此 RAID 0 的性能在所有 RAID 技术中是最高的。从理论上来讲，一个由 n 块磁盘组成的 RAID 0，其读写性能是单块磁盘性能的 n 倍，但由于总线带宽等多种因素的限制，因此其实际性能的提升往往低于理论值。

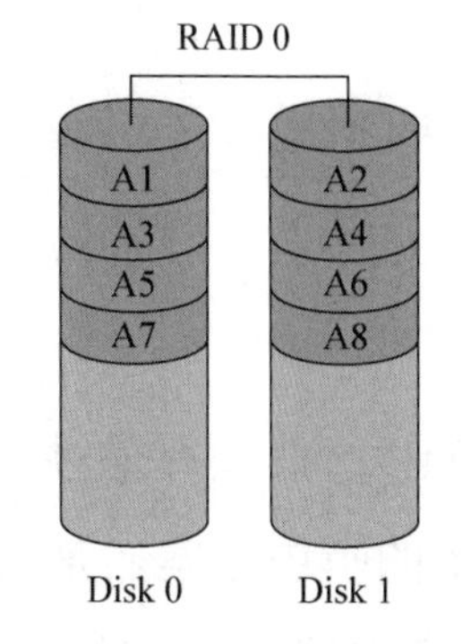

图 2-4-1　RAID 0 无冗余的数据条带

RAID 0 具有低成本、高读写性能、100% 的高存储空间利用率等优点，但是它不支持数据冗余保护，一旦数据损坏，将无法恢复。因此，RAID 0一般适用于对性能要求严格但对数据安全性和可靠性要求不高的场合，如视频、音频存储，临时数据缓存空间等。

2）RAID 1

RAID 1 称为镜像，它将数据完全一致地分别写入工作磁盘和镜像磁盘，它的磁盘空间利用率为 50%。在利用 RAID 1 写入数据时，响应时间会有所影响，但是在读取数据时没有影响。RAID 1 提供了绝佳的数据保护功能，一旦工作磁盘发生故障，系统会自动从镜像磁盘中读取数据，不会影响用户的工作。RAID 1 无校验的相互镜像如图 2-4-2 所示。

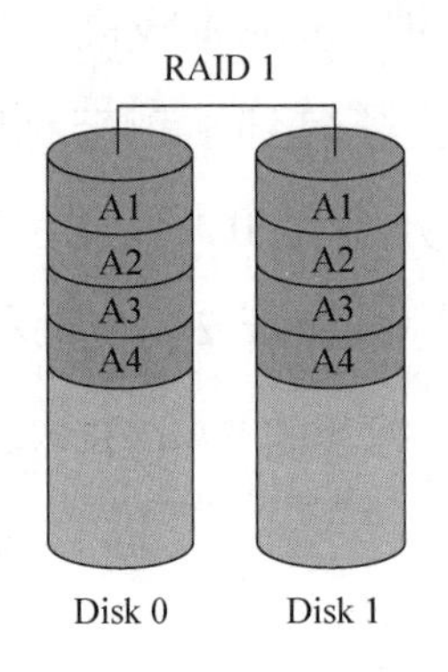

图 2-4-2　RAID 1 无校验的相互镜像

3）RAID 5

RAID 5 是目前最常见的 RAID 技术，可以同时存储数据块和对应的校验数据。数据块和对应的校验数据被保存在不同的磁盘上，当一块磁盘损坏时，系统可以根据同一数据条带的其他数据块和对应的校验数据来重建损坏的数据。与其他 RAID 技术一样，在重建数据时，RAID 5 的性能会受到很大影响，RAID 5 带分散校验的数据条带如图 2-4-3 所示。

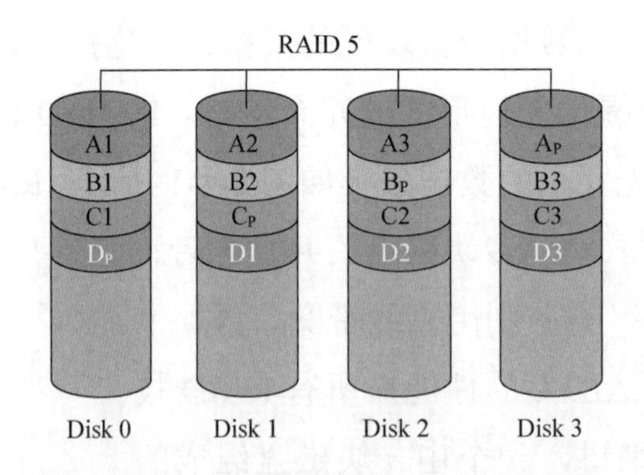

图 2-4-3　RAID 5 带分散校验的数据条带

RAID 5 兼顾存储性能、数据安全和存储成本等各方面因素，可以将其视为 RAID 0 和 RAID 1 的折中方案，是目前综合性能最佳的数据保护方案。RAID 5 基本上可以满足大部分的存储应用需求，数据中心大多将它当作应用数据的保护方案。

4）RAID 01 和 RAID 10

RAID 01 表示先进行条带化再进行镜像，其本质是对物理磁盘实现镜像。RAID 10 表示先进行镜像再进行条带化，其本质是对虚拟磁盘实现镜像。在相同的配置下，RAID 01 通常比 RAID 10 具有更好的容错功能。典型的 RAID 01 和 RAID 10 模型如图 2-4-4 所示。

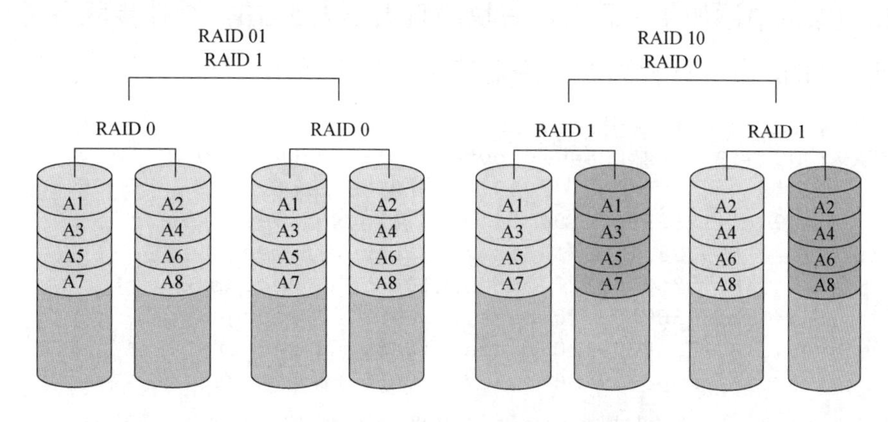

图 2-4-4　典型的 RAID 01 和 RAID 10 模型

RAID 10 兼具 RAID 0 和 RAID 1 的优点，它先用两块磁盘建立镜像，然后在镜像内部进行条带化。RAID 01 将数据同时写入两个磁盘阵列，当其中一个磁盘阵列损坏时，仍然可以继续工作，在保证数据安全性的同时又提高了性能。RAID 01 和 RAID 10 内部都含有 RAID 1，因此整体磁盘空间的利用率仅为 50%。

3. 认识 mdadm 命令

mdadm 命令用于管理 Linux 操作系统中的软 RAID，基本语法格式如下所示。

```
mdadm [模式] RAID设备 [选项] 成员设备名称
```

当前，在生产环境中用到的服务器一般都会配备 RAID，如果没有配备 RAID，就必须用 mdadm 命令在 Linux 操作系统中创建和管理软 RAID。mdadm 命令的常用选项及其功能如表 2-4-2 所示。

表 2-4-2　mdadm 命令的常用选项及其功能

选　项	功　能
-a	检测设备名称
-n	指定设备数量
-l	指定 RAID 等级
-C	创建 RAID
-v	显示过程
-f	模拟设备损坏
-r	移除设备
-Q	查看摘要信息
-D	查看详细信息
-S	停止 RAID

任务实施

1. 创建与挂载软 RAID

步骤 1：在虚拟机中添加 4 块磁盘，每块磁盘大小为 5 GB，具体步骤参考任务 2.3。

步骤 2：使用 fdisk 命令查看添加的磁盘情况，如下所示。

```
root@ubuntu:~# fdisk -l|grep /dev/sd
Disk /dev/sda: 30 GiB, 32212254720 bytes, 62914560 sectors
/dev/sda1       2048      4095      2048    1M BIOS boot
/dev/sda2       4096   4198399   4194304    2G Linux filesystem
/dev/sda3    4198400  62912511  58714112   28G Linux filesystem
Disk /dev/sdb: 5 GiB, 5368709120 bytes, 10485760 sectors
Disk /dev/sdc: 5 GiB, 5368709120 bytes, 10485760 sectors
Disk /dev/sdd: 5 GiB, 5368709120 bytes, 10485760 sectors
Disk /dev/sde: 5 GiB, 5368709120 bytes, 10485760 sectors
```

步骤 3：使用 mdadm 命令创建 RAID 5，设置 RAID 设备名称为/dev/mdX，其中 X 为设备编号，该编号从 0 开始，如下所示。

```
root@ubuntu:~# mdadm -Cv /dev/md0 -a yes -n 3 -l 5 /dev/sdb /dev/sdc /dev/sdd
mdadm: layout defaults to left-symmetric
mdadm: layout defaults to left-symmetric
mdadm: chunk size defaults to 512K
mdadm: size set to 5237760K
mdadm: Defaulting to version 1.2 metadata
mdadm: array /dev/md0 started.
```

步骤 4：为新创建的/dev/md0 设备创建类型为 XFS 的文件系统，如下所示。

```
root@ubuntu:~# mkfs -t xfs /dev/md0
log stripe unit (524288 bytes) is too large (maximum is 256KiB)
log stripe unit adjusted to 32KiB
meta-data=/dev/md0               isize=512    agcount=16, agsize=163712 blks
         =                       s      ectsz=512    attr=2, projid32bit=1
         =                       crc=1        finobt=1, sparse=1, rmapbt=0
         =                       reflink=1    bigtime=0 inobtcount=0
data     =                       bsize=4096   blocks=2618880, imaxpct=25
         =                       sunit=128    swidth=256 blks
naming   =version 2              bsize=4096   ascii-ci=0, ftype=1
log      =internal log           bsize=4096   blocks=2560, version=2
         =                       sectsz=512   sunit=8 blks, lazy-count=1
realtime =none                   extsz=4096   blocks=0, rtextents=0
```

步骤 5：查看创建的 RAID 5 的具体情况，如下所示。

```
root@ubuntu:~# mdadm -D /dev/md0
/dev/md0:
......                                           //此处省略部分内容
 Number   Major   Minor   RaidDevice   State
    0       8      16         0        active sync   /dev/sdb
    1       8      32         1        active sync   /dev/sdc
    3       8      64         2        active sync   /dev/sdd
```

步骤 6：将 RAID 设备 /dev/md0 挂载到指定的 /media/md0 目录下，挂载成功后，可以看到可用空间为 9.9 GB，如下所示。

```
root@ubuntu:~# mkdir /media/md0
root@ubuntu:~# mount /dev/md0 /media/md0
root@ubuntu:~#  df -h|grep /dev/md0
/dev/md0                        10G   105M   9.9G    2% /media/md0
```

2. RAID 设备的修复

在生产环境中部署 RAID 5，是为了提高磁盘存储设备的读写速度及数据的安全性，但由于磁盘设备是在虚拟机中模拟出来的，所以对读写速度的改善效果可能并不明显。接下来讲解 RAID 损坏后的处理方法，使大家在步入运维岗位后遇到类似问题时，也可以轻松解决。这里假设 /dev/sdd 已经损坏。

步骤 1：使用 mdadm 命令使 /dev/sdd 失效，如下所示。

```
root@ubuntu:~# mdadm /dev/md0 --fail /dev/sdd
mdadm: set /dev/sdd faulty in /dev/md0
```

步骤 2：移除失效的 RAID 成员，如下所示。

```
root@ubuntu:~# mdadm /dev/md0 --remove /dev/sdd
mdadm: hot removed /dev/sdd from /dev/md0
```

步骤 3：更换磁盘设备，添加一个新的 RAID 成员 /dev/sde，如下所示。

```
root@ubuntu:~# mdadm /dev/md0 --add /dev/sde
mdadm: added /dev/sde
```

步骤 4：查看 RAID 5 的状态，如下所示。

```
root@ubuntu:~# mdadm --detail /dev/md0
/dev/md0:
……                                          // 此处省略部分内容
 Number   Major   Minor   RaidDevice     State
    0       8      16          0                        active sync    /dev/sdb
    1       8      32          1                        active sync    /dev/sdc
    3       8      64          3                        spare rebuilding   /dev/sde
// 这里 RAID 5 中失效的 /dev/sdd 已经被成功替换为 /dev/sde
```

任务小结

（1）RAID 分为软 RAID 和硬 RAID。

（2）在配置 RAID 时，要注意不同 RAID 的性能和功能都不相同。

实训题

1. 文件及目录操作

（1）在 web2 目录中使用 touch 命令创建 hello.txt 文件，并使用 echo 命令将内容“Hello, world!” 存放在 hello.txt 文件中。

（2）在 web2 目录中使用 cat 命令创建 hello.html 文件，并直接使用 cat 命令输入其内容“It’s OK!”。

（3）将 web2 目录中的 hello.txt 文件复制到 down 目录下，并重命名为 hellocopied.txt。

（4）将 web2 目录中名称以“hello”开头的文件移动到 download 目录下。

（5）将整个 match 目录及其子目录下的内容复制到/tmp 目录下。

（6）使用 cp 命令在/tmp 目录下为 hello.html 文件创建硬链接文件 hello，并使用 ls -l 命令查看结果。

（7）使用 ln 命令为 down 目录下的 hellocopied.txt 文件在/tmp 目录下创建软链接文件 softlink，并使用 ls -l 命令查看软链接文件。

（8）将/tmp 目录下的 match 目录及其子目录删除。

（9）在/var/lib 目录下查找 root 用户的文件。

2. 实现 RAID

（1）在虚拟机中添加两块 50GB 的磁盘，并创建 RAID 0，查看 RAID 0 的详细信息。

（2）删除上述 RAID 0。

（3）在虚拟机中添加 4 块 50GB 的磁盘，并创建 RAID 5，查看 RAID 5 的详细信息。

（4）模拟某个活动状态的磁盘故障，再次查看 RAID 5 的详细信息。

项目三

软件包管理

项目描述

Z 公司是一家拥有上百台服务器的电子商务运营公司。该公司的管理员众多，而作为一名 Linux 操作系统管理员，管理软件包是很常见的工作。为了帮助用户管理软件包，Linux 操作系统中提供了多个软件包管理工具。

在 Ubuntu 操作系统上安装软件的方法有很多。若用户在桌面环境上工作，则图形化的管理工具可以提高工作效率。synaptic 是一个功能非常完善的图形化软件包管理工具。Ubuntu 操作系统在绝大多数情况下被当作服务器使用，为了减少开销和增强安全性，会在命令行界面中对系统进行管理。在命令行界面中安装所需软件的方式主要有 3 种：apt、apt-get 和 aptitude。软件包管理工具可以自动解析并安装依赖软件。用户需要认识 DEB 软件包，掌握使用 dpkg 命令管理软件包的常用操作；认识归档和压缩，掌握使用 tar、gzip 等命令并配合相关选项进行压缩及解压缩的方法；配置本地安装源，并使用软件包管理工具安装 FTP（File Transfer Protocol，文件传输协议）服务相关软件及 BIND 软件。

本项目主要介绍如何使用 apt、apt-get、aptitude 命令来安装、更新、升级软件包，如何使用 tar、gzip 等命令对目录和文件进行归档、压缩、解压缩，以及如何使用 dpkg 工具查询软件包等。

知识目标

1. 了解 DEB 软件包和 tar 包的功能。
2. 了解压缩与解压缩的作用。
3. 掌握 apt 命令的基本用法。

能力目标

1. 能够使用 dpkg 命令安装 DEB 软件包。

2．能够使用 tar 命令对 tar 包进行归档和压缩。

3．能够熟练使用 gzip、bzip2 和 xz 命令进行压缩。

4．能够熟练使用 gunzip、bunzip2 和 unxz 命令进行解压缩。

5．能够熟练配置 APT 源，并进行软件安装。

素质目标

1．培养读者防范盗版软件的意识，并提高读者的软件安全意识和知识产权保护意识。

2．引导读者正确安装软件和使用软件。

3．引导读者合理地进行文件归档，安全地压缩和解压缩文件。

任务 3.1　管理 DEB 软件包、归档和压缩

任务描述

Z 公司的网络管理员小李发现很多软件包是 DEB 软件包和源代码包，现在小李需要对某些 DEB 软件包和源代码包进行安装，实现 Ubuntu 操作系统的一些其他功能。

任务要求

DEB 软件包可以为最终用户提供方便的软件包管理功能，主要包括安装、卸载、升级、查询等，执行这些任务的工具是 dpkg。源代码安装需要经历源代码的编译链接过程，而这项编译工作由最终用户完成。应用程序的编译安装一般是通过一系列的开发工具和脚本语言配合完成的，并不是一件非常复杂的工作。本任务的具体要求如下所示。

（1）使用 dpkg 命令查询 net-tools 软件包是否已安装。

（2）使用 dpkg 命令在已安装的软件包中查询包含关键字“apache2”的软件包是否已安装。

（3）使用 dpkg 命令安装 net-tools 软件包。

（4）使用 dpkg 命令查询 net-tools 软件包的详细信息。

（5）使用 dpkg 命令删除已安装的 net-tools 软件包。

（6）使用 tar 命令将 test1 目录和 file1 文件归档为 t1.tar 文件。

（7）使用 tar 命令将 t1.tar 文件恢复到/home 目录下。

（8）使用 tar 命令将 file2 文件追加到 tar 包的末尾。

知识链接

1. 软件包的管理

整个 Linux 操作系统是由大大小小的各种软件包构成的。因此，在 Linux 操作系统中，软件包的管理非常重要。与其他的操作系统不同，Linux 操作系统的软件包管理比较复杂，有时还需要处理软件包之间的冲突。

1）软件包

在 Linux 操作系统中，所有的软件和文档都是以软件包的形式存在的。软件包主要有两种形式，分别是二进制软件包和源代码软件包。前者主要用于封装可执行程序、相关的文档及配置文件等，后者则包含软件包的源代码及生成二进制软件包的方法等。

在通常情况下，二进制软件包是用户最常使用的软件包形式。实际上，二进制软件包是一种压缩形式的文件，里面包含可执行文件、配置文件、文档资料、产品说明及版本信息等。通过这些信息，用户可以非常方便地安装、更新、升级及删除软件。用户还可以通过 dpkg 等命令查看软件包所包含的文件列表，这将在后面详细介绍。

不同的 Linux 发行版本有不同的软件包管理工具，同时也会有不同格式的软件包。在 Debian 操作系统中，常见的软件包格式有以下 3 种。

（1）DEB 格式：该格式是 Debian 操作系统主要支持的标准软件包格式，其扩展名为 .deb。Debian 软件仓库中的软件包均以该格式提供 apt、apt-get、aptitude 命令，同时 synaptic 等软件包管理工具均支持该格式。

（2）RPM 格式：该格式是 RedHat 及其派生的 Linux 发行版本支持的标准软件包格式。用户可以通过安装 RPM 工具来管理该类型的软件包。

（3）Tarball 格式：该格式实际上是由 tar 命令和其他压缩命令生成的一类压缩包。大部分源代码形式的软件包都是以 Tarball 格式提供的。用户需要先将包中的文件释放出来，再根据其中提供的说明文件进行安装。

2）软件仓库

在通常情况下，软件仓库是一组网站，其中提供了按照一定组织形式存储的软件包及索引文件。软件包管理工具可以根据用户的需求链接软件仓库服务器，搜索或下载某个软件包。

3）软件包之间的相互依赖

虽然一个软件包是一个相对独立的功能组合，但是软件包中的软件却不可避免地依赖于其他软件包的支持，其中主要是对底层库文件的依赖。

有了软件包管理工具，用户就不需要手动处理这些依赖关系。在安装软件包时，apt-get、apt 及 aptitude 等软件包管理工具会自动判断要安装的软件包与其他软件包的依赖关系，并且会自动安装或更新所需的软件包。

4）DEB 软件包的名称

DEB 软件包的名称有其特有的格式，如某 DEB 软件包的名称由如下部分组成：

```
name-version.type.deb
```

（1）name：表示软件的名称。

（2）version：表示软件的版本号。

（3）type：表示包的类型，代表架构类型。一般是 AMD x86_64 计算机平台。

（4）deb：表示文件扩展名。

DEB 软件包的名称如例 3.1.1 所示。

例 3.1.1：DEB 软件包的名称

```
openssh-server_8.9p1-3ubuntu0.3_amd64.deb
```

具体内容如下。

（1）name：软件包名称为 openssh-server。

（2）version：软件版本号为 8.9p1。

（3）type：amd64 表示是在 AMD x86_64 计算机平台上编译的。

（4）deb：文件扩展名为 deb。

2. 使用 dpkg 管理软件包

dpkg（Debian Package 的简写）是为 Debian 操作系统专门开发的套件管理系统，类似于 RPM，用于软件的安装、更新和卸载。所有源自 Debian 系统的 Linux 发行版本都使用 dpkg，如 Ubuntu 操作系统。

dpkg 所提供的众多功能使得维护系统比以往容易得多。安装、更新和卸载 DEB 软件包只需要使用一条命令即可完成。dpkg 命令的基本语法格式如下。

```
dpkg [选项] 软件包名称
```

dpkg 命令的选项很多。配合使用不同的选项，dpkg 命令可以实现不同的功能。dpkg 命令的常用选项及其功能如表 3-1-1 所示。

表 3-1-1 dpkg 命令的常用选项及其功能

选　项	功　能
-i	安装软件包
-r	删除软件包（保留其配置信息）
-R	安装指定目录下的所有软件包
-p	显示可供安装的软件版本
-P	删除软件包（包括配置信息）

续表

选　项	功　能
-s	显示指定软件包的详细状态
-L	列出属于指定软件包的文件
-l	简明地列出软件包的状态
--unpack	释放软件包，但不进行配置
-c	显示软件包内的文件列表
-C	检查是否有软件包残损
--configure	配置软件包
--update-avail	替换现有可安装的软件包
--ignore-depends=< 软件包 >	忽略关于 < 软件包 > 的所有依赖关系
--help	显示帮助信息
--version	显示版本信息

1）查询 DEB 软件包

dpkg 命令可用于查询已安装的软件包，一般使用“-l”选项，如例 3.1.2 所示。

例 3.1.2：使用 dpkg 命令查询软件包

```
root@ubuntu:~# dpkg -l nfs-kernel-server
Desired=Unknown/Install/Remove/Purge/Hold
| Status=Not/Inst/Conf-files/Unpacked/halF-conf/Half-inst/trig-aWait/Trig-pend
|/ Err?=(none)/Reinst-required (Status,Err: uppercase=bad)
||/ Name                  Version      Architecture Description
+++-====================-============-============-==============================
un  nfs-kernel-server <none>       <none>        (no description available)
//un 表示未安装 nfs-kernel-server 软件包
root@debian:~#dpkg -l vim
Desired=Unknown/Install/Remove/Purge/Hold
| Status=Not/Inst/Conf-files/Unpacked/halF-conf/Half-inst/trig-aWait/Trig-pend
|/ Err?=(none)/Reinst-required (Status,Err: uppercase=bad)
||/ Name              Version                    Architecture Description
+++-====================-============-============-==============================
ii  vim               2:8.2.3995-1ubuntu2.10 amd64        Vi IMproved - enhanced
vi editor
//ii 表示已安装 vim 软件包
```

2）安装 DEB 软件包

dpkg 命令可用于安装本地软件包，在安装 DEB 软件包时，需要提前下载好 DEB 软件包，再使用“-i”选项，如例 3.1.3 所示。

例 3.1.3：使用 dpkg 命令安装软件包

```
root@debian:~#mount /dev/cdrom /media/cdrom
root@debian:~#cd /media/cdrom/pool/main/n/ncurses
root@ubuntu:/mnt/pool/main/n/ncurses# ls
ncurses-base_6.3-2ubuntu0.1_all.deb  ncurses-term_6.3-2ubuntu0.1_all.deb
root@ubuntu:/mnt/pool/main/n/ncurses# dpkg -l ncurses       //ncurses 软件包未安装
dpkg-query: no packages found matching ncurses
root@ubuntu:/mnt/pool/main/n/ncurses# dpkg -i ncurses-base_6.3-2ubuntu0.1_all.
deb
```

```
ncurses-term_6.3-2ubuntu0.1_all.deb                    // 安装两个 ncurses 软件包
root@ubuntu:/mnt/pool/main/n/ncurses# dpkg -l ncurses-base ncurses-term
Desired=Unknown/Install/Remove/Purge/Hold
| Status=Not/Inst/Conf-files/Unpacked/halF-conf/Half-inst/trig-aWait/Trig-pend
|/ Err?=(none)/Reinst-required (Status,Err: uppercase=bad)
||/ Name            Version         Architecture Description
+++-===============-===============-============-===================================
ii  ncurses-base    6.3-2ubuntu0.1 all         basic terminal type definitions
ii  ncurses-term    6.3-2ubuntu0.1 all         additional terminal type definitions
//ncurses-base 和 ncurses-term 软件包已安装
```

3）删除 DEB 软件包

要删除已安装的软件包，可以使用 -P 选项，如例 3.1.4 所示。

例 3.1.4：使用 dpkg 命令删除软件包

```
root@ubuntu:~# dpkg -P ncurses-term              // 删除 ncurses-term 软件包
(Reading database ... 74128 files and directories currently installed.)
Removing ncurses-term (6.3-2ubuntu0.1) ...
root@ubuntu:~# dpkg -l ncurses-term              // 查询是否已删除 ncurses-term 软件包
Desired=Unknown/Install/Remove/Purge/Hold
| Status=Not/Inst/Conf-files/Unpacked/halF-conf/Half-inst/trig-aWait/Trig-pend
|/ Err?=(none)/Reinst-required (Status,Err: uppercase=bad)
||/ Name            Version      Architecture Description
+++-==============-============-============-====================================
un  ncurses-term    <none>       <none>       (no description available)
//un 表示已删除
```

3. 归档与压缩

归档就是人们常说的“打包”，是指将一组相同属性的文件或目录组合到一个文件中。由于归档文件没有经过压缩，因此这个文件占用的空间是原来目录和文件的总和。压缩是指通过某些算法，将文件或目录尺寸进行相应的缩小，同时不损失文件的内容，以减少其占用的存储空间。

在 Linux 操作系统中，最常用的归档命令是 tar。tar 命令除了用于归档，还可以用于从归档文件中还原所需源文件，即“展开”归档文件，也就是归档的反过程。归档文件通常以“.tar”作为文件扩展名，又称 tar 包。

在实际工作中，tar 命令通常配合其他压缩命令（如 bzip2 或 gzip）来实现对 tar 包的压缩或解压缩。tar 命令内置了相应的选项，可以直接调用相应的压缩或解压缩命令，实现对 tar 包的压缩或解压缩。

4. 管理 tar 包

tar 命令在 Linux 操作系统中是常用的归档、压缩、解压缩工具。网上下载的很多源代码安装包是“.tar.gz”或“.tar.bz2”格式的，要想安装此类软件，必须先掌握 tar 命令的使用方法。tar 命令的基本语法格式如下所示。

```
tar  [选项]  目标文件路径及名称  源目录路径文件名
```

tar 命令的选项和参数非常多，但常用的只有几个。tar 命令的常用选项及其功能如表 3-1-2 所示。

表 3-1-2　tar 命令的常用选项及其功能

选　项	功　能
-c	创建一个新的归档文件（和 -x、-t 选项不能同时使用）
-r	将文件追加到归档文件的末尾
-f	指定归档文件名
-v	显示归档的详细过程
-x	从归档文件中展开文件
-t	在不解压缩的情况下，查看归档文件的内容
-C	指定归档文件的解压缩目录
-j	使用 bzip2 命令来压缩或解压缩文件，在归档时使用该选项可以将文件进行压缩，但在对文件进行解压缩还原时一定还要使用该选项
-z	用 gzip 命令来压缩或解压缩文件，用法与 -j 选项的用法相同

tar 命令非常灵活，只要使用合适的选项指明文件的格式，就可以同时进行归档和压缩操作，或者同时进行解压缩和展开归档文件操作。tar 命令的基本用法如例 3.1.5 所示。

例 3.1.5：tar 命令的基本用法

```
root@ubuntu:~# touch file1 file2
root@ubuntu:~# ls
file1  file2  snap
root@ubuntu:~# tar -zcf f1.tar.gz file1 file2  //结合使用 -z 和 -c 选项，压缩 f1.tar.gz 文件
root@ubuntu:~# ls f1.tar.gz
f1.tar.gz
root@ubuntu:~# tar -zxf f1.tar.gz -C /tmp       //结合使用 -z 和 -x 选项，解压缩 f1.tar.gz 文件
root@ubuntu:~# ls /tmp/file1 /tmp/file2
/tmp/file1  /tmp/file2
root@ubuntu:~# apt install -y bzip2
root@ubuntu:~# tar -jcf f1.tar.bz2 file1 file2 //结合使用 -j 和 -c 选项，压缩 f1.tar.bz2 文件
root@ubuntu:~# ls f1.tar.bz2
f1.tar.bz2
root@ubuntu:~# tar -jxf f1.tar.bz2 -C /var      //结合使用 -j 和 -x 选项，解压缩 f1.tar.bz2 文件
root@ubuntu:~# ls /var/file1 /var/file2
/var/file1  /var/file2
```

5. 压缩与解压缩

在 Linux 操作系统中，可以对归档文件进行压缩或解压缩操作。gzip、bzip2 和 xz 是 Linux 操作系统中常用的压缩命令；而 gunzip、bunzip2 和 unxz 是对应的解压缩命令。

1）gzip 与 gunzip 命令

gzip 命令用于对文件进行压缩操作，生成的压缩文件以“.gz”结尾，而 gunzip 命令用于对以“.gz”结尾的文件进行解压缩操作。gzip 命令的基本用法如例 3.1.6 所示。

例 3.1.6：gzip 命令的基本用法

```
root@ubuntu:~# ls f1.tar.gz
f1.tar.gz
root@ubuntu:~# rm -rf f1.tar.gz
root@ubuntu:~# tar -cvf f1.tar file1 file2
file1
file2
root@ubuntu:~# gzip f1.tar                          // 压缩 f1.tar 文件
root@ubuntu:~# ls f1.tar.gz
f1.tar.gz
root@ubuntu:~# gunzip f1.tar.gz                     // 解压缩 f1.tar.gz 文件
root@ubuntu:~# ls f1.tar
f1.tar
```

2）bzip2 与 bunzip2 命令

bzip2 命令所实现的文件压缩程度比 gzip 命令所实现的高，且压缩用时较长。bzip2 命令采用“bzip2+ 文件名”的形式进行压缩操作，且在压缩时，默认原来的文件会被删除，可以使用 -k 选项保留原来的文件，如例 3.1.7 所示。

例 3.1.7：bzip2 命令的基本用法

```
root@ubuntu:~# touch file3 file4
root@ubuntu:~# ls file3 file4
file3  file4
root@ubuntu:~# bzip2 file3
root@ubuntu:~# ls file3 file3.bz2
ls: cannot access 'file3': No such file or directory
file3.bz2
root@ubuntu:~# bzip2 -k file4                       // 使用 -k 选项保留原来的文件
root@ubuntu:~# ls file4 file4.bz2
file4  file4.bz2
```

bunzip2 命令采用“bunzip2+压缩文件名”的形式进行解压缩操作，如例 3.1.8 所示。

例 3.1.8：bunzip2 命令的基本用法

```
root@ubuntu:~# bunzip2 file3.bz2
root@ubuntu:~# ls file3
file3
```

3）xz 与 unxz 命令

xz 命令所实现的文件压缩程度很高，压缩速度也很快，适合用于备份各种数据。xz 命令采用“xz+文件名”的形式进行压缩操作，且在压缩时，默认原来的文件会被删除，可以使用 -k 选项保留原来的文件，如例 3.1.9 所示。

例 3.1.9：xz 命令的基本用法

```
root@ubuntu:~# ls file3 file4
```

```
file3  file4
root@ubuntu:~# xz file3
root@ubuntu:~# ls file3 file3.xz
ls: cannot access 'file3': No such file or directory
file3.xz
root@ubuntu:~# xz -k file4                    // 使用 -k 选项保留原来的文件
root@ubuntu:~# ls file4 file4.xz
file4  file4.xz
```

unxz 命令采用“unxz+压缩文件名”的形式进行解压缩操作，如例 3.1.10 所示。

例 3.1.10：unxz 命令的基本用法

```
root@ubuntu:~# unxz file3.xz
root@ubuntu:~# ls file3
file3
```

任务实施

（1）使用 dpkg 命令查询 net-tools 软件包是否已安装，实施命令如下所示。

```
root@ubuntu:~# dpkg -l net-tools              // 查询 net-tools 软件包是否已安装
dpkg-query: no packages found matching net-tools
// 未安装软件包 net-tools
```

（2）使用 dpkg 命令在已安装的软件包中查询包含关键字“apache2”的软件包是否已安装，实施命令如下所示。

```
root@ubuntu:~# dpkg -l|grep apache2
// 在已安装的软件包中查询包含关键字“apache2”的软件包是否已安装
```

（3）使用 dpkg 命令安装 net-tools 软件包，实施步骤如下所示。

步骤 1：查看 /root 目录中下载好的 net-tools 软件包，实施命令如下所示。

```
root@ubuntu:~# ls
net-tools_1.60+git20181103.0eebece-1_amd64.deb  snap
```

步骤 2：安装 net-tools 软件包，实施命令如下所示。

```
root@ubuntu:~# dpkg -i net-tools_1.60+git20181103.0eebece-1_amd64.deb
Selecting previously unselected package net-tools.
(Reading database ... 71385 files and directories currently installed.)
Preparing to unpack net-tools_1.60+git20181103.0eebece-1_amd64.deb ...
Unpacking net-tools (1.60+git20181103.0eebece-1) ...
Setting up net-tools (1.60+git20181103.0eebece-1) ...
Processing triggers for man-db (2.10.2-1) ...
```

步骤 3：查看 net-tools 软件包是否已安装，实施命令如下所示。

```
root@ubuntu:~# dpkg -l net-tools
Desired=Unknown/Install/Remove/Purge/Hold
| Status=Not/Inst/Conf-files/Unpacked/halF-conf/Half-inst/trig-aWait/Trig-pend
|/ Err?=(none)/Reinst-required (Status,Err: uppercase=bad)
||/ Name          Version                     Architecture Description
+++-==============================================================================
ii  net-tools     1.60+git20181103.0eebece-1  amd64         NET-3 networking
toolkit
//ii 表示已安装 net-tools
```

（4）使用 dpkg 命令查询 net-tools 软件包的详细信息，实施命令如下所示。

```
root@ubuntu:~# dpkg -s net-tools        // 查询 net-tools 软件包的详细信息
Package: net-tools
Status: install ok installed
Priority: important
Section: net
Installed-Size: 991
Maintainer: net-tools Team <team+net-tools@tracker.debian.org>
Architecture: amd64
Multi-Arch: foreign
Version: 1.60+git20181103.0eebece-1
Depends: libc6 (>= 2.14), libselinux1 (>= 3.1~)
Description: NET-3 networking toolkit
 This package includes the important tools for controlling the network
 subsystem of the Linux kernel.  This includes arp, ifconfig, netstat,
 rarp, nameif and route.  Additionally, this package contains utilities
 relating to particular network hardware types (plipconfig, slattach,
 mii-tool) and advanced aspects of IP configuration (iptunnel, ipmaddr).
 In the upstream package 'hostname' and friends are included. Those are
 not installed by this package, since there is a special "hostname*.deb".
```

（5）使用 dpkg 命令删除已安装的 net-tools 软件包，实施命令如下所示。

```
root@ubuntu:~# dpkg -P net-tools                    // 删除 net-tools 软件包
(Reading database ... 71442 files and directories currently installed.)
Removing net-tools (1.60+git20181103.0eebece-1) ...
Processing triggers for man-db (2.10.2-1) ...
root@ubuntu:~# dpkg -l net-tools                    // 查询软件包是否被删除
dpkg-query: no packages found matching net-tools
```

（6）使用 tar 命令将 test1 目录和 file1 文件归档为 t1.tar 文件，实施命令如下所示。

```
root@ubuntu:~# mkdir test1
root@ubuntu:~# touch file1
root@ubuntu:~# ls
file1  snap  test1
root@ubuntu:~# tar -cvf t1.tar test1 file1
test1/
file1
root@ubuntu:~# ls
file1  t1.tar  snap  test1
root@ubuntu:~# tar -tf t1.tar
test1/
file1
```

（7）使用 tar 命令将 t1.tar 文件恢复到/home 目录下，实施命令如下所示。

```
root@ubuntu:~# tar -xf t1.tar -C /home
root@ubuntu:~# ls -d /home/test1 /home/file1
/home/file1  /home/test1
// 从归档文件中恢复原来的文件时，只需以 -x 选项代替 -C 选项即可
```

（8）使用 tar 命令将 file2 文件追加到 tar 包的末尾，实施命令如下所示。

```
root@ubuntu:~# touch file2
root@ubuntu:~# tar -rf t1.tar file2
root@ubuntu:~# tar -tf t1.tar
```

```
test1/
file1
file2
// 若要将一个文件追加到 tar 包的末尾，则需要使用 -r 选项
```

任务小结

（1）在安装 DEB 软件包时，需要提前将其下载到本地并保证软件包在当前执行目录下，否则无法找到安装文件。

（2）Linux 操作系统的很多源代码安装包都是“.tar.gz”或“.tar.bz2”格式的，所以应当熟练掌握 tar 命令。

任务 3.2　软件包管理工具

任务描述

Z 公司的网络管理员小李学习了 DEB 软件包的管理后，发现 DEB 软件包之间存在依赖关系，这使得小李无法十分顺利地安装需要的软件包。

任务要求

针对这个问题，使用软件包管理工具可以进一步降低软件的安装难度。软件包管理工具会自动计算软件包的依赖关系，并判断哪些软件应该安装，哪些软件无须安装。使用软件包管理工具可以方便地进行软件的安装、查询、更新、卸载等，而且命令简洁又好记。本任务的具体要求如下所示。

（1）配置 APT 国内源。

（2）使用软件包管理工具安装 bind9 软件包。

（3）使用软件包管理工具查询 bind9 软件包是否已安装。

知识链接

1. 软件包管理工具 APT

APT 是一个通用的综合软件包管理工具。apt-get 和 apt 命令是 APT 提供的前端软件包管理命令。在 Ubuntu 操作系统中，APT 的配置文件位于 /etc/apt 目录中，如下所示。

```
root@ubuntu:~# ls -l /etc/apt
drwxr-xr-x 2 root root 4096 Aug 10 00:22 apt.conf.d
drwxr-xr-x 2 root root 4096 Apr  8  2022 auth.conf.d
```

```
drwxr-xr-x 2 root root 4096 Apr  8  2022 keyrings
drwxr-xr-x 2 root root 4096 Apr  8  2022 preferences.d
-rw-r--r-- 1 root root 2437 Dec 24 04:53 sources.list
-rw-r--r-- 1 root root 2403 Aug 10 00:20 sources.list.curtin.old
drwxr-xr-x 2 root root 4096 Apr  8  2022 sources.list.d
drwxr-xr-x 2 root root 4096 Aug 10 00:20 trusted.gpg.d
```

在上面的输出信息中，/etc/apt/apt.conf.d 目录中存储了主要的配置文件。sources.list 文件中存储了当前 Ubuntu 操作系统的软件仓库信息，如下所示。

```
root@ubuntu:~# cat /etc/apt/sources.list
# See http://www.hxedu.com.cn/Resource/49254/02.htm for how to upgrade to
# newer versions of the distribution.
deb http://www.hxedu.com.cn/Resource/49254/03.htm jammy main restricted
# deb-src http://www.hxedu.com.cn/Resource/49254/03.htm jammy main restricted

## Major bug fix updates produced after the final release of the
## distribution.
deb http://www.hxedu.com.cn/Resource/49254/03.htm jammy-updates main restricted
# deb-src http://www.hxedu.com.cn/Resource/49254/03.htm jammy-updates main restricted

## N.B. software from this repository is ENTIRELY UNSUPPORTED by the Ubuntu
## team. Also, please note that software in universe WILL NOT receive any
## review or updates from the Ubuntu security team.
deb http://www.hxedu.com.cn/Resource/49254/03.htm jammy universe
# deb-src http://www.hxedu.com.cn/Resource/49254/03.htm jammy universe
deb http://www.hxedu.com.cn/Resource/49254/03.htm jammy-updates universe
# deb-src http://www.hxedu.com.cn/Resource/49254/03.htm jammy-updates universe

## N.B. software from this repository is ENTIRELY UNSUPPORTED by the Ubuntu
## team, and may not be under a free licence. Please satisfy yourself as to
## your rights to use the software. Also, please note that software in
## multiverse WILL NOT receive any review or updates from the Ubuntu
## security team.
deb http://www.hxedu.com.cn/Resource/49254/03.htm jammy multiverse
# deb-src http://www.hxedu.com.cn/Resource/49254/03.htm jammy multiverse
deb http://www.hxedu.com.cn/Resource/49254/03.htm jammy-updates multiverse
# deb-src http://www.hxedu.com.cn/Resource/49254/03.htm jammy-updates multiverse

## N.B. software from this repository may not have been tested as
## extensively as that contained in the main release, although it includes
## newer versions of some applications which may provide useful features.
## Also, please note that software in backports WILL NOT receive any review
## or updates from the Ubuntu security team.
deb http://www.hxedu.com.cn/Resource/49254/03.htm jammy-backports main restricted
universe multiverse
# deb-src http://www.hxedu.com.cn/Resource/49254/03.htm jammy-backports main
restricted universe multiverse

deb http://www.hxedu.com.cn/Resource/49254/03.htm jammy-security main restricted
# deb-src http://www.hxedu.com.cn/Resource/49254/03.htm jammy-security main restricted
deb http://www.hxedu.com.cn/Resource/49254/03.htm jammy-security universe
# deb-src http://www.hxedu.com.cn/Resource/49254/03.htm jammy-security universe
deb http://www.hxedu.com.cn/Resource/49254/03.htm jammy-security multiverse
# deb-src http://www.hxedu.com.cn/Resource/49254/03.htm jammy-security multiverse
```

每个软件仓库都包含说明、地址及类型等信息。/var/lib/apt 目录中存储了 APT 本地软件包，如下所示。

```
root@ubuntu:~# ls -l /var/lib/apt
-rw-r--r-- 1 root root     0 Jan  7 02:01 daily_lock
-rw-r--r-- 1 root root 35631 Jan  7 03:29 extended_states
drwxr-xr-x 4 root root  4096 Dec 24 04:53 lists
drwxr-xr-x 3 root root  4096 Aug 10 00:17 mirrors
drwxr-xr-x 2 root root  4096 Jan  7 02:01 periodic
```

2. apt-get 和 apt 命令

apt-get 和 apt 命令都是 APT 提供的前端用户工具。与 apt-get 命令相比，apt 命令对其进行了改进，增加了有用的选项和子命令。本节只介绍如何通过 apt 命令来管理软件包。关于 apt-get 命令的用法，读者可借助 man 命令获得更多信息。

1）apt 命令基础

apt 命令的基本语法格式如下所示。

```
apt [选项] 子命令
```

apt 命令的常用子命令及其功能如表 3-2-1 所示。

表 3-2-1　apt 命令的常用子命令及其功能

子　命　令	功　　能
update	通过软件仓库更新软件包索引
upgrade	升级软件包，但是不会删除软件包
full-upgrade	升级软件包，同时会安装或删除其他软件包以解决依赖关系
install	安装软件包
reinstall	重新安装软件包
remove	删除软件包
purge	彻底删除软件包
autoremove	自动删除软件包及其依赖
search	搜索软件包
show	显示软件包的信息
policy	显示软件包的安装状态和版本信息
list	根据指定的标准列出软件包，通过 --installed 选项指定已安装的软件包，通过 --upgradeable 选项指定可升级的软件包等

2）搜索软件包

apt 命令的 search 子命令可以用于实现软件包的搜索，如例 3.2.1 所示。

例 3.2.1：使用 apt search 命令搜索软件包

```
root@ubuntu:~# apt search openssh-server
Sorting... Done
Full Text Search... Done
openssh-server/jammy-updates,jammy-security,now 1:8.9p1-3ubuntu0.3 amd64
```

```
[installed]
  secure shell (SSH) server, for secure access from remote machines
```

3）安装软件

apt 命令的 install 子命令可以用于安装一个或多个软件包，如例 3.2.2 所示。

例 3.2.2：使用 apt install 命令安装软件包

```
root@ubuntu:~# apt install -y vsftpd
Reading package lists... Done
Building dependency tree... Done
Reading state information... Done
Recommended packages:
  ssl-cert
The following packages will be upgraded:
  vsftpd
1 upgraded, 0 newly installed, 0 to remove and 0 not upgraded.
1 not fully installed or removed.
Need to get 123 kB of archives.
……                                                            //此处省略部分输出
Running kernel seems to be up-to-date.
No services need to be restarted.
No containers need to be restarted.
No user sessions are running outdated binaries.
No VM guests are running outdated hypervisor (qemu) binaries on this host.
```

4）删除软件包

apt 命令提供了 remove、purge 及 autoremove 等子命令来删除软件包，如例 3.2.3 所示。

例 3.2.3：使用 apt 命令删除软件包

```
root@ubuntu:~# apt remove -y vsftpd
Reading package lists... Done
Building dependency tree... Done
Reading state information... Done
The following package was automatically installed and is no longer required:
  ssl-cert
Use 'apt autoremove' to remove it.
The following packages will be REMOVED:
  vsftpd
0 upgraded, 0 newly installed, 1 to remove and 0 not upgraded.
After this operation, 326 kB disk space will be freed.
(Reading database ... 71392 files and directories currently installed.)
Removing vsftpd (3.0.5-0ubuntu1) ...
Progress: [  0%] [.......................................................................................]
Progress: [ 33%] [###########################################.......................................]
Processing triggers for man-db (2.10.2-1) ...##################################################################.............]
```

5）更新和升级软件包

（1）在升级软件包之前，用户需要使用 apt update 命令更新一下软件包的索引，如例 3.2.4 所示。

例 3.2.4：使用 apt update 命令更新软件包索引

```
root@ubuntu:~# apt update
Hit:1 http://www.hxedu.com.cn/Resource/49254/04.htm jammy InRelease
Get:2 http://www.hxedu.com.cn/Resource/49254/04.htm jammy-updates InRelease [119 kB]
Get:3 http://www.hxedu.com.cn/Resource/49254/04.htm jammy-backports InRelease [109 kB]
Get:4 http://www.hxedu.com.cn/Resource/49254/04.htm jammy-security InRelease [110 kB]
......                                                   // 此处省略部分输出
Get:42 http://www.hxedu.com.cn/Resource/49254/04.htm jammy-security/multiverse amd64 c-n-f Metadata [260 B]
Fetched 10.2 MB in 4s (2,848 kB/s)
Reading package lists... Done
Building dependency tree... Done
Reading state information... Done
107 packages can be upgraded. Run 'apt list --upgradable' to see them.
```

（2）使用 apt -y upgrade 命令升级软件包，如例 3.2.5 所示。

例 3.2.5：使用 apt -y upgrade 命令升级软件包

```
root@ubuntu:~# apt -y upgrade
Reading package lists... Done
Building dependency tree... Done
Reading state information... Done
Calculating upgrade... Done
......                                                   // 此处省略部分输出
done
Scanning processes...
Scanning candidates...
Scanning linux images...

......                                                   // 此处省略部分输出

No containers need to be restarted.
No user sessions are running outdated binaries.
```

3. aptitude 命令

从功能上来说，aptitude 命令完全可以替代 apt-get 和 apt 命令，并且 aptitude 命令具有更为友好的使用界面。

1）aptitude 命令基础

aptitude 命令的大部分选项和子命令与 apt 命令的是兼容的，其基本语法格式如下所示。

```
aptitude [ 选项 ] 子命令
```

aptitude 命令提供的选项非常多，常用选项及其功能如表 3-2-2 所示。

表 3-2-2　aptitude 命令的常用选项及其功能

选　项	功　能
--allow-untrusted	运行并安装来自未认证软件仓库的软件包

续表

选　项	功　能
-d 或者--ownload-only	将软件包下载到 APT 的缓存区中，不安装，也不删除软件包
-f	尽量解决软件包遇到的依赖问题
--purge-unused	清除不再需要的软件包
-D 或者--show-deps	在安装或删除软件包时，显示自动安装和删除的概要信息
-P	每一步操作都要求用户确认
-y	对所有问题都回答 y
-u	启动时下载新的软件包列表

aptitude 命令提供的子命令也非常多，常用子命令及其功能如表 3-2-3 所示。

表 3-2-3　aptitude 命令的常用子命令及其功能

子 命 令	功　能
install	安装软件包
upgrade	升级软件包
full-upgrade	将已安装的软件包升级到最新版本，根据依赖需要安装或删除其他软件包
update	通过软件仓库更新软件包索引
search	搜索软件包
show	显示软件包的信息
source	下载源代码包
clean	清空 APT 缓存目录中下载的安装包
remove	删除软件包
purge	彻底删除指定的软件包，包括配置文件
reinstall	重新安装指定的软件包

2）安装 aptitude

aptitude 默认是未安装的，需要使用 apt install -y aptitude 命令安装。

使用 aptitude 命令实现搜索、安装、删除、更新和升级软件包功能的方法和 apt 命令的基本相同，这里不再赘述。若有疑问，可借助 man 命令获得关于该命令的更多信息。

任务实施

（1）配置 APT 国内源，实施步骤如下所示。

由于 Ubuntu 操作系统的默认软件源地址服务器在欧洲，速度较慢，因此建议将默认软件源地址换成国内软件源地址。在国内安装 Ubuntu 操作系统时，默认的 APT 国内源就是 Ubuntu 官方中国（目前由阿里云提供）。当然，也可以改为其他源。将系统自带的软件源地址修改为国内的阿里云软件源地址，实施命令如下所示。

```
    root@ubuntu:~# vim /etc/apt/sources.list
    // 以下是将文件中的内容替换后的内容，之后保存并退出编辑器
    deb http://www.hxedu.com.cn/Resource/49254/01.htm jammy main restricted universe
multiverse
```

```
deb-src http://www.hxedu.com.cn/Resource/49254/01.htm jammy main restricted universe multiverse
deb http://www.hxedu.com.cn/Resource/49254/01.htm jammy-security main restricted universe multiverse
deb-src http://www.hxedu.com.cn/Resource/49254/01.htm jammy-security main restricted universe multiverse
deb http://www.hxedu.com.cn/Resource/49254/01.htm jammy-updates main restricted universe multiverse
deb-src http://www.hxedu.com.cn/Resource/49254/01.htm jammy-updates main restricted universe multiverse
# deb http://www.hxedu.com.cn/Resource/49254/01.htm jammy-proposed main restricted universe multiverse
# deb-src http://www.hxedu.com.cn/Resource/49254/01.htm jammy-proposed main restricted universe multiverse
deb http://www.hxedu.com.cn/Resource/49254/01.htm jammy-backports main restricted universe multiverse
deb-src http://www.hxedu.com.cn/Resource/49254/01.htm jammy-backports main restricted universe multiverse
root@ubuntu:~# apt update                          //获取最新的软件包列表
root@ubuntu:~# apt upgrade                         //更新当前系统中所有已安装的软件包
```

（2）使用 apt 命令安装 bind9 软件包，实施命令如下所示。

```
root@ubuntu:~# apt install -y bind9
```

（3）使用 apt 命令查询 bind9 软件包是否已安装，实施命令如下所示。

```
root@ubuntu:~# apt policy bind9
bind9:
  Installed: 1:9.18.18-0ubuntu0.22.04.1
  Candidate: 1:9.18.18-0ubuntu0.22.04.1
  Version table:
 *** 1:9.18.18-0ubuntu0.22.04.1 500
        500 https://mirrors.aliyun.com/ubuntu jammy-updates/main amd64 Packages
        100 /var/lib/dpkg/status
     1:9.18.12-0ubuntu0.22.04.3 500
        500 https://mirrors.aliyun.com/ubuntu jammy-security/main amd64 Packages
     1:9.18.1-1ubuntu1 500
        500 https://mirrors.aliyun.com/ubuntu jammy/main amd64 Packages
```

任务小结

（1）软件包管理工具可以自动处理软件包之间的依赖关系，功能强大，使用起来非常方便。

（2）软件包管理工具主要有 3 种，分别是 apt、apt-get、aptitude；一般都是通过连接互联网来安装软件的。

实训题

tar 包管理

（1）新建/tartest 目录，在/root 目录下创建 file1 和 file2 文件，并将 file1 和 file2 文件复

制到/tartest 目录下。

（2）将整个/tartest 目录归档为 mytartest.tar 文件，保存在/root 目录下。

（3）将整个/tartest 目录归档并压缩为 mytartest.tar.gz 文件，保存在/root 目录下。

（4）将整个/tartest 目录归档并压缩为 mytartest.tar.bz2 文件，保存在/root 目录下。

（5）查询并显示 mytartest.tar 及 mytartest.tar.gz 文件中的目录列表。

（6）将 mytartest.tar 及 mytartest.tar.gz 文件还原到/home 目录下。

（7）删除/root 目录下的 mytartest.tar、mytartest.tar.gz 及 mytartest.tar.bz2 文件。

项目四

系统初始化与进程管理

项目描述

Z 公司是一家拥有上百台服务器的电子商务运营公司。该公司的管理员众多，而作为一名 Linux 操作系统管理员，了解系统初始化与进程管理是非常重要的工作。

系统初始化是实现操作系统控制的第一步，也是体现操作系统优劣的重要环节。了解 Linux 操作系统的初始化，以及系统启动和执行的过程，对于进一步掌握 Linux 操作系统，解决相关启动问题是十分有帮助的。

进程是程序在计算机中的一次运行过程，也是系统进行资源分配和调度的基本单位。只要运行程序，就会启动进程。Linux 操作系统在创建新的进程时，会为其指定一个唯一的编号，即 PID（Process ID，进程号），并以此区分不同的进程。通过进程管理，用户可以了解系统执行的状态及各程序占用资源的多少等情况，并以此判断系统的运行是否正常。

本项目主要介绍 Linux 操作系统的初始化过程，查看和管理进程的方法，包括启用进程、停止进程及任务调度的方法等。

知识目标

1. 掌握系统服务的基本概念及作用。
2. 掌握进程的基本概念及作用。
3. 掌握系统管理相关命令的用途。
4. 了解在各版本系统中进行系统管理的区别。

能力目标

1. 使用进程管理相关命令实现进程管理。
2. 能够熟练使用 systemctl 相关命令。
3. 能够熟练使用 at 和 cron 命令进行任务调度。

素质目标

1．培养读者的系统性思维，以及事务/任务的整体观和全局观。

2．引导读者学会任务的分解，具备并行处理的思维，养成提前规划的意识。

3．培养读者严谨、细致的工作态度和职业素养。

任务 4.1　系统初始化

任务描述

Z 公司购置了 Linux 服务器并安装了 Ubuntu 操作系统，现在网络管理员小李需要了解系统初始化的完整过程、管理服务器后台运行的应用程序并进行高效的进程管理。

任务要求

小李在系统维护过程中，需要经常查看服务器在启动过程中遇到的问题、查看服务进程等，这些操作对于网络管理员来说是非常有必要进行的。本任务的具体要求如下所示。

（1）查看 Linux 服务器当前的默认执行级别。

（2）将 Linux 服务器执行级别的图形用户界面切换为命令行界面。

（3）设置 Linux 服务器的默认执行级别为命令行界面。

（4）查询 Linux 服务器的启动时间。

（5）修改 Linux 服务器的主机名为 ns1。

（6）将 Linux 服务器的当前时区修改为 Asia/Chongqing（亚洲/重庆）。

（7）查询 Linux 服务器的当前登录用户。

知识链接

1．认识系统初始化

系统初始化可分为两个阶段：引导和启动。引导阶段是从开机到内核完成初始化的过程，会执行 systemd 进程；启动阶段会在基本环境已经设置好的基础上，创建用户终端，显示用户登录界面。

引导阶段的过程：启动 POST（Power On Self Test，加电自检）→读取 BIOS（Basic Input Output System，基本输入输出系统）→加载对应引导盘上的 MBR（Master Boot Record，主引导记录）→主引导记录装载其 BootLoader → Kernel（内核）初始化→挂载 initrd（Linux 操作

系统的初始RAM磁盘，是在系统引导过程中挂载的一个临时根文件系统）→加载systemd进程。

引导阶段的具体描述：当打开计算机电源，听到“嘀”的一声时，系统进入引导阶段。首先检测计算机的硬件设备是否存在故障，如CPU、内存、显卡、主板等，若存在故障，则系统会停机或给出报警信息；若不存在故障，则系统会完成自检任务。在完成自检任务后，系统会读取BIOS，并按照BIOS中设置的引导顺序启动设备，若检测通过，则加载对应引导盘上的MBR，这时系统会根据启动区的引导加载程序BootLoader开始执行核心识别任务。GRUB（GRand Unified BootLoader）是一个用于寻找操作系统Kernel文件并将其加载到内存中的智能程序。GRUB在读取完成后，将选定的Kernel文件加载到内存中，这时Kernel文件将自行解压缩，且一旦Kernel文件自行解压缩完成，就会加载systemd进程，并将控制权转移到systemd进程中，标志着引导阶段完成。

需要注意的是，Linux操作系统使用systemd进程（初始化程序）替换了System V init进程，不再使用新版的inittab（Linux初始化文件系统时，init初始化程序用到的配置文件），转而使用全新的systemd进程服务来进行设置，这有利于在进程启动过程中更有效地引导加载服务。

启动阶段紧随引导阶段之后，该阶段主要通过systemd进程挂载、访问配置文件，使Linux操作系统进入可操作状态，并能够执行功能性任务。

2. systemd进程

如果读者之前学习的是System V init进程，可能会不适应。Systemd进程服务采用了并发启动机制，使开机速度得到了很大的提升。

Linux操作系统采用的是systemd进程服务，因此没有“运行级别”这个概念。Linux操作系统在启动时需要进行大量的初始化工作，如挂载文件系统和交换分区、启动各类进程服务等，这些初始化工作可以被看作一个一个的单元（Unit）。systemd进程用目标代替了System V init运行级别的概念，System V init运行级别与systemd目标的区别及作用如表4-1-1所示。

表4-1-1　System V init运行级别与systemd目标的区别及作用

区　别			作　用
System V init运行级别	systemd目标	符号链接目标	
0	runlevel0.target	/lib/systemd/system/poweroff.target	关机
1	runlevel1.target	/lib/systemd/system/rescue.target	单用户模式
2	runlevel2.target	/lib/systemd/system/multi-user.target	等同于级别3
3	runlevel3.target	/lib/systemd/system/multi-user.target	多用户的命令行界面
4	runlevel4.target	/lib/systemd/system/multi-user.target	等同于级别3
5	runlevel5.target	/lib/systemd/system/graphical.target	多用户的图形用户界面
6	runlevel6.target	/lib/systemd/system/reboot.target	重启

如果想要将系统默认的运行目标修改为“多用户，无图形”模式，那么可以直接使用 ln 命令将“多用户，无图形”模式的目标文件链接到 /etc/systemd/system 目录下或者使用 set-default 命令设置，并且可以使用 get-default 命令获取当前默认的运行目标，如例 4.1.1 所示。

例 4.1.1：将系统默认的运行目标修改为“多用户，无图形”模式

```
root@ubuntu:~# systemctl get-default                    // 当前默认的运行目标
graphical.target
root@ubuntu:~# ln -sf multi-user.target /etc/systemd/system/default.target
```

或

```
root@ubuntu:~# systemctl set-default multi-user.target
root@ubuntu:~# systemctl get-default
multi-user.target
```

3. systemd 服务控制

1）服务控制

服务控制就是管理 Linux 后台运行的应用程序。用户在 Linux 操作系统中进行操作时，不可避免地会涉及对服务的控制。

systemd 是 Linux 操作系统和服务的管理器，是后台服务系统中 PID 为 1 的进程，其功能不仅包括启动系统，还包括接管后台服务、状态查询、日志归档、设备管理、电源管理、定时任务管理等，且支持由特定事件（如插入特定 USB 设备）和特定接口数据触发的 on-demand（按需）任务。systemd 进程的优点是功能强大、使用方便，缺点是体系庞大、非常复杂。

systemd 进程对应的进程管理命令是 systemctl，用于取代 service 和 chkconfig 命令。systemctl 命令主要用于管理 Linux 操作系统中的各种服务，基本语法格式如下所示。

```
systemctl [选项]  命令  [名称]
```

其中，“命令”主要包括 status（查看状态）、start（开启）、stop（关闭）、restart（重启）、enable（开启开机自动启动）、disable（禁止开机自动启动）等。

目前，Ubuntu 操作系统中使用 systemctl 命令来管理和控制服务，而传统的 service 命令依然可以使用。这里以常用的 SSH 服务的 sshd 进程为例，service 命令与 systemctl 命令的对比及其作用如表 4-1-2 所示，后续项目中会经常用到它们。

表 4-1-2　service 命令与 systemctl 命令的对比及其作用

对比		作用
service 命令	systemctl 命令	
service sshd start	systemctl start sshd.service	启动服务
service sshd restart	systemctl restart sshd.service	重启服务
service sshd stop	systemctl stop sshd.service	停止服务
service sshd reload	systemctl reload sshd.service	重新加载配置文件（不终止服务）
service sshd status	systemctl status sshd.service	查看服务状态

2）配置服务启动状态

在 Ubuntu 操作系统中，经常需要设置或调整某些服务在特定运行时是否启动，这可以通过配置服务的启动状态来实现。这里以常用的 SSH 服务的 sshd 进程为例，介绍服务的各种启动状态。systemctl 命令的不同状态及其作用如表 4-1-3 所示。

表 4-1-3　systemctl 命令的不同状态及其作用

systemctl 命令的状态	作　用
systemctl enable sshd.service	开机自动启动
systemctl disable sshd.service	开机不自动启动
systemctl is-enabled sshd.service	查看特定服务是否为开机自动启动
systemctl list-unit-files-type=service	查看各个级别下服务的启动与禁用情况

Ubuntu 操作系统提供了 systemctl 命令来管理网络服务。systemctl 命令的基本用法如例 4.1.2 所示。

例 4.1.2：systemctl 命令的基本用法

```
root@ubuntu:~# systemctl status sshd       // 查看 sshd 进程状态
● ssh.service - OpenBSD Secure Shell server
     Loaded: loaded (/lib/systemd/system/ssh.service; enabled; vendor preset:
enabled)
     Active: active (running) since Sun 2023-12-31 03:32:03 UTC; 20min ago
       Docs: man:sshd(8)
             man:sshd_config(5)
    Process: 976 ExecStartPre=/usr/sbin/sshd -t (code=exited, status=0/SUCCESS)
   Main PID: 1020 (sshd)
      Tasks: 1 (limit: 4516)
     Memory: 5.2M
        CPU: 88ms
     CGroup: /system.slice/ssh.service
             └─1020 "sshd: /usr/sbin/sshd -D [listener] 0 of 10-100 startups"
// 命令返回结果如下
//active（running）表示有一个或多个程序正在系统中执行
//atcive（exited）表示仅执行一次就正常结束的服务，目前没有任何程序在系统中执行
//atcive（waiting）表示程序正在执行，还在等待其他事件
//inactive（dead）表示服务关闭
//enabled 表示服务开机自动启动
//disabled 表示服务开机不自动启动
//static 表示服务开机启动项不可被管理
//failed 表示系统配置错误
```

4. 常用 systemd 命令

除了 systemctl 命令，systemd 进程还提供了一些其他的命令，如 systemd-analyze、hostnamectl 及 localectl 等。了解和掌握这些常用命令，对于系统管理员来说是非常有必要的。

1）systemd-analyze 命令

systemd-analyze 命令用于分析系统启动时的性能，其基本语法格式如下所示。

```
systemd-analyze  [选项]  子命令
```

systemd-analyze 命令的常用选项及其功能如表 4-1-4 所示。

表 4-1-4　systemd-analyze 命令的常用选项及其功能

选　项	功　能
--user	在用户级别上查询 systemd 实例
--system	在系统级别上查询 systemd 实例

与 systemctl 命令一样，systemd-analyze 命令也提供了一些子命令。systemd-analyze 命令的常用子命令及其功能如表 4-1-5 所示。

表 4-1-5　systemd-analyze 命令的常用子命令及其功能

子 命 令	功　能
time	输出系统启动时间，该命令为默认命令
blame	按照占用时间长短的顺序输出所有正在运行的单元。该命令通常用于优化系统，缩短启动时间
critical-chain	以树状形式输出单元的启动链，并以红色标注延时较长的单元
plot	以 SVG 图像的格式输出服务在什么时间启动及用了多长时间
dot	输出单元依赖图
dump	输出详细的、可读的服务状态

systemd-analyze 命令的基本用法如例 4.1.3 所示。

例 4.1.3：systemd-analyze 命令的基本用法

```
root@ubuntu:~# systemd-analyze time                          //输出系统启动时间
Startup finished in 46.715s (kernel) + 8.219s (userspace) = 54.935s
graphical.target reached after 7.789s in userspace
```

2）hostnamectl 命令

主机名就是计算机的名字，在网络中是唯一的。主机名用于在网络中识别独立的计算机（即使用户的计算机没有联网，也应该有一个主机名）。

用户可以使用 hostnamectl 命令查看或者修改主机名，并将其直接写入/etc/hostname 文件，如例 4.1.4 所示。

例 4.1.4：使用 hostnamectl 命令修改主机名

```
root@ubuntu:~# hostname
ubuntu
root@ubuntu:~# hostnamectl set-hostname server.phei.com.cn        //修改主机名
root@ubuntu:~# bash                                                  //立即生效
root@server:~# cat /etc/hostname
server.phei.com.cn
```

3）localectl 命令

使用 localectl 命令可以查看或修改当前系统的区域和键盘布局。在计算机中，区域一般至少包括语言和地区两部分。

使用不带任何参数和选项的 localectl 命令会输出当前系统的区域信息，如例 4.1.5 所示。

例 4.1.5：使用 localectl 命令输出和修改当前系统的区域信息

```
root@server:~# localectl                              //查询当前系统的区域信息
   System Locale: LANG=en_GB.UTF-8
       VC Keymap: n/a
      X11 Layout: gb
       X11 Model: pc105
root@server:~# localectl set-locale LANG=zh_CN.UTF-8//将当前系统区域设置为zh_CN.
UTF-8
root@server:~# localectl
   System Locale: LANG=zh_CN.UTF-8
       VC Keymap: n/a
      X11 Layout: gb
       X11 Model: pc105
```

4）timedatectl 命令

该命令用于查看或修改当前系统的时区，如例 4.1.6 所示。

例 4.1.6：查看和修改当前系统的时区

```
root@server:~# timedatectl
               Local time: Sun 2023-12-31 03:58:05 UTC
           Universal time: Sun 2023-12-31 03:58:05 UTC
                 RTC time: Sun 2023-12-31 03:58:05
                Time zone: Etc/UTC (UTC, +0000)
System clock synchronized: yes
              NTP service: active
          RTC in local TZ: no
root@server:~# timedatectl set-timezone Asia/Chongqing
//上面的命令将当前系统的时区修改为Asia/Chongqing（亚洲/重庆）
```

5）loginctl 命令

该命令用于查看当前登录的用户，其基本语法格式如下所示。

```
loginctl  子命令
```

loginctl 命令提供了一些常用的子命令。loginctl 命令的常用子命令及其功能如表 4-1-6 所示。

表 4-1-6　loginctl 命令的常用子命令及其功能

子　命　令	功　　能
list-users	列出当前系统中的用户及其 ID
show-user	列出某个用户的详细信息

loginctl 命令的基本用法如例 4.1.7 所示。

例 4.1.7：loginctl 命令的基本用法

```
root@server:~# loginctl
SESSION UID USER SEAT  TTY
      1   0 root seat0 tty1
      3   0 root

2 sessions listed.
//上面的输出结果包括会话ID、用户ID、登录的用户名等信息
```

使用 list-uses 子命令可以简单地列出当前系统中的用户及其 ID，如例 4.1.8 所示。

例 4.1.8：loginctl 命令的基本用法——列出当前系统中的用户及其 ID

```
root@server:~# loginctl list-users
UID    USER
  0    root

1 users listed.
```

如果要进一步了解某个用户的详细信息，那么可以使用 show-user 子命令，如例 4.1.9 所示。

例 4.1.9：loginctl 命令的基本用法——列出某个用户的详细信息

```
root@server:~# loginctl show-user root
UID=0
GID=0
Name=root
Timestamp=Sun 2023-12-31 11:32:12 CST
TimestampMonotonic=60430571
RuntimePath=/run/user/0
Service=user@0.service
Slice=user-0.slice
Display=1
State=active
Sessions=3 1
IdleHint=no
IdleSinceHint=0
IdleSinceHintMonotonic=0
Linger=no
```

小提示

使用 loginctl 命令列出的仅仅是当前已登录用户，而非所有的系统用户。

任务实施

（1）查看 Linux 服务器系统当前的默认执行级别，实施命令如下所示。

```
root@server:~# systemctl get-default
graphical.target
```

（2）将 Linux 服务器执行级别的图形用户界面切换为命令行界面，实施命令如下所示。

```
root@server:~# systemctl isolate multi-user.target
//临时切换为命令行界面，计算机重启后恢复默认启动图形用户界面
```

（3）设置 Linux 服务器的默认执行级别为命令行界面，实施命令如下所示。

```
root@server:~# systemctl set-default multi-user.target
root@server:~# systemctl get-default
multi-user.target
```

（4）查询 Linux 服务器的启动时间，实施命令如下所示。

```
root@server:~# systemd-analyze
Startup finished in 1.171s (kernel) + 1.755s (initrd) + 4.980s (userspace) = 
7.907s
graphical.target was never reached
```

（5）修改 Linux 服务器的主机名为 ns1，实施命令如下所示。

```
root@server:~# hostnamectl set-hostname ns1.phei.com.cn
root@server:~# bash
root@ns1:~# cat /etc/hostname
ns1.phei.com.cn
```

（6）将 Linux 服务器的当前时区修改为 Asia/Chongqing（亚洲 / 重庆），实施命令如下所示。

```
root@ns1:~# timedatectl set-timezone Asia/Chongqing
root@ns1:~# timedatectl|grep zone
                Time zone: Asia/Chongqing (CST, +0800)
```

（7）查询 Linux 服务器的当前登录用户，实施命令如下所示。

```
root@ns1:~# loginctl
SESSION UID USER SEAT TTY
      1   0 root

1 sessions listed.
```

任务小结

（1）了解系统初始化的执行过程，对于进一步掌握 Linux 操作系统，解决相关启动问题是很有帮助的。

（2）systemd 为系统的启动和管理提供了一套完整的解决方案。systemd 不仅是初始化程序，还包含许多其他的功能模块。

任务 4.2　进程管理

任务描述

Z 公司的网络管理员小李在日常管理工作中，需要经常查看系统的进程并进行管理；定制不同运行级别下自动启动的服务和进程；根据工作需要设置系统在某个时间点执行特定的命令或进程，以减少维护工作量。

任务要求

使用 Linux 操作系统能够有效地管理和跟踪进程。在 Linux 操作系统中，启动、停止、终止及恢复进程的过程称为进程管理。Linux 操作系统提供了许多命令，能够让用户高效地管理进程。本任务的具体要求如下所示。

（1）查看 tomcat 进程，并结束整个进程。

（2）查询 user1 用户的进程。

（3）使用 vim 编辑器编辑 1.txt 文件，按“Ctrl+Z”组合键将 vim 进程挂起，切换至后台，查看后台作业，再将后台作业切换回前台。

（4）设置在 2023 年 12 月 31 日 23 点 59 分，向所有登录用户发送信息“Happy New Year!”。

（5）设置 user1 用户在每周星期一、星期三早上 4 点将 /home/user1 目录下的所有文件压缩至 /bak 目录下，并取名为 user1.tar.gz。

知识链接

1. 认识进程

进程由程序产生，但进程不是程序。进程与程序的区别在于，程序是一系列命令的集合，是静态的，可以长期保存；进程是程序的一次运行过程，是动态的，只能短暂存在，它动态地产生、变化和消亡。

进程具有独立性、动态性与并发性的特点，并且具有自己的生命周期和各种不同的状态。

2. 进程的状态

操作系统通常将进程分为 3 种基本状态。

1）就绪状态

就绪状态指的是当进程被分配了除 CPU 以外的所有必要资源后，只要再获得 CPU，就可以立即执行的状态。在一个系统中，将处于就绪状态的进程排成一个队列，即就绪队列。

2）执行状态

执行状态指的是进程已获得 CPU 且正在执行的状态。在单处理器系统中，只能有一个处于执行状态的进程；在多处理器系统中，可以有多个处于执行状态的进程。

3）阻塞状态

阻塞状态指的是正在执行的进程因发生某事件而暂时无法继续执行的状态，又被称为等待状态或封锁状态。导致进程阻塞的典型事件有 I/O 请求、申请缓冲空间等。通常也将这种处于阻塞状态的进程排成一个队列。有的系统还会根据阻塞原因的不同，将处于阻塞状态的进程排成多个队列。

处于就绪状态的进程，在调度程序为其分配 CPU 后，该进程即可执行，相应地，该进程会由就绪状态转为执行状态。正在执行的进程也被称为当前进程，如果因分配给该进程的时间已用完而暂停执行，那么该进程会由执行状态回到就绪状态；如果因发生某事件而使进程的执行受阻（例如，进程请求访问某临界资源，而该资源正被其他进程访问），无法继续执行，那么该进程会由执行状态转为阻塞状态。

3. 进程的优先级

在 Linux 操作系统中，进程的优先级对于系统的性能和响应时间至关重要。进程的优先级决定了该进程在系统资源分配中所占的比例。哪些进程先执行，哪些进程后执行，都由进程的优先级来控制。因此，配置进程的优先级对多任务环境的 Linux 操作系统很有用，有利于更好地管理和优化系统的性能。

4. 进程管理相关命令

下面介绍几个常用的进程管理相关命令。

1）ps 命令

ps 命令用于查看当前系统进程的执行情况，其基本语法格式如下所示。

```
ps [选项]
```

ps 命令是最常用的监控进程的命令，使用此命令可以查看系统中所有运行进程的详细信息。ps 命令的常用选项及其功能如表 4-2-1 所示。

表 4-2-1　ps 命令的常用选项及其功能

选　项	功　能
-a	显示系统中所有活动进程的当前状态，与终端无关联的进程除外
-A	显示系统中当前所有进程的状态，等同于-e 选项
-e	显示系统中当前所有进程的状态
-f	显示每个进程的完整信息
-l	显示每个进程的详细信息，起始时间除外
-p	显示指定 PID 的进程的信息
-t n	显示第 *n* 个终端进程
-u	显示与指定的用户 ID 或用户关联的进程

ps 命令的基本用法如例 4.2.1 所示。

例 4.2.1：ps 命令的基本用法

```
root@ubuntu:~# ps                                          // 显示当前用户自己的进程信息
    PID TTY          TIME CMD
   1590 pts/0    00:00:00 bash
  24326 pts/0    00:00:00 ps
root@ubuntu:~# ps -ef                                      // 显示所有进程，并列出详细信息
UID          PID    PPID  C STIME TTY          TIME CMD
root           1       0  0 11:31 ?        00:00:02 /sbin/init
root           2       0  0 11:31 ?        00:00:00 [kthreadd]
root           3       2  0 11:31 ?        00:00:00 [rcu_gp]
root           4       2  0 11:31 ?        00:00:00 [rcu_par_gp]
root           5       2  0 11:31 ?        00:00:00 [slub_flushwq]
root           6       2  0 11:31 ?        00:00:00 [netns]
......
```

2）top 命令

使用 ps 命令可以一次性显示出当前系统中的进程状态，但使用此方式得到的信息缺乏时效性，而使用 top 命令可以动态地持续监听进程的运行状态。top 命令的基本语法格式如下所示。

```
top [选项]
```

使用 top 命令除了可以显示每个进程的详细信息，还可以显示系统硬件资源的占用情况。top 命令的常用选项及其功能如表 4-2-2 所示。

表 4-2-2 top 命令的常用选项及其功能

选 项	功 能
-d	指定 top 命令每隔几秒执行更新操作，默认为 3 秒
-n	指定 top 命令结束前执行的最大次数
-u	仅监视指定用户的进程
-p	仅查看指定 PID 的进程

top 命令的基本用法如例 4.2.2 所示。

例 4.2.2：top 命令的基本用法

```
root@ubuntu:~# top -d 15 -o PID          //每 15 秒刷新一次
//以下是系统资源汇总信息
top - 20:56:45 up  6:23,  4 users,  load average: 0.34, 0.21, 0.21
Tasks: 184 total,   2 running, 182 sleeping,   0 stopped,   0 zombie
%Cpu(s):  3.0 us,  3.0 sy,  0.0 ni, 93.9 id,0.0 wa,0.0 hi,  0.0 si,  0.0 st
MiB Mem :   1785.4 total,    738.0 free,    326.0 used,    721.3 buff/cache
MiB Swap:   2076.0 total,   2074.2 free,      1.8 used.   1298.6 avail Mem
//以下是进程详细信息
PID USER      PR  NI    VIRT    RES    SHR S  %CPU  %MEM     TIME+ COMMAND
1024107 root    20   0  275212   4644   4016 R   0.0   0.3   0:00.00 top
1024106 root    20   0  217084    928    860 S   0.0   0.1   0:00.00 sleep
1024083 root    20   0  224720   3548   3200 S   0.0   0.2   0:00.00 bash
1023677 root    20   0  217084    940    872 S   0.0   0.1   0:00.00 sleep
1023613 root    20   0  275784   4876   3724 S   0.0   0.3   0:00.03 top
1023482 root    20   0  40484   4964   4432 S   0.0   0.3   0:00.00 sftp-server
1023463 root    20  0  40484   4880   4348 S   0.0   0.3   0:00.00 sftp-server
1023444 root    20  0   40484   5004   4472 S   0.0   0.3   0:00.00 sftp-server
1023425 root    20  0   40484   4880   4348 S   0.0   0.3   0:00.00 sftp-server
1023406 root    20   0   40484   4952   4420 S   0.0   0.3   0:00.00 sftp-server
1023387 root    20   0   47264   4944   4416 S   0.0   0.3   0:00.00 sftp-server
1023386 root    20   0  163852   6304   4984 S   0.0   0.3   0:00.00 sshd
1023350 root    20   0  239460   6076   4100 S   0.0   0.3   0:00.02 bash
1023349 root    20   0  163852  10532   9216 S   0.0   0.6   0:00.02 sshd
1023319 root    20   0  237352   5624   3756 S   0.0   0.3   0:00.02 bash
1023318 root    20   0  164204   6700   5088 S   0.0   0.4   0:00.12 sshd
```

3）前台及后台进程切换

在命令的尾部输入符号“&”，可以将命令放入后台执行，而不影响终端窗口的操作，如例 4.2.3 所示。

例 4.2.3：后台运行命令

```
root@ns1:~# history &                        //将 history 命令放入后台执行
[1] 75198                                    //显示任务号和 PID
     1 ls                                    //显示 history 命令的输出结果
     2 cd
     3 history &
  [1]+  Done                   history       //history 命令在后台执行完毕
```

jobs 命令用于显示任务列表及任务状态，包括后台运行的任务。bg 命令用于使后台处于暂停状态的进程重新进入执行状态。fg 命令用于将后台的进程恢复到前台继续执行。jobs、bg 及 fg 命令的基本用法如例 4.2.4 所示。

例 4.2.4：jobs、bg 及 fg 命令的基本用法

```
root@ns1:~# sleep 30 &               //sleep 命令进入后台执行
[1] 130409
root@ns1:~# sleep 40                 //按“Ctrl+Z”组合键，使命令进入后台并处于暂停状态
^Z
[2]+  Stopped                        sleep 40
root@ns1:~# jobs -l                  //查询放入后台的作业
[1]- 130409 Running              sleep 30 &
[2]+ 130525 Stopped                  sleep 40
root@ns1:~# bg 2                     //使 2 号作业进入执行状态
[2]+ sleep 40 &
root@ns1:~# jobs -l                  //可以看到，1 号和 2 号作业都在执行中
[1]- 130409 Running                sleep 30 &
[2]+ 130525 Running                sleep 40 &
root@ns1:~# fg 2                     //使 2 号作业进入前台执行
sleep 40
```

4）kill 命令

kill 命令会向操作系统内核发送一个信号（大多是终止信号）和目标进程的 PID，之后系统内核会根据收到的信号类型，对指定进程进行相应的操作。kill 命令的基本语法格式如下所示。

```
kill [选项] pid
```

kill 命令的常用选项及其功能如表 4-2-3 所示。

表 4-2-3 kill 命令的常用选项及其功能

选　项	功　能
-l	查看信号及编号
-a	当处理当前进程时，不限制命令名和 PID 的对应关系
-p	指定 kill 命令只打印相关进程的 PID，而不发送任何信号
-s	指定发送信号
-u	指定用户

使用 kill -l 命令可以列出所有可用信号，而最常用的 3 种信号如下所示。

（1）1（HUP）：重新加载进程。

（2）9（KILL）：杀死一个进程。

（3）15（TERM）：正常停止一个进程。

kill 命令的基本用法如例 4.2.5 所示。

例 4.2.5：kill 命令的基本用法

```
root@ns1:~# sleep 60 &
[1] 60776
root@ns1:~# kill -9 60776                //-9 表示彻底杀死进程
root@ns1:~# kill -9 60776
-bash: kill: (60776) - No such process
[1]+  Killed                 sleep 60
```

5）free 命令

free 命令用于查看系统的内存状态，包括可用和已用的物理内存、交换内存及内核缓冲区内存。free 命令的基本语法格式如下所示。

```
free [ 选项 ]
```

free 命令的常用选项及其功能如表 4-2-4 所示。

表 4-2-4　free 命令的常用选项及其功能

选　项	功　能
-b	以 B 为单位显示结果
-k	以 KB 为单位显示结果
-m	以 MB 为单位显示结果
-g	以 GB 为单位显示结果
-h	以方便阅读的单位显示结果

使用不带参数的 free 命令查看系统内存状态，如例 4.2.6 所示。

例 4.2.6：free 命令的基本用法——不带参数查看系统内存状态

```
root@ns1:~# free
              total        used        free      shared  buff/cache   available
Mem:        1828236      316916      788440        8644      722880     1346784
Swap:       2125820        1828     2123992
```

使用带参数的 free 命令查看系统内存状态，如例 4.2.7 所示。

例 4.2.7：free 命令的基本用法——带参数查看系统内存状态

```
root@ns1:~# free -m
              total        used        free      shared  buff/cache   available
Mem:           1785         309         769           8         706        1315
Swap:          2075           1        2074
root@ns1:~# free -h
              total        used        free      shared  buff/cache   available
Mem:          1.7Gi       310Mi       768Mi       8.0Mi       706Mi       1.3Gi
Swap:         2.0Gi       1.0Mi       2.0Gi
```

6）nice 命令

nice 命令用于修改进程的优先级。优先级的数值称为 niceness 值，共有 40 个等级，从 -20（最高优先级）到 19（最低优先级）。数值越小，优先级越高；数值越大，优先级越低。需

要注意的是，只有 root 用户才有权在 -20～19 范围内修改优先级，普通用户只能在 0～19 范围内修改优先级。nice 命令的基本语法格式如下所示。

```
nice [选项] 命令
```

nice 命令的常用选项及其功能如表 4-2-5 所示。

表 4-2-5　nice 命令的常用选项及其功能

选　项	功　能
-n	将原有优先级增加，默认值为 10
--version	显示版本信息并退出

nice 命令的基本用法如例 4.2.8 所示。

例 4.2.8：nice 命令的基本用法

```
root@ns1:~# nice -n -10 vi& //设置vi进程的niceness值为-10，提高优先级
[1] 2805709
root@ns1:~# ps -l
F S   UID     PID    PPID  C PRI  NI ADDR SZ WCHAN  TTY        TIME CMD
0 S     0 2289500 2289497  0  80   0 - 59338 -      pts/0    00:00:00 bash
4 T     0 2805709 2289500  0  70 -10 - 58852 -      pts/0    00:00:00 vi
4 R     0 2805825 2289500  0  80   0 - 63824 -      pts/0    00:00:00 ps
//NI 字段表示进程的 niceness 值，PRI 字段表示进程当前的总优先级，若 NI 值为 -10，则 PRI 由默认值
80 变为 70，其数值越小，优先级越高
```

7）renice 命令

renice 命令与 nice 命令的功能一样，都用于修改进程的优先级。它们之间的区别在于，nice 命令修改的是即将运行的进程的优先级，而 renice 命令修改的是正在运行的进程的优先级。renice 命令的基本语法格式如下所示。

```
renice 优先级数值 选项
```

renice 命令的常用选项及其功能如表 4-2-6 所示。

表 4-2-6　renice 命令的常用选项及其功能

选　项	功　能
-n	修改指定 nice 增量
-p	修改指定进程的优先级
-g	修改指定用户组中所有用户启用进程的默认优先级
-u	修改指定用户所启用进程的默认优先级

renice 命令的基本用法如例 4.2.9 所示。

例 4.2.9：renice 命令的基本用法

```
root@ns1:~# nice -n -10 vi&
[1] 2805709
root@ns1:~# ps -l
F S   UID     PID    PPID  C PRI  NI ADDR SZ WCHAN  TTY        TIME CMD
0 S     0 2289500 2289497  0  80   0    - 59338 -      pts/0    00:00:00 bash
4 T     0 2805709 2289500  0  70 -10    - 58852 -      pts/0    00:00:00 vi
4 R     0 2805825 2289500  0  80   0    - 63824 -      pts/0    00:00:00 ps
```

```
[1]+  Stopped                 nice -n -10 vi
root@ns1:~# renice -5 -p 2805709
2805709 (process ID) old priority -10, new priority -5
root@ns1:~# ps -l
F S   UID     PID    PPID  C PRI  NI ADDR SZ WCHAN  TTY          TIME CMD
0 S     0 2289500 2289497  0  80   0 - 59375 -      pts/0    00:00:00 bash
4 T     0 2805709 2289500  0  75  -5 - 58852 -      pts/0    00:00:00 vi
4 R     0 2807835 2289500  0  80   0 - 63824 -      pts/0    00:00:00 ps
```

5. 周期性任务调度

与 Windows 操作系统中的用户可以设置计划任务一样，Linux 操作系统中的用户也可以设置计划任务，让系统能够定期执行或在指定的时间执行一些进程，以达到自动执行任务的目的。可以使用 crontab 和 at 这两条命令来实现这些功能。

1）cron 服务和 crontab 命令

cron 是 Linux 操作系统中用于周期性地执行某个任务或等待处理某些事件的一个服务。在安装完 Linux 操作系统时，默认会安装并自动启动 cron 服务。cron 服务每分钟会定期检查 Linux 操作系统是否有要执行的任务，若有，则自动执行该任务。

cron 服务的后台守护进程是 crond，因此，在启动、停止 cron 服务和查询 cron 服务状态时要以 crond 为参数。

（1）crontab 文件。

Linux 操作系统下的任务调度分为两类：系统任务调度和用户任务调度（某个用户定期执行的任务调度）。其中，系统任务调度是指系统周期性执行的任务，如将缓存数据写入磁盘、日志清理等。在 /etc/ 目录下有一个 crontab 文件，它是系统任务调度的配置文件。

crontab 文件的含义：在用户创建的 crontab 文件中，每行都代表一个任务，每行的每个字段代表一项设置，它分为 6 个字段，前 5 个字段是时间设置字段，第 6 个字段是要执行的命令字段，格式如下所示。

```
* * * * * 命令
```

crontab 文件前 5 个“*”的含义如表 4-2-7 所示。

表 4-2-7　crontab 文件前 5 个“*”的含义

第 1 个“*”	第 2 个“*”	第 3 个“*”	第 4 个“*”	第 5 个“*”
分钟 （0～59）	小时 （0～23）	日期 （1～31）	月份 （1～12）	星期 （0～6）

crontab 文件内容如例 4.2.10 所示。

例 4.2.10：crontab 文件内容

```
root@ns1:~# cat /etc/crontab
# /etc/crontab: system-wide crontab
```

```
# Unlike any other crontab you don't have to run the `crontab'
# command to install the new version when you edit this file
# and files in /etc/cron.d. These files also have username fields,
# that none of the other crontabs do.

SHELL=/bin/sh
# You can also override PATH, but by default, newer versions inherit it from the
environment
#PATH=/usr/local/sbin:/usr/local/bin:/sbin:/bin:/usr/sbin:/usr/bin

# Example of job definition:
# .---------------- minute (0 - 59)
# |  .------------- hour (0 - 23)
# |  |  .---------- day of month (1 - 31)
# |  |  |  .------- month (1 - 12) OR jan,feb,mar,apr ...
# |  |  |  |  .---- day of week (0 - 6) (Sunday=0 or 7) OR
sun,mon,tue,wed,thu,fri,sat
# |  |  |  |  |
# *  *  *  *  * user-name command to be executed
17 *    * * *   root    cd / && run-parts --report /etc/cron.hourly
25 6    * * *   root    test -x /usr/sbin/anacron || ( cd / && run-parts --report
/etc/cron.daily )
47 6    * * 7   root    test -x /usr/sbin/anacron || ( cd / && run-parts --report
/etc/cron.weekly )
52 6    1 * *   root    test -x /usr/sbin/anacron || ( cd / && run-parts --report
/etc/cron.monthly )
#
```

关于 crontab 文件，需要注意以下几点。

- 所有字段不能为空，字段之间用空格隔开。
- 若不指定字段内容，则需要输入“*”通配符，表示全部。例如，在日期字段的位置处输入“*”，表示每天都执行。
- 可以使用“-”表示一段时间，例如，在日期字段的位置处输入“6-9”，表示每个月的 6—9 日都要执行指定的命令。
- 当不是连续的时间或者时间可以用“,”隔开时，例如，在日期字段的位置处输入“6,9”，表示每个月 6 日和 9 日执行。
- 可以使用“*/”表示每隔多长时间执行一次命令，例如，在分钟字段的位置处输入“*/5”，表示每隔 5 分钟执行一次命令。
- 在日期和星期字段中，只需要有一个匹配即可执行指定命令，但是其他字段必须完全匹配才可以执行相关命令。

（2）crontab 命令。

cron 服务是通过 crontab 命令完成设置的。crontab 命令的功能是管理用户的 crontab 文件。每个用户在定制例行性任务时都需要先以用户身份登录，然后执行 crontab 命令。crontab 命令的基本语法格式如下所示。

```
crontab 选项
```

crontab 命令的常用选项及其功能如表 4-2-8 所示。

表 4-2-8　crontab 命令的常用选项及其功能

选　项	功　能
-e	执行文件编辑器来设置日程表
-l	列出目前的日程表
-r	删除目前的日程表
-u	设置指定用户的日程表

crontab 命令的基本用法如例 4.2.11 所示。

例 4.2.11：crontab 命令的基本用法

```
root@ns1:~# crontab -e        //以超级用户 root 的身份，每隔 15 分钟向控制台输出当前时间
no crontab for root - using an empty one

Select an editor.  To change later, run 'select-editor'.    //选择默认的编辑器
  1. /bin/nano        <---- easiest
  2. /usr/bin/vim.basic
  3. /usr/bin/vim.tiny
  4. /bin/ed

Choose 1-4 [1]: 2                                             //这里选 2

*/15 * * * * /bin/echo ‘date’>/dev/console
//输入命令后，系统自动启动 vim 编辑器，用户添加以上配置内容后，保存并退出
```

2）atd 服务和 at 命令

atd 服务是 Linux 操作系统中用于临时性地执行任务或处理等待事件的一个服务。atd 是 at 的后台守护进程，因此，在启动、停止 atd 服务和查询 atd 服务状态时要以 atd 为参数。

at 命令用于在指定的时间执行某程序或命令，且只执行一次，用于完成一次性定时计划。at 命令的基本语法格式如下所示。

```
at [-f 文件名] 选项 <时间>
```

at 命令的常用选项及其功能如表 4-2-9 所示。

表 4-2-9　at 命令的常用选项及其功能

选　项	功　能
-d	删除指定的调度作业
-f	将命令从指定的文件中读取，而不是从标准输入中读取
-l	命令的一个别名。该命令用于查看安排的作业序列，它将列出用户排在队列中的作业，如果是管理员用户，将列出队列中的所有作业
-m	作业结束后，给执行 at 命令的用户发送邮件

at 命令的基本用法如例 4.2.12 所示。

例 4.2.12：at 命令的基本用法

```
root@ns1:~# at 12:00 10/25/2023                    //指定执行命令的时间
```

```
    //时间格式为 HH：MM，其中“HH”为小时，“MM”为分钟，若执行命令的时间大于一天，则需要加上日期，
格式为 MM/DD/YY，其中“MM”为月，“DD”为日，“YY”为年
    warning: commands will be executed using /bin/sh
    at Tue Oct 25 12:00:00 2023
    at> touch /root/test.txt                           //输入需要执行的任务
    at> <EOT>                                          //按“Ctrl+D”组合键，退出交换模式
    job 1 at Tue Oct 25 12:00:00 2023
    root@ns1:~# at -l                                  //查看 at 命令的任务列表
    1       Tue Oct 25 12:00:00 2023 a root
    root@ns1:~# atrm 1                                 //删除编号为 1 的任务
    root@ns1:~# at -l
    root@ns1:~#
```

任务实施

（1）查看 tomcat 进程，并结束整个进程，实施命令如下所示。

```
root@ns1:~# ps -ef|grep tomcat
root     3168686 2289500  0 04:51 pts/0    00:00:00 grep --color=auto tomcat
root@ns1:~# kill -9 2289500
```

（2）查询 user1 用户的进程，实施命令如下所示。

```
root@ns1:~# ps -u user1
    PID TTY          TIME CMD
3199264 pts/0    00:00:00 bash
```

（3）使用 vim 编辑器编辑 1.txt 文件，按“Ctrl+Z”组合键将 vim 进程挂起，切换至后台，查看后台作业，再将后台作业切换回前台，实施命令如下所示。

```
root@ns1:~# vim 1.txt

[1]+  Stopped                 vim 1.txt
root@ns1:~# bg 1
[1]+ vim 1.txt &
root@ns1:~# jobs
[1]+ 3178074 Stopped       vim 1.txt
root@ns1:~#  fg 1
vim 1.txt

[1]+  Stopped                 vim 1.txt
```

（4）设置在 2023 年 12 月 31 日 23 点 59 分，向所有登录用户发送信息“Happy New Year!”，实施命令如下所示。

```
root@ns1:~# at 23:59 12/31/2023
warning: commands will be executed using /bin/sh
at> who
at> wall Happy New Year!
at> <EOT>
job 2 at Sat Dec 31 23:59:00 2023
root@ns1:~# atq
2       Sat Dec 31 23:59:00 2023 a root
```

（5）设置 user1 用户在每周星期一、星期三早上 4 点将 /home/user1 目录下的所有文件压缩至 /bak 目录下，并取名为 user1.tar.gz，实施命令如下所示。

```
root@ns1:~# su user1
$crontab -e
0 4 * * 1,3 tar -czf /bak/user1.tar.gz /home/user1
```

任务小结

（1）Linux 操作系统提供了许多命令，让用户高效地管理和跟踪进程。

（2）使用 crontab 和 at 命令可以实现定期执行或者在指定的时间执行一些进程。

实训题

1. 管理进程

（1）显示所有用户的所有进程的详细信息。

（2）使用 more anaconda-ks.cfg 命令，并切换至后台。

（3）查看 more 进程。

（4）查看 more 进程的优先级。

（5）设置 more 进程的优先级为 5。

（6）使用 kill 命令杀死 more 进程。

（7）使用 ps 命令动态显示当前进程。

2. 任务调度

（1）由于 Linux 服务器每月都需要定期进行维护，因此应当设置一个 cron 任务：每月 1 日的 00:00 重启 Linux 服务器，并给出提示消息“FOR MAINTANCE!”。

（2）定制一次性任务：每天 23:45 关闭 Linux 服务器。

项目五

配置常规网络与使用远程服务

项目描述

Z 公司是一家电子商务运营公司，小李作为其网络管理员，始终觉得学习 Linux 服务器的网络配置是至关重要的。

为了工作方便，网络管理员应及时对服务器进行维护，以保证其正常工作，因此小李必须掌握远程管理服务器的方法。远程登录出现的时间较早，而且此类服务一直在网络管理中发挥着非常重要的作用。网络管理员通过远程登录的方式，能够随时随地进行远程管理操作。随着远程登录服务功能的完善，登录服务成为互联网最广泛的应用之一。

本项目主要介绍网络配置的相关知识和技能，包括主机名、IP 地址、子网掩码、默认网关、DNS 地址及常用网络配置命令等。本项目还深入讲解了远程登录的原理及 SSH 服务器的配置和操作方法。项目拓扑结构如图 5-0-1 所示。

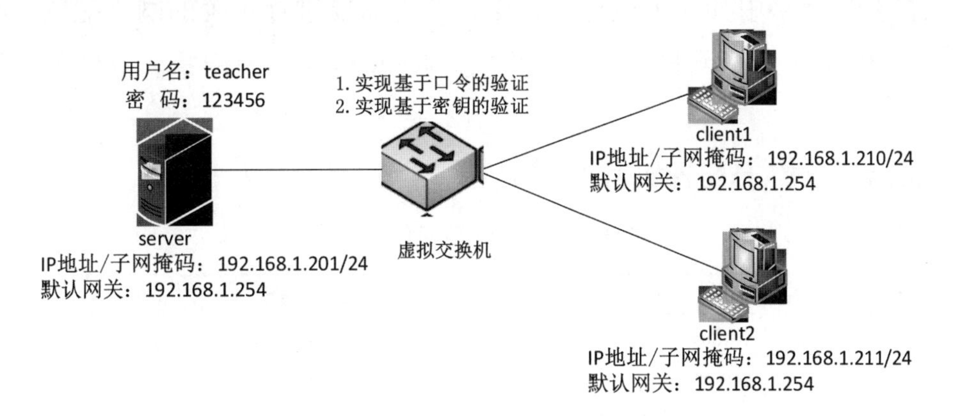

图 5-0-1　项目拓扑结构

知识目标

1．掌握网络的相关配置文件和配置参数。

2．了解 SSH 服务器的功能和原理。

3．了解 SSH 服务器的相关配置文件。

能力目标

1．熟练掌握 Linux 服务器网络相关参数的配置方法。

2．掌握 SSH 服务器配置和远程登录的方法。

素质目标

1．引导读者了解“实践出真知”的道理，了解解决方法的多样性。

2．引导读者正确地配置网络，合理、安全地管理网络。

3．引导读者正确地使用软件，合理、安全地配置和使用远程登录功能。

任务 5.1　配置常规网络

任务描述

Z 公司部署了若干台 Linux 服务器，网络管理员小李按照公司的业务要求，对公司的 Linux 服务器进行网络配置与管理，以实现与其他主机的通信。

任务要求

Linux 主机要与网络中其他主机进行通信，首先需要进行正确的网络配置。网络配置通常涉及主机名、IP 地址、子网掩码、默认网关、DNS 地址等的配置。本任务的具体要求如下所示。

（1）两台计算机的信息配置如表 5-1-1 所示。

表 5-1-1　两台计算机的信息配置

项　目	说　明	
操作系统版本	Ubuntu	Ubuntu
主机名	server	client1
IP 地址 / 子网掩码	192.168.1.201/24	192.168.1.210/24
默认网关	192.168.1.254	
DNS 地址	192.168.1.201、202.96.128.86	

（2）使用 ping 命令测试 server 与 client1 之间的连通性。

（3）使用 netstat 命令查询处于监听状态的 TCP 连接。

知识链接

1. 配置临时 IP 地址

在某些情况下，网络管理员可能只想临时为某个网络接口配置一个 IP 地址，使得 Linux 操作系统能够通过该接口访问网络。Linux 操作系统支持临时 IP 地址的配置，但在系统重新启动后，该配置信息将失效。这个任务可以通过 ifconfig 命令来完成。

配置临时 IP 地址如例 5.1.1 所示。

例 5.1.1：配置临时 IP 地址

```
root@ubuntu:~# apt install net-tools            // 安装 net-tools 软件包
root@ubuntu:~# ifconfig                         // 查看当前系统中的网络接口及其状态
ens33: flags=4163<UP,BROADCAST,RUNNING,MULTICAST>  mtu 1500
        inet 192.168.109.132  netmask 255.255.255.0  broadcast 192.168.109.255
        inet6 fe80::20c:29ff:fe33:8664  prefixlen 64  scopeid 0x20<link>
        ether 00:0c:29:33:86:64  txqueuelen 1000  (Ethernet)
        RX packets 310123  bytes 203228269 (203.2 MB)
        RX errors 0  dropped 0  overruns 0  frame 0
        TX packets 370839  bytes 61219751 (61.2 MB)
        TX errors 0  dropped 0 overruns 0  carrier 0  collisions 0

lo: flags=73<UP,LOOPBACK,RUNNING>  mtu 65536
        inet 127.0.0.1  netmask 255.0.0.0
        inet6 ::1  prefixlen 128  scopeid 0x10<host>
        loop  txqueuelen 1000  (Local Loopback)
        RX packets 144  bytes 17352 (17.3 KB)
        RX errors 0  dropped 0  overruns 0  frame 0
        TX packets 144  bytes 17352 (17.3 KB)
        TX errors 0  dropped 0 overruns 0  carrier 0  collisions 0
root@ubuntu:~# ifconfig ens33 192.168.109.253 netmask 255.255.255.0
root@ubuntu:~# ifconfig ens33
ens33: flags=4163<UP,BROADCAST,RUNNING,MULTICAST>  mtu 1500
        inet 192.168.109.253  netmask 255.255.255.0  broadcast 192.168.109.255
        inet6 fe80::20c:29ff:fe33:8664  prefixlen 64  scopeid 0x20<link>
        ether 00:0c:29:33:86:64  txqueuelen 1000  (Ethernet)
        RX packets 2213  bytes 207109 (207.1 KB)
        RX errors 0  dropped 0  overruns 0  frame 0
        TX packets 2357  bytes 432352 (432.3 KB)
        TX errors 0  dropped 0 overruns 0  carrier 0  collisions 0
// 执行完以上命令后，网络接口 ens33 的 IP 地址变成了 192.168.109.253，可以通过 ifconfig ens33
命令查看结果
```

2. 配置静态 IP 地址

在 Linux 操作系统中，一切操作对象都是文件。因此，配置网络就是编辑相应的网络接口配置文件。在 Ubuntu 操作系统中，“eth”是网络接口的默认编号。网络接口文件位于 /etc/netplan 目录下。使用网络接口配置文件配置网络如例 5.1.2 所示。

例 5.1.2：使用网络接口配置文件配置网络

```
root@ubuntu:~# ls /etc/netplan/
00-installer-config.yaml
root@ubuntu:~# cat /etc/netplan/00-installer-config.yaml
network:
  ethernets:                          // 网络接口数组
    ens33:                            // 网络接口名
      dhcp4: true                     // 表示是通过 DHCP 获取 IP 地址，还是配置静态 IP 地址
  version: 2                          // 版本
root@ubuntu:~# vim /etc/netplan/00-installer-config.yaml
network:
  ethernets:
    ens33:
      dhcp4: false
      addresses: [192.168.109.252/24]
      optional: true
      gateway4: 192.168.109.254
  version: 2
```

在编辑好网卡配置文件后，需要使用 netplan apply 命令手动重新加载网络配置，之后通过 ifconfig ens33 命令查看 IP 地址等信息是否生效，如例 5.1.3 所示。

例 5.1.3：重新加载网络配置，查看 IP 地址等信息是否生效

```
root@ubuntu:~# netplan apply                          // 手动重新加载网络配置
root@ubuntu:~# ifconfig ens33                         // 查看 IP 地址等信息是否生效
ens33: flags=4163<UP,BROADCAST,RUNNING,MULTICAST>  mtu 1500
        inet 192.168.109.252  netmask 255.255.255.0  broadcast 192.168.109.255
        inet6 fe80::20c:29ff:fe33:8664  prefixlen 64  scopeid 0x20<link>
        ether 00:0c:29:33:86:64  txqueuelen 1000  (Ethernet)
        RX packets 37929  bytes 3639958 (3.6 MB)
        RX errors 0  dropped 0  overruns 0  frame 0
        TX packets 71036  bytes 13605399 (13.6 MB)
        TX errors 0  dropped 0 overruns 0  carrier 0  collisions 0
```

3. 配置 DNS 地址

/etc/resolv.conf 文件用于在 DNS 客户端指定所使用的 DNS 服务器的相关信息。修改 /etc/resolv.conf 文件的相关配置项，完成 DNS 客户端的配置，如例 5.1.4 所示。

例 5.1.4：DNS 客户端的配置

```
root@ubuntu:~# vim  /etc/resolv.conf
domain  phei.com.cn
search  phei.com.cn
nameserver 202.102.192.68
nameserver 202.102.192.69
```

该配置文件主要包括 domain、search 和 nameserver 三个配置项，具体说明如下所示。

- domain：设置主机所在的网络域名，可以不设置。
- search：设置 DNS 服务器的域名搜索列表，最多可以设置 6 个，也可以不设置。
- nameserver：设置 DNS 服务器的 IP 地址，最多可以设置 3 个，每个服务器记录一行。

4. 常用网络配置命令

1）ifconfig 命令

关于 ifconfig 命令，前面已经提到过，使用该命令可以查看和配置网络接口。ifconfig 命令是一个比较陈旧的命令，在许多 Linux 发行版本中，已经不太推荐使用该命令了。在默认情况下，可以通过安装 net-tools 软件包获得该命令。使用 ifconfig 命令配置网络接口的基本语法格式如下所示。

```
ifconfig [ 接口名称 ] [IP 地址 ] [netmask] [netmask]
```

ifconfig 命令的常用选项及其功能如表 5-1-2 所示。

表 5-1-2　ifconfig 命令的常用选项及其功能

选　项	功　能
-a	列出当前系统的所有可用网络接口，包括禁用状态的
up	启用指定的网络接口
down	禁用指定的网络接口
netmask	指定当前 IP 网络的子网掩码
add	为指定网络接口增加一个地址
del	从指定网络接口删除一个地址

要想禁用某个网络接口，可以使用 down 选项，如例 5.1.5 所示。

例 5.1.5：禁用名称为 ens33 的网络接口

```
root@ubuntu:~# ifconfig ens33 down                //禁用 ens33 网络接口
root@ubuntu:~# ifconfig ens33                     //查看禁用后的 ens33 网络接口
ens33: flags=4098<BROADCAST,MULTICAST>  mtu 1500
        ether 00:0c:29:33:86:64  txqueuelen 1000  (Ethernet)
        RX packets 100041  bytes 9701727 (9.7 MB)
        RX errors 0  dropped 0  overruns 0  frame 0
        TX packets 185710  bytes 34417630 (34.4 MB)
        TX errors 0  dropped 0 overruns 0  carrier 0  collisions 0
//网络接口被禁用后，状态信息中不再包含 RUNNING 属性
```

可以使用 up 选项启用被禁用的网络接口，如例 5.1.6 所示。

例 5.1.6：启用名称为 ens33 的网络接口

```
root@ubuntu:~# ifconfig ens33 up                  //启用 ens33 网络接口
root@ubuntu:~# ifconfig ens33                     //查看启用后的 ens33 网络接口
ens33: flags=4163<UP,BROADCAST,RUNNING,MULTICAST>  mtu 1500
        inet 192.168.109.252  netmask 255.255.255.0  broadcast 192.168.109.255
        inet6 fe80::20c:29ff:fe33:8664  prefixlen 64  scopeid 0x20<link>
        ether 00:0c:29:33:86:64  txqueuelen 1000  (Ethernet)
        RX packets 100041  bytes 9701727 (9.7 MB)
        RX errors 0  dropped 0  overruns 0  frame 0
        TX packets 185710  bytes 34417630 (34.4 MB)
        TX errors 0  dropped 0 overruns 0  carrier 0  collisions 0
```

2）ip 命令

ip 命令是 Linux 操作系统中比较新的、功能强大的网络管理工具，这一点与 ifconfig

命令不同。ip 命令是 iproute2 软件包中的核心命令。使用 ip 命令可以显示或控制 Linux 主机的路由表、网络设备、路由策略、多播地址和隧道等。ip 命令的基本语法格式如下所示。

```
ip [选项] 对象 [命令]
```

ip 命令的常用选项及其功能如表 5-1-3 所示。

表 5-1-3 ip 命令的常用选项及其功能

选项	功能
-h	输出可读的信息
-f	指定协议族，该选项的取值包括 inet、inet6、bridge、ipx 及 dnet。如果没有指定协议族，则根据其他的参数判断。如果无法判断，则默认为 inet
-4	指定协议族为 inet，即 IPv4
-6	指定协议族为 inet6，即 IPv6
-s	显示详细信息

ip 命令的常用对象及其功能如表 5-1-4 所示。

表 5-1-4 ip 命令的常用对象及其功能

对象	功能
address	IPv4 或 IPv6 地址
l2tp	L2TP 隧道协议
link	网络设备
maddress	多播地址
route	路由表
rule	路由策略
tunnel	隧道

网络设备包括交换机、路由器及网络接口等。ip 命令最常管理的网络设备就是网络接口。显示网络接口的运行状态如例 5.1.7 所示。

例 5.1.7：显示网络接口的运行状态

```
root@ubuntu:~# ip link list
1: lo: <LOOPBACK,UP,LOWER_UP> mtu 65536 qdisc noqueue state UNKNOWN mode DEFAULT group default qlen 1000
    link/loopback 00:00:00:00:00:00 brd 00:00:00:00:00:00
2: ens33: <BROADCAST,MULTICAST,UP,LOWER_UP> mtu 1500 qdisc fq_codel state UP mode DEFAULT group default qlen 1000
    link/ether 00:0c:29:33:86:64 brd ff:ff:ff:ff:ff:ff
    altname enp2s1
```

使用 ip 命令也可以禁用或启用网络接口，如例 5.1.8 所示。

例 5.1.8：禁用或启用网络接口

```
root@ubuntu:~# ip link set ens33 down
root@ubuntu:~# ifconfig ens33                    //查看禁用后的 ens33 网络接口
ens33: flags=4098<BROADCAST,MULTICAST>  mtu 1500
        ether 00:0c:29:33:86:64  txqueuelen 1000  (Ethernet)
```

```
        RX packets 100041  bytes 9701727 (9.7 MB)
        RX errors 0  dropped 0  overruns 0  frame 0
        TX packets 185710  bytes 34417630 (34.4 MB)
        TX errors 0  dropped 0 overruns 0  carrier 0  collisions 0
root@ubuntu:~# ip link set ens33 up
root@ubuntu:~# ifconfig ens33                         //查看启用后的ens33网络接口
ens33: flags=4163<UP,BROADCAST,RUNNING,MULTICAST>  mtu 1500
        inet 192.168.109.252  netmask 255.255.255.0  broadcast 192.168.109.255
        inet6 fe80::20c:29ff:fe33:8664  prefixlen 64  scopeid 0x20<link>
        ether 00:0c:29:33:86:64  txqueuelen 1000  (Ethernet)
        RX packets 100041  bytes 9701727 (9.7 MB)
        RX errors 0  dropped 0  overruns 0  frame 0
        TX packets 185710  bytes 34417630 (34.4 MB)
        TX errors 0  dropped 0 overruns 0  carrier 0  collisions 0
```

使用ip命令可以管理网络接口的IP地址，包括添加、删除、显示及清除等，其中需要使用address对象。在通常情况下，address可以缩写为a、add或addr。ip命令的基本用法如例5.1.9所示。

例5.1.9：ip命令的基本用法

```
root@ubuntu:~# ip address add 192.168.109.251/24 dev ens33  //添加IP地址
root@ubuntu:~# ip addr show ens33                            //显示IP地址
2: ens33: <BROADCAST,MULTICAST,UP,LOWER_UP> mtu 1500 qdisc fq_codel state UP
group default qlen 1000
    link/ether 00:0c:29:33:86:64 brd ff:ff:ff:ff:ff:ff
    altname enp2s1
    inet 192.168.109.252/24 brd 192.168.109.255 scope global ens33
       valid_lft forever preferred_lft forever
    inet 192.168.109.251/24 scope global secondary ens33
       valid_lft forever preferred_lft forever
    inet6 fe80::20c:29ff:fe33:8664/64 scope link
       valid_lft forever preferred_lft forever
root@ubuntu:~# ip address del 192.168.109.251/24 dev ens33  //删除地址
root@ubuntu:~# ip addr list ens33                            //显示地址
2: ens33: <BROADCAST,MULTICAST,UP,LOWER_UP> mtu 1500 qdisc fq_codel state UP
group default qlen 1000
    link/ether 00:0c:29:33:86:64 brd ff:ff:ff:ff:ff:ff
    altname enp2s1
    inet 192.168.109.252/24 brd 192.168.109.255 scope global ens33
       valid_lft forever preferred_lft forever
    inet6 fe80::20c:29ff:fe33:8664/64 scope link
       valid_lft forever preferred_lft forever
//可以使用list命令代替show命令，list可以缩写为ls
root@ubuntu:~# ip -4 addr flush ens33                        //删除网络接口地址
root@ubuntu:~# ip addr list ens33                            //显示地址
2: ens33: <BROADCAST,MULTICAST,UP,LOWER_UP> mtu 1500 qdisc fq_codel state UP
group default qlen 1000
    link/ether 00:0c:29:33:86:64 brd ff:ff:ff:ff:ff:ff
    altname enp2s1
    inet6 fe80::20c:29ff:fe33:8664/64 scope link
       valid_lft forever preferred_lft forever
```

3）netstat命令

netstat命令用于查看各种网络信息，包括网络连接、路由表及网络接口的各种统计数据等。netstat 命令的基本语法格式如下。

```
netstat [选项]
```

netstat 命令的常用选项及其功能如表 5-1-5 所示。

表 5-1-5　netstat 命令的常用选项及其功能

选　项	功　能
-a	显示所有处于活动状态的连接和监听接口
-c	持续列出网络状态信息，刷新频率为 1 秒
-e	显示以太网统计信息，此选项可以与 -s 选项组合使用
-i	显示所有的网络接口
-l	显示处于监听状态的接口
-n	直接显示 IP 地址，而不通过域名服务器
-r	显示路由表信息
-s	显示每个协议的统计信息
-t	显示 TCP/IP 的连接信息
-u	显示 UDP 的连接信息

netstat 命令的基本用法如例 5.1.10 所示。

例 5.1.10：netstat 命令的基本用法

```
root@ubuntu:~# netstat -at                    //显示所有 TCP/IP 连接，排除其他连接
Active Internet connections (servers and established)
Proto Recv-Q Send-Q Local Address              Foreign Address          State
tcp        0      0  0.0.0.0:ssh                0.0.0.0:*               LISTEN
tcp        0      0  localhost:domain           0.0.0.0:*               LISTEN
tcp        0    148  ubuntu.phei.com.cn:ssh     192.168.109.1:52474     ESTABLISHED
tcp6       0      0  [::]:ssh                   [::]:*                  LISTEN
//state 取值包括 LISTEN、ESTABLISHED、TIME_WAIT 及 CLOSE 等，分别表示正在监听进入的连接请求、连接已建立、等待处理完数据以及连接已关闭
root@ubuntu:~# netstat -tl                    //只显示处于监听状态的 TCP 连接
Active Internet connections (only servers)
Proto Recv-Q Send-Q Local Address           Foreign Address           State
tcp        0      0  0.0.0.0:ssh              0.0.0.0:*                LISTEN
tcp        0      0  localhost:domain         0.0.0.0:*                LISTEN
tcp6       0      0  [::]:ssh                 [::]:*                   LISTEN
root@ubuntu:~# netstat -tlan                  //显示数字形式的地址，不转换为名称
Active Internet connections (servers and established)
Proto Recv-Q Send-Q Local Address           Foreign Address           State
tcp        0      0  0.0.0.0:22               0.0.0.0:*                LISTEN
tcp        0      0  127.0.0.53:53            0.0.0.0:*                LISTEN
tcp       0    372  192.168.109.252:22      192.168.109.1:52474       ESTABLISHED
tcp6       0      0  :::22                    :::*                     LISTEN
```

4）ping 命令

要测试网络连通性，可以使用 ping 命令。ping 命令的基本语法格式如下所示。

```
ping [选项] 目标主机名或 IP 地址
```

ping 命令的常用选项及其功能如表 5-1-6 所示。

表 5-1-6　ping 命令的常用选项及其功能

选　　项	功　　能
-c	表示数目，发送指定数量的 ICMP 数据包
-q	表示只显示结果，不显示传送封包信息
-R	表示记录路由过程

ping 命令通常用于进行网络可用性的检查。ping 命令可以对一个网络地址发送测试数据包，看该网络地址是否有响应并统计响应时间，以此测试网络。ping 命令的基本用法如例 5.1.11 所示。

例 5.1.11：ping 命令的基本用法

```
root@ubuntu:~# ping www.phei.com.cn
PING www.phei.com.cn (218.249.32.140) 56(84) bytes of data.
64 bytes from 218.249.32.140 (218.249.32.140): icmp_seq=1 ttl=128 time=50.7 ms
64 bytes from 218.249.32.140 (218.249.32.140): icmp_seq=2 ttl=128 time=46.3 ms
64 bytes from 218.249.32.140 (218.249.32.140): icmp_seq=3 ttl=128 time=46.3 ms
^C64 bytes from 218.249.32.140: icmp_seq=4 ttl=128 time=45.7 ms

--- www.phei.com.cn ping statistics ---
4 packets transmitted, 4 received, 0% packet loss, time 3049ms
rtt min/avg/max/mdev = 45.684/47.242/50.691/2.006 ms
// 需要按“Ctrl+C”组合键退出 ping 命令
```

任务实施

（1）配置服务器的主机名为 server.phei.com.cn，实施命令如下所示。

```
root@ubuntu:~# hostnamectl set-hostname server.phei.com.cn  // 设置新的主机名
root@ubuntu:~# bash                                          // 立即生效
root@server:~# cat /etc/hostname
server.phei.com.cn
```

（2）配置服务器的 IP 地址为 192.168.1.201，子网掩码为 255.255.255.0，默认网关为 192.168.1.254，实施命令如下所示。

```
root@server:~# vim /etc/netplan/00-installer-config.yaml
network:
  ethernets:
    ens33:
      dhcp4: false
      addresses: [192.168.1.201/24]
      gateway4: 192.168.1.254
  version: 2
root@ubuntu:~# netplan apply
```

（3）查看网卡配置信息，实施命令如下所示。

```
root@server:~# ip addr show ens33                    // 查看 IP 地址
2: ens33: <BROADCAST,MULTICAST,UP,LOWER_UP> mtu 1500 qdisc fq_codel state UP
group default qlen 1000
    link/ether 00:0c:29:3f:f6:df brd ff:ff:ff:ff:ff:ff
    inet 192.168.1.201/24 brd 192.168.1.255 scope global noprefixroute ens33
        valid_lft forever preferred_lft forever
```

```
    inet6 fe80::20c:29ff:fe3f:f6df/64 scope link noprefixroute
        valid_lft forever preferred_lft forever
```

（4）配置服务器的 DNS 地址为 192.168.1.201 和 202.96.128.86，实施命令如下所示。

```
root@server:~# vim  /etc/resolv.conf
nameserver 192.168.1.201
nameserver 202.96.128.86
```

（5）配置客户端的主机名、IP 地址和 DNS 地址等信息，参考服务器的配置来完成，此处省略。

（6）使用 ping 命令测试 server 与 client1 之间的连通性，实施命令如下所示。

```
root@server:~# ping 192.168.1.210 //在没有任何选项时，会一直测试，按“Ctrl+C”组合键停止
PING 192.168.1.210 (192.168.1.210) 56(84) bytes of data.
64 bytes from 192.168.1.210: icmp_seq=1 ttl=64 time=0.024 ms
64 bytes from 192.168.1.210: icmp_seq=2 ttl=64 time=0.033 ms
64 bytes from 192.168.1.210: icmp_seq=3 ttl=64 time=0.078 ms
64 bytes from 192.168.1.210: icmp_seq=4 ttl=64 time=0.043 ms
^C
--- 192.168.1.210 ping statistics ---
4 packets transmitted, 4 received, 0% packet loss, time 2999ms
rtt min/avg/max/mdev = 0.024/0.044/0.078/0.021 ms
```

（7）使用 netstat 命令查询处于监听状态的 TCP 连接，实施命令如下所示。

```
root@server:~# netstat -tnl|grep LISTEN
tcp    0    0 127.0.0.53:53          0.0.0.0:*             LISTEN
tcp    0    0 127.0.0.1:631          0.0.0.0:*             LISTEN
tcp    0    0 127.0.0.54:53          0.0.0.0:*             LISTEN
tcp6    0    0 ::1:631               :::*                  LISTEN
```

任务小结

（1）在配置临时 IP 地址时，重新启动系统后，该配置信息会失效。

（2）ip 命令的功能非常强大，需要重点掌握。

任务 5.2　配置 SSH 服务器

任务描述

Z 公司的信息中心有多台服务器，网络管理员小李准备开启服务器的远程登录功能，实现远程安全管理信息中心的服务器。

任务要求

Linux 操作系统可以通过开启 SSH 服务来实现安全远程登录。根据网络管理员小李的环境描述正确配置 Linux 服务器的 SSH 服务，在网络可达的情况下即可通过 SSH 服务来实现

安全远程登录。本任务的具体要求如下所示。

（1）3 台计算机的信息配置如表 5-2-1 所示。

表 5-2-1　3 台计算机的信息配置

项　目	说　明		
操作系统版本	Ubuntu	Ubuntu	Windows 10
主机名	server	client1	client2
IP 地址 / 子网掩码	192.168.1.201/24	192.168.1.210/24	192.168.1.211/24
默认网关	192.168.1.254		
DNS 地址	192.168.1.201、202.96.128.86		

（2）将 3 台虚拟机的网络连接类型统一配置为仅主机模式。

（3）分别采用基于口令的验证和基于密钥的验证两种不同的验证方式来实现 SSH 远程登录。

知识链接

1. SSH 的功能

SSH（Secure Shell）是一种能够以安全的方式提供远程登录功能的协议，也是目前远程管理 Linux 操作系统的首选方式。SSH 是一种标准网络协议，适用于绝大部分的 UNIX 及 Linux 操作系统。通过 SSH 协议，用户可以以命令行界面的形式远程登录 Linux 操作系统并进行管理。由于 SSH 协议采用加密方式进行数据传输，因此具有更高的安全性。

这对于系统管理员来说，是非常有用的。因为在通常情况下，Linux 操作系统管理员会同时管理多台 Linux 主机，如果每台主机都需要到本地去操作，则会非常麻烦。通过 SSH 协议，用户就可以在一台主机上，远程管理所有的 Linux 主机。

2. SSH 验证方式

SSH 协议涉及两部分，分别为服务器端和客户端。SSH 服务器端以服务的形式运行在 Linux 主机上，监听 22 端口，等待客户端的连接。SSH 客户端有很多种，常见的有 Putty、SecureCRT 及 FinalShell 等，这些都是采用图形用户界面的 SSH 客户端。Shell 本身也提供了一个采用命令行界面的 SSH 客户端，即 ssh 命令，其基本语法格式如下所示。

```
ssh [参数] 主机IP地址
```

SSH 协议提供了以下两种安全验证的方式。

（1）基于口令的验证：使用账号和密码来验证登录。在这种验证方式下，无须进行任何配置，用户就可以使用 SSH 服务器的账号和密码进行登录。

（2）基于密钥的验证：需要先在本地生成密钥对，然后把密钥对中的公钥上传到服务器中，并与服务器中的公钥进行比较，该方式相对来说更安全。

密钥就是密文的钥匙，有私钥和公钥之分。在传输数据时，若担心数据被其他人监听或截获，则可以在传输前先使用公钥对数据进行加密处理，再进行传输。此时只有掌握私钥的用户才能解密这些数据，除此之外的其他人即使截获了这些数据，也很难将其破译为明文信息。所以在生产环境中使用基于口令的验证方式始终存在被暴力破解或嗅探截获的风险。如果正确配置了基于密钥的验证方式，那么 SSH 服务将更加安全。

3. SSH 配置文件

前文说过，在 Linux 操作系统中，一切操作对象都是文件，因此在 Linux 操作系统中修改服务程序的运行参数，实际上就是修改程序配置文件。SSH 服务的配置文件为/etc/ssh/ssh_config 和 /etc/ssh/sshd_config。其中，/etc/ssh/ssh_config 为客户端配置文件，/etc/ssh/sshd_config 为服务器端配置文件。运维人员一般会将存放主要配置信息的文件称为主配置文件。在配置文件中，有许多以符号“#”开头的注释行，要想让修改的参数生效，就需要在修改参数后去掉前面的符号“#”。SSH 服务器端配置文件包含的重要参数及其作用如表 5-2-2 所示。

表 5-2-2　SSH 服务器端配置文件包含的重要参数及其作用

参　数	默 认 值	作　用
Port	22	默认的 SSH 服务端口
ListenAddress	0.0.0.0	指定 SSH 服务监听的 IP 地址
AuthorizedKeyFile	.ssh/authorized_keys .ssh/authorized_keys2	指定包含用户公钥的文件，位于用户主目录中
ClientAliveInterval	0	指定客户端无操作时的超时时间，以秒为单位。0 表示不超时
PasswordAuthentiation	yes	指定是否允许密码验证
PubkeyAuthentiation	yes	指定是否允许公钥验证
PermitRootLogin	prohibit-password	指定是否允许 root 用户登录 SSH 服务，取值包括 yes、prohibit-password、with-password、forced-commands-only 及 no 等。yes 表示允许 root 用户登录 SSH 服务；prohibit-password 和 with-password 表示禁止用户使用密码登录；forced-commands-only 表示在使用 -o 选项指定了命令的情况下，允许 root 用户使用公钥验证登录；no 表示不允许 root 用户登录 SSH 服务
StrictModes	yes	当远程用户的私钥改变时直接拒绝连接
MaxAuthTries	6	指定最大密码尝试次数
MaxSessions	10	指定最大终端数
PermitEmptyPasswords	no	指定是否允许空密码登录（很不安全）

4. SSH 服务相关软件包

在通常情况下，Ubuntu 操作系统默认安装 SSH 服务。SSH 服务使用的软件包名称为 openssh-server，可以使用 dpkg 命令查看已安装的 SSH 服务相关软件包，如例 5.2.1 所示。

例 5.2.1：查看已安装的 SSH 服务相关软件包

```
    root@ubuntu:~# dpkg -l openssh-server
    Desired=Unknown/Install/Remove/Purge/Hold
    | Status=Not/Inst/Conf-files/Unpacked/halF-conf/Half-inst/trig-aWait/Trig-pend
    |/ Err?=(none)/Reinst-required (Status,Err: uppercase=bad)
    ||/ Name             Version                          Architecture Description
    +++-==============-=========================-============-
================================
    ii  openssh-server    1:8.9p1-3ubuntu0.3 amd64          secure shell (SSH) server,
for secure access from remote machines
    //ii 表示已安装
```

5. SSH 服务的启停

SSH 服务的后台守护进程是 sshd，因此，在启动、停止 SSH 服务和查询 SSH 服务状态时要以 sshd 为参数。

任务实施

1. 实现基于口令的验证

在登录 SSH 服务后，可以使用 ssh 命令远程连接服务器，也可以使用软件远程连接服务器。下面分别介绍这两种方法。

1）使用 ssh 命令远程连接服务器

在客户端上使用 ssh 命令远程连接服务器，实施命令如下所示。

```
    root@ubuntu:~# ssh chris@192.168.1.201
    The authenticity of host '192.168.1.201 (192.168.1.201)'  can' t be established.
    ED25519 key fingerprint is SHA256:reJyGQCb70Jt4gZRJdLOOz6fcMBB/zALStb8nHFzU+0.
    This key is not known by any other names
    Are you sure you want to continue connecting (yes/no[fingerprint])? yes
    Warning: Permanently added '192.168.1.210' (ED25519) to the list of known hosts.
    root@192.168.1.201's password:                   //在此处输入远程主机 chris 用户的密码
    Last login: Thu Jul  8 08:58:15 2021 from 192.168.1.210
    chris@server:~$ exit                             //退出远程连接
    logout
    Connection to 192.168.1.201 closed.
```

2）使用软件远程连接服务器

步骤 1：在客户端 client2 上安装 SecureCRT，过程略。

步骤 2：在客户端 client2 上，打开 SecureCRT 主界面，如图 5-2-1 所示。

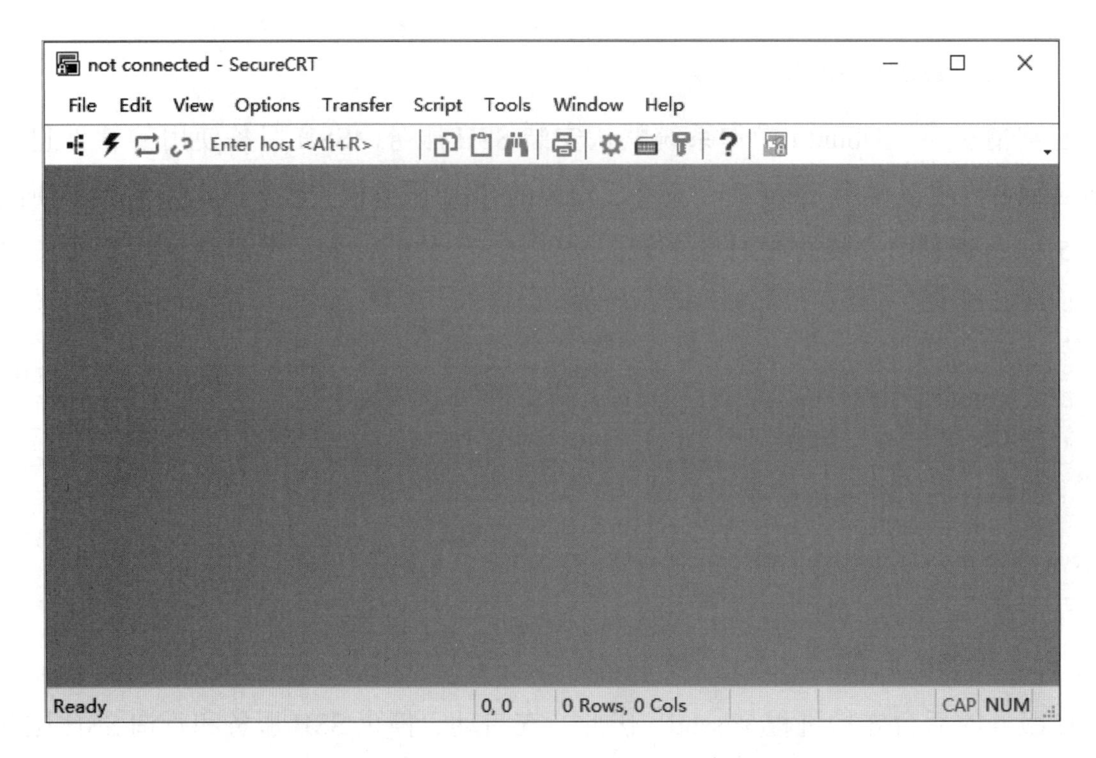

图 5-2-1 SecureCRT 主界面

步骤 3：单击工具栏上的“Quick Connect”按钮，打开“Quick Connect”对话框，在“Hostname”文本框中输入要连接的主机的 IP 地址“192.168.1.201”，在“Username”文本框中输入账号“chris”，在“Authentication”选项区中勾选“Password”复选框，其他选项保持默认设置，之后单击“Connect”按钮，如图 5-2-2 所示。

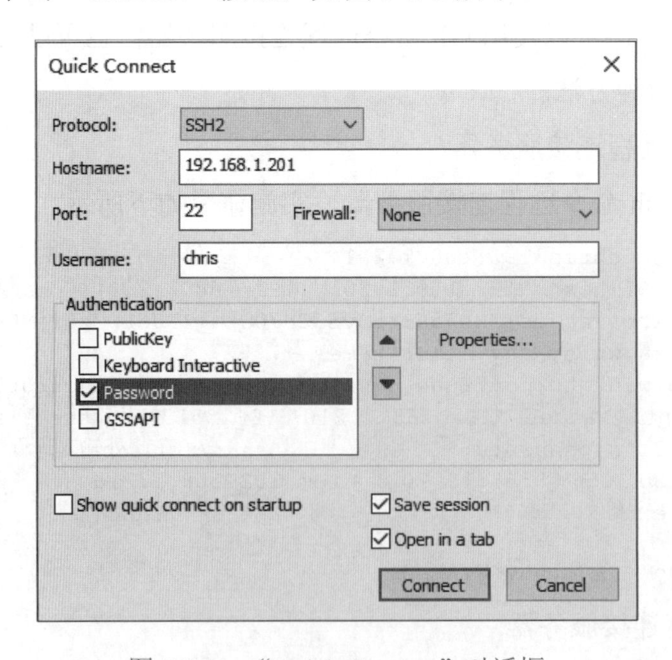

图 5-2-2 “Quick Connect”对话框

步骤 4：弹出“New Host Key”对话框，单击“Accept&Save”按钮，如图 5-2-3 所示。

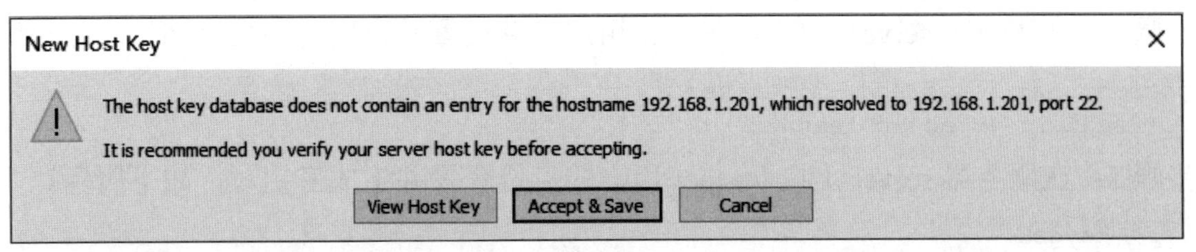

图 5-2-3　“New Host Key”对话框

步骤 5：弹出“Enter Secure Shell Password”对话框，在“Password”文本框中输入密码，之后单击“OK”按钮，如图 5-2-4 所示。

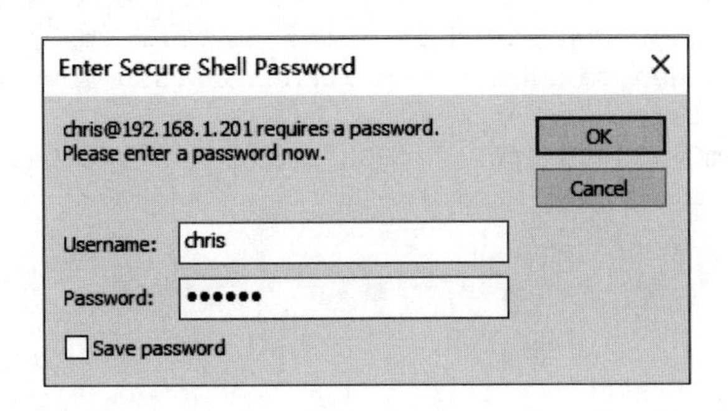

图 5-2-4　“Enter Secure Shell Password”对话框

步骤 6：若输入的密码正确，则会成功登录 Linux 服务器，如图 5-2-5 所示。如果输入的密码错误，则会再次弹出“Enter Secure Shell Password”对话框，要求用户重新输入密码。

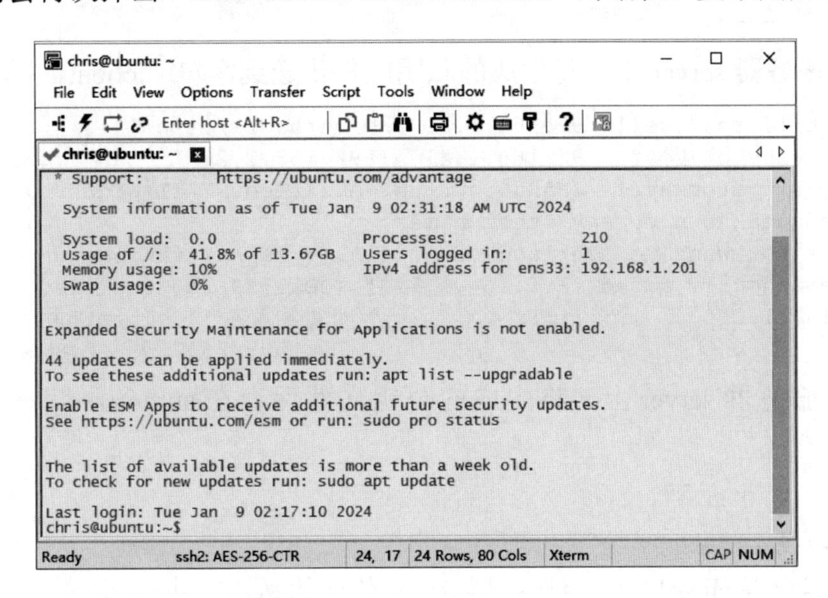

图 5-2-5　成功登录 Linux 服务器

2. 实现基于密钥的验证

下面使用基于密钥的验证方式，以 teacher 用户的身份登录 SSH 服务器，具体配置如下所示。

步骤 1：在服务器 server 上创建 teacher 用户，并设置其密码为“123456”，如下所示。

```
root@server:~# useradd -m teacher
root@server:~# passwd teacher
```

步骤 2：在服务器 server 上以 teacher 用户的身份登录并生成密钥对，如下所示。

```
$ ssh-keygen
Generating public/private rsa key pair.
Enter file in which to save the key (/home/teacher/.ssh/id_rsa): //按“Enter”键或设置密钥的存储路径
Created directory '/home/teacher/.ssh'.
Enter passphrase (empty for no passphrase):    //直接按“Enter”键或设置密钥的密码
Enter same passphrase again:                   //再次按“Enter”键或设置密钥的密码
Your identification has been saved in /home/teacher/.ssh/id_rsa
Your public key has been saved in /home/teacher/.ssh/id_rsa.pub
The key fingerprint is:
SHA256:Ck5VxQPAEGcbmGvw389tBzAp5Zt72ePDh+uKE+eUxkE teacher@ubuntu
The key's randomart image is:
+---[RSA 3072]----+
|    o*=.o+.      |
|  . oo.+   + E   |
|   o .o   o +    |
|    +.   . = .   |
|   .o.  .S.  * o |
|   o .... + B    |
|  .  .  o O = .  |
|          =.* B .|
|          .+.=+= |
+----[SHA256]-----+
```

步骤 3：在服务器 server 中，将生成的私钥文件传送到客户端 client1 中，如下所示。

```
$ scp ~/.ssh/id_rsa user1@192.168.1.210:/home/user1/.ssh/
The authenticity of host '192.168.1.210 (192.168.1.210)' can't be established.
ED25519 key fingerprint is SHA256:qu369pT+A8xXrYEovNYZz1+OFdGhYnJSdNDE+wGeayA.
This key is not known by any other names
Are you sure you want to continue connecting (yes/no/[fingerprint])? yes
Warning: Permanently added '192.168.1.210' (ED25519) to the list of known hosts.
user1@192.168.1.210’ s password:        //此处输入客户端 client1 用户 user1 的密码
id_rsa                                     100% 2602     2.8MB/s   00:00
```

步骤 4：在服务器 server 上，将生成的公钥文件保存在 authorized_keys 文件中，如下所示。

```
$ cd ~/.ssh
$ cat id_rsa.pub>authorized_keys
```

步骤 5：在客户端 client1 上，将服务器 server 传送的私钥文件 id_rsa 保存在 authorized_keys 文件中，如下所示。

```
user1@ubuntu:~$ cd ~/.ssh
user1@ubuntu:~/.ssh$ cat id_rsa>authorized_keys
```

步骤 6：在服务器 server 上进行设置，取消第 57 行的注释并将“PasswordAuthentication yes”改为“PasswordAuthentication no”，使其只允许公钥验证，拒绝密码验证。保存文件后

退出并重启 sshd 服务程序，如下所示。

```
root@server:~# vim /etc/ssh/sshd_config
……          //此处省略部分内容
    56 # To disable tunneled clear text passwords, change to no here!
    57 PasswordAuthentication no
    58 #PermitEmptyPasswords no
……          //此处省略部分内容
root@server:~# systemctl restart sshd
```

步骤 7：在客户端 client1 上尝试以 teacher 用户的身份远程登录服务器，此时无须输入密码也可以成功登录。同时，使用 ip addr 命令可以看到网卡的 IP 地址是 192.168.1.201，即服务器 server 网卡的 IP 地址，说明已成功登录到远程服务器 server 上。

```
user1@ubuntu:~$ ssh teacher@192.168.1.201
Welcome to Ubuntu 22.04.3 LTS (GNU/Linux 5.15.0-91-generic x86_64)
$ip addr show ens33
2: ens33: <BROADCAST,MULTICAST,UP,LOWER_UP> mtu 1500 qdisc fq_codel state UP
group default qlen 1000
    link/ether 00:0c:29:3f:f6:df brd ff:ff:ff:ff:ff:ff
    altname enp2s1
     inet 192.168.63.131/24 metric 100 brd 192.168.63.255 scope global dynamic
ens33
       valid_lft 1254sec preferred_lft 1254sec
    inet6 fe80::20c:29ff:fe3f:f6df/64 scope link
       valid_lft forever preferred_lft forever
```

步骤 8：在服务器 server 上查看客户端 client1 的公钥是否传送成功，如下所示。

```
root@server:~# cat /home/teacher/.ssh/authorized_keys
ssh-rsa AAAAB3NzaC1yc2EAAAADAQABAAABgQC/DmI8QWl65xXt2lG0M+V6T5fhjNVAd37dLIsw
yJULSfCcVz3XKGk/xihbCS3+7pja9tFk/2XPhNuY4yKSV+bcJdPniavbrYyZMxfUWilEtRJ9a5+lJj0l
0APDezjkTpb6K6I8cpQOXn6vnZLRpyxPDWVTQHbKZ3OvqzoglM7gp10PHi9VGDaiE7EVPvnwgCePheG
FhyuwLJMC25jrruM+rImLUO/CvJF49DuMp6+yBLAmi92Hcf0dmSg1AmSzNGHvyVvJeDEr3cS3VJVSzT0s47r
NUGvjF6fRRlNTVHMBB+hR1ehz8f7nGNfFpSJGcLa0MKQ7izfRDUnz2RyQ0+T2DE8WTypJdNRGHJRcDtXRdd
5LDWkKmPFpWwr4SXdbn7Bb93lmfib+tShKSzjX5NHreYBTStjmrFnCbQg2WuLwp8zT8S8H+zuX1DZKvCImHx
u5pVLzIyFO1jPMlNhM12uEvnaGuKm52OPem4f7cGJzdxdFT/x2sKzfCb4nKhjGw3E= teacher@ubuntu
```

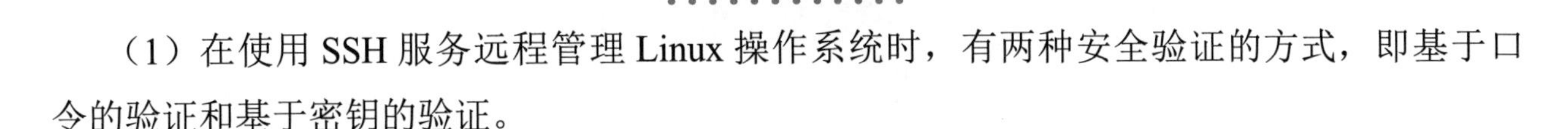

任务小结

（1）在使用 SSH 服务远程管理 Linux 操作系统时，有两种安全验证的方式，即基于口令的验证和基于密钥的验证。

（2）基于密钥的验证要求在本地生成密钥对，该验证方式相对来说更安全。

实训题

1．网络基础配置

（1）设置 ens33 网卡的 IP 地址为“192.168.1.7”，子网掩码为“255.255.255.0”，默认网

关为“192.168.1.1”，DNS 地址为“192.168.1.7，202.96.128.86，202.96.134.133”。

（2）设置主机名为“bogon.phei.cn”。

（3）使用 ping 命令测试是否可以与宿主机通信，将虚拟机网卡的网络连接类型设置为桥接模式。

2. 配置远程登录服务

创建 SSH 服务器，采用基于密钥的验证方式。

项目六

用户与权限管理

项目描述

Z公司是一家拥有上百台服务器的电子商务运营公司。该公司的管理员众多，但由于管理员的职能、水平各不相同，对服务器的熟知程度也不同，容易出现操作不规范的现象，这使得该公司服务器存在极大的不稳定性和操作安全隐患，因此对用户与权限的管理显得至关重要。管理员了解和掌握Linux操作系统的用户与权限管理，有利于提高Linux操作系统的安全性。

在Linux操作系统中，每个文件都有很多与安全相关的属性，这些属性决定了哪些用户可以对这个文件执行哪些操作。对于Linux操作系统的初学者来说，文件权限管理是必须掌握的一个重要知识点。能否合理且有效地管理文件权限，是评价一个Linux操作系统管理员是否合格的重要标准。

知识目标

1. 了解用户账户的类型。
2. 了解用户和用户组的配置文件。
3. 了解配置文件的内容及结构。

能力目标

1. 能够熟练使用相关命令进行用户和用户组的管理。
2. 能够熟练使用相关命令进行权限的配置和修改。

素质目标

1. 培养读者的系统安全意识、风险防范意识。
2. 培养读者的数据安全和数据隐私意识。

任务 6.1　管理用户和用户组

任务描述

Z 公司的网络管理员小李对 Linux 服务器进行了基本设置后，主管却对他说员工还无法进行工作，希望能尽快解决。小李经过查看后，发现员工还没有自己的用户名和密码，所以他决定开始为员工设置用户名和密码。

任务要求

Linux 是一个真正的多用户操作系统，无论用户是从本地还是从远程登录 Linux 操作系统的，该用户都必须拥有用户账户。在用户登录时，系统会检验用户输入的用户名和密码，只有当该用户名已存在，且密码与用户名匹配时，该用户才能进入系统。本任务的具体要求如下所示。

（1）新建用户 user1、user2、user3，并将 user2 和 user3 用户添加到 user1 用户组中。

（2）设置 user2 和 user3 用户的密码为 123456，禁用 user2 用户。

（3）创建一个新的用户组，设置用户组的名称为 group1，将 user3 用户添加到 group1 用户组中。

（4）新建 user4 用户，设置其 UID 为 1005，指定其所属的私有组为 group2（group2 用户组的标识符为 1010），用户的主目录为/home/user4，用户的 Shell 为/bin/bash，用户的密码为 123456，用户账户永不过期。

（5）设置 user2 用户的最短密码存活期为 8 天，最长密码存活期为 60 天，密码过期前 5 天提醒用户修改密码，设置完成后查看各属性值。

知识链接

1. 用户和用户组的基本概念

Linux 是一个多用户、多任务的网络操作系统，它允许多个用户同时登录操作系统，使用系统资源。要登录 Linux 操作系统，首先必须有合法的用户名和密码。在 Linux 操作系统中，每个文件都被设计为隶属于相应的用户和用户组，不同的用户通常拥有不同的权限，决定了其是否可以访问系统内的文件。所以，Linux 操作系统通过定义不同的用户来控制用户在系统中的权限。

在 Linux 操作系统中，为了方便系统管理员和用户工作，产生了组的概念。用户组是具有相同特征的用户的逻辑组合，将所有需要访问相同资源的用户放入同一个组中，并给这个组授权，组内的用户就会自动拥有这些权限。用户组极大地简化了在 Linux 操作系统中管理用户的难度，提高了系统管理员的工作效率。

用户通常使用人们容易记忆与识别的名字作为标识，以此来增强操作的便利性。然而在 Linux 操作系统中，系统是通过为每个用户和用户组分配唯一的标识符来区分不同的用户和用户组的，这个唯一的标识符就是 UID（User ID，用户 ID）和 GID（Group ID，组 ID）。也就是说，每个用户和用户组都有唯一的 UID 和 GID。

在 Linux 操作系统中，用户账户分为超级用户、系统用户和普通用户 3 种类型。

（1）超级用户：也称管理员用户，Linux 操作系统中的超级用户为 root 用户。超级用户具有一切权限，对系统具有绝对的控制权，一旦操作失误，就很容易对系统造成破坏。因此，在生产环境中，不建议使用超级用户的身份直接登录系统。在默认情况下，超级用户的 UID 为 0。

（2）系统用户：用于执行系统服务进程。系统服务进程通常无须以超级用户的身份执行，每个系统服务进程在执行时，系统都会为其分配相应的系统用户，以确保相关资源不受其他用户的影响，是 Linux 操作系统正常工作所必需的内建用户。系统用户不能用来登录，系统用户的 UID 一般为 1～999。

（3）普通用户：为了完成某些任务而手动创建的用户，一般只对用户自己的主目录拥有完全权限。该类用户拥有的权限受到一定的限制，从而保证了 Linux 操作系统的安全性。普通用户的 UID 一般为 1000～65535。

2. 用户配置文件

在 Linux 操作系统中，与用户相关的配置文件有两个，即用户账户管理文件 /etc/passwd 和用户密码文件 /etc/shadow。

1）/etc/passwd 文件

/etc/passwd 是一个非常重要的文件，该文件记录了用户的基本信息，修改该文件可以实现对用户的管理。/etc/passwd 文件的内容如例 6.1.1 所示。

例 6.1.1：/etc/passwd 文件的内容

```
root@ubuntu:~# cat /etc/passwd
root:x:0:0:root:/root:/bin/bash
daemon:x:1:1:daemon:/usr/sbin:/usr/sbin/nologin
bin:x:2:2:bin:/bin:/usr/sbin/nologin
sys:x:3:3:sys:/dev:/usr/sbin/nologin
…省略部分内容输出…
chris:x:1000:1000:chris:/home/chris:/bin/bash
lxd:x:999:100::/var/snap/lxd/common/lxd:/bin/false
```

在/etc/passwd 文件中，每行都代表一个用户的信息，每行的用户信息都由 7 个字段组成，各字段之间用“:”分隔。该文件的格式如下所示。

```
用户名：密码：UID:GID:用户信息：主目录：登录 Shell
```

/etc/passwd 文件中各字段的功能说明如表 6-1-1 所示。

表 6-1-1　/etc/passwd 文件中各字段的功能说明

字　段	功能说明
用户名	用户登录时使用的名称，在系统内唯一
密码	用户的密码通过加密后保存在/etc/shadow 文件中，这里用“x”表示
UID	用于标识用户身份的数字标识符
GID	用于标识用户组身份的数字标识符，每个用户都隶属于一个用户组。root 用户的 GID 是 0，系统用户的 GID 为 1～999，在创建普通用户的同时除非指定，否则系统会默认创建一个同名、同 ID 的用户组
用户信息	记录用户的个人信息，可填写用户姓名、电话等，该字段是可选的
主目录	用户登录系统后默认所在的目录，一般来说，root 用户的主目录是/root，在创建普通用户时需要使用 -m 选项指定，否则通常不会自动创建用户主目录
登录 Shell	用户登录后的 Shell 环境，系统默认使用的是 dash。若指定 Shell 为“/sbin/nologin”，则代表该用户是虚拟用户，将无法登录系统

2）/etc/shadow 文件

/etc/shadow 文件记录了用户的密码及相关信息。为了安全，只有 root 用户才可以打开/etc/shadow 文件，普通用户是无法打开的。/etc/shadow 文件的内容如例 6.1.2 所示。

例 6.1.2：/etc/shadow 文件的内容

```
    root@ubuntu:~# cat /etc/shadow
    root:$y$j9T$mnVJBgPpYQswmUdpx.L8n/$LxLZYqrJiJyiW.tlXc8p6kUyzpSbMBnjff1ucMV
iV10:19679:0:99999:7:::
    …省略部分内容输出…
    chris:$6$mJT2cF63e90Y3hOG$VHfwljTkqLgzVzCSaGT3ZLoCjlZh2QA8EYVCPmp9uZbzENSMISiuEp
dYYcsMZyG5NZb0hilCtLZ27zikhKtCs/:19679:0:99999:7:::
    lxd:!:19679::::::
```

与/etc/passwd 文件的内容类似，/etc/shadow 文件中的每行都代表一个用户的信息，并用符号“:”分隔为 9 个字段。/etc/shadow 文件的格式如下所示。

```
    用户名：密码：最后一次修改时间：最小时间间隔：最大时间间隔：警告时间：不活动时间：失效时间：保
留字段
```

/etc/shadow 文件中各字段的功能说明如表 6-1-2 所示。

表 6-1-2　/etc/shadow 文件中各字段的功能说明

字　段	功能说明
用户名	用户登录时使用的名称，在系统内唯一
密码	加密后的密码，* 表示禁止登录，！表示被锁定
最后一次修改时间	从 1970 年 1 月 1 日到上次修改密码日期的间隔天数
最小时间间隔	密码自上次修改后，要间隔多少天才能再次修改（若为 0，则表示无限制）

续表

字　　段	功 能 说 明
最大时间间隔	密码自上次修改后，要间隔多少天才能再次修改（若为 9999，则表示密码未设置，必须修改）
警告时间	提前多少天警告用户密码将过期（默认为 7）
不活动时间	在密码过期多少天之后禁用该账号
失效时间	从 1970 年 1 月 1 日到账号过期日期的间隔天数
保留字段	用于功能扩展，未使用

3. 用户组配置文件

1）/etc/group 文件

/etc/group 文件记录了用户组的基本信息。/etc/group 文件的内容如例 6.1.3 所示。

例 6.1.3：/etc/group 文件的内容

```
root@ubuntu:~# cat /etc/group
root:x:0:
daemon:x:1:
…省略部分内容输出…
chris:x:1000:
```

/etc/group 文件中的每行都代表一个用户组的相关信息，并用符号“:”分隔为 4 个字段。/etc/group 文件的格式如下所示。

```
用户组名：组密码：GID：组成员列表
```

/etc/group 文件中各字段的功能说明如表 6-1-3 所示。

表 6-1-3　/etc/group 文件中各字段的功能说明

字　　段	功 能 说 明
用户组名	用户组的名称，与用户名类似，不可重复
组密码	该字段存储的是用户组的密码。用户组一般都没有密码，因此该字段很少使用，一般为空，用“x”表示密码是被 /etc/gshadow 文件保护的
GID	用于标识用户组的数字标识符，与 UID 类似，GID 为整数，与 /etc/passwd 文件中的 GID 字段相对应
组成员列表	每个用户组包含的用户，用户之间用符号“,”分隔，如果没有组成员，则默认为空

2）/etc/gshadow 文件

/etc/gshadow 文件记录了用户组的密码。/etc/gshadow 文件的内容如例 6.1.4 所示。

例 6.1.4：/etc/gshadow 文件的内容

```
root@ubuntu:~# cat /etc/gshadow
root:*::
daemon:*::
…省略部分输出…
chris:!::
```

/etc/gshadow 与 /etc/shadow 文件类似，是根据 /etc/group 文件产生的，每行描述一个用户组的信息，用符号“:”分隔为 4 个字段，从左到右依次为用户组名、组密码、用户组的管理者、组成员列表。

/etc/gshadow 文件中各字段的功能说明如表 6-1-4 所示。

表 6-1-4 /etc/gshadow 文件中各字段的功能说明

字 段	功能说明
用户组名	用户组的名称，与用户名类似，不可重复
组密码	用户组的密码，保存已加密的密码
用户组的管理者	管理员有权对该用户组添加、删除用户
组成员列表	每个用户组包含的用户，各用户之间用符号“,”分隔

4. 用户和用户组的关系

在 Linux 操作系统中，每个用户都有一个对应的用户组。用户组就是一个或多个成员用户为同一个目的组成的组织，组成员对属于该用户组的文件拥有相同的权限。用户和用户组的关系有一对一、一对多、多对一及多对多。对这 4 种关系的解析如下所示。

- 一对一：一个用户存在于一个用户组中，该用户是该用户组中的唯一用户。
- 一对多：一个用户存在于多个用户组中，该用户具有多个用户组的共同权限。
- 多对一：多个用户存在于一个用户组中，这些用户具有与该用户组相同的权限。
- 多对多：多个用户存在于多个用户组中。

在创建用户时，系统除创建该用户外，默认情况下还会创建一个同名的用户组作为该用户的用户组，同时会在/home 目录下创建同名的目录作为该用户的主目录。如果一个用户属于多个用户组，那么记录在/etc/passwd 文件中的用户组称为该用户的初始组（又称主组），其他的组称为该用户的附属组。

- 初始组（主组）：每个用户有且只有一个初始组。
- 附属组：用户可以是零个、一个或多个附属组的成员。

5. 添加用户

1）useradd 命令

在命令行模式下，使用 useradd 命令可以添加一个用户。useradd 命令的基本语法格式如下所示。

```
useradd [选项] 用户名
```

useradd 命令的常用选项及其功能如表 6-1-5 所示。

表 6-1-5 useradd 命令的常用选项及其功能

选 项	功 能
-d	指定用户的主目录，主目录不一定存在，但是会在必要时创建，且必须是绝对路径
-u	手动指定用户的 UID，必须在当前系统中是唯一的

续表

选　项	功　能
-m	若用户主目录不存在，则自动创建
-g	指定用户所属的初始组，后接 GID 或组名，必须是已经存在的用户组
-G	指定用户所属的附属组，后接 GID 或组名，多个组名之间用符号“,”分隔，中间没有空格
-s	指定登录 Shell，需要使用绝对路径

useradd 命令的基本用法如例 6.1.5 所示。

例 6.1.5：useradd 命令的基本用法

```
root@ubuntu:~# useradd -m user001                          // 添加 user001 用户
root@ubuntu:~# grep user001 /etc/passwd                    // 查询 user001 用户是否存在
user001:x:1001:1001::/home/user001:/bin/sh
root@ubuntu:~# grep user001 /etc/shadow
user001:!:19708:0:99999:7:::
root@ubuntu:~# grep user001 /etc/group
user001:x:1001:                                            // 创建一个同名的用户组
root@ubuntu:~# ls -ld /home/user001
drwxr-x--- 2 user001 user001 4096 Dec 19 14:22 /home/user001
root@ubuntu:~# useradd -m -d /home/user002 -u 222 -g chris user002
// 添加 user002 用户、初始组为 chris、主目录为 home/user002、UID 为 222
root@ubuntu:~# grep user002 /etc/passwd
user002:x:222:1000::/home/user002:/bin/sh
root@ubuntu:~# grep user002 /etc/group
root@ubuntu:~# ls -ld /home/user002
drwxr-x--- 2 user002 chris 4096 Dec 19 14:31 /home/user002
```

小贴士

若没有指定 -m 选项，则 useradd 命令通常不会自动创建用户主目录。

2）passwd 命令

新用户必须使用密码才能登录系统。使用 passwd 命令可以为用户设置密码。passwd 命令的基本语法格式如下所示。

```
passwd [ 选项 ] [ 用户名 ]
```

passwd 命令还能对用户的密码进行管理，包括用户密码的创建、修改、删除、锁定等操作。passwd 命令的常用选项及其功能如表 6-1-6 所示。

表 6-1-6　passwd 命令的常用选项及其功能

选　项	功　能
-d	删除用户密码，使用户不需要密码即可登录，只有 root 用户可以执行
-l	锁定用户密码，禁止其登录。只有 root 用户可以执行
-u	解锁被锁定的用户账户，允许其登录。只有 root 用户可以执行
-S	查询用户状态的相关信息，即查询 /etc/shadow 文件的内容

passwd 命令的使用方法比较简单，如果要修改自己的密码，那么直接在命令行中输入 passwd 命令即可；如果要修改普通用户的密码，那么需要具有超级用户 root 的权限。passwd

命令的基本用法如例 6.1.6 所示。

例 6.1.6：passwd 命令的基本用法

```
root@ubuntu:~# passwd                                    //root 用户修改自己的密码
New password:
Retype new password:
passwd: password updated successfully
root@ubuntu:~# passwd user001                            //root 用户修改 user001 用户的密码
New password:                                            // 输入 user001 用户的密码
Retype new password:                                     // 确定新密码
passwd: password updated successfully
root@ubuntu:~# su - user001
$ passwd                                                 //user001 用户修改自己的密码
Changing password for user001.
Current password:                                        // 这里输入原密码
New password:                                            // 输入新密码
Retype new password:                                     // 确定新密码
passwd: password updated successfully
```

3）usermod 命令

对于创建好的用户账户，可以使用 usermod 命令来设置和管理账户的各项属性，包括用户名、主目录、用户组、登录 Shell 等。该命令只能由 root 用户执行。usermod 命令的基本语法格式如下所示。

```
usermod [ 选项 ] 用户名
```

usermod 命令的常用选项及其功能如表 6-1-7 所示。

表 6-1-7　usermod 命令的常用选项及其功能

选　　项	功　　能
-a	将用户添加到指定的附属组中，该选项只能和 -G 选项一起使用
-c	修改用户注释字段的值
-d -m	将 -m 与 -d 选项连用，可以重新指定用户的主目录并自动把旧数据转移过去
-e	指定账号失效日期，格式为 YYYY-MM-DD
-f	指定密码
-g	修改用户的初始组，且指定的用户组必须存在。在用户主目录下，属于原来的初始组的文件将被转交给新用户组。对于主目录之外的文件所属的用户组，必须手动修改
-G	指定用户的附属组，多个用户组之间用符号“,”分隔
-l	修改登录的用户名
-L	锁定用户账户，禁止其登录系统
-U	解锁用户账户，允许其登录系统
-s	修改用户的默认 Shell
-u	为用户指定新的 UID

usermod 命令的基本用法如例 6.1.7 所示。

例 6.1.7：usermod 命令的基本用法

```
root@ubuntu:~# grep user001 /etc/passwd
user001:x:1001:1001::/home/user001:/bin/sh
root@ubuntu:~# usermod -d /home/user01 -u 333 -g root user001
```

```
// 修改 user001 用户的初始组为 root、主目录为 home/user01、UID 为 333
root@ubuntu:~# grep user001 /etc/passwd
user001:x:333:0::/home/user01:/bin/sh
```

4）userdel 命令

要删除指定用户账户，可以使用userdel命令来实现。该命令只能由root用户执行。userdel命令的基本语法格式如下所示。

```
userdel [-r] 用户名
```

userdel 命令的常用选项及其功能如表 6-1-8 所示。

表 6-1-8 userdel 命令的常用选项及其功能

选 项	功 能
-r	在删除用户账户的同时，删除该用户账户对应的主目录及该目录下的所有文件
-f	强制删除指定的用户账户、用户账户对应的主目录及该目录下的所有文件，即使该用户账户处于登录状态

如果在创建用户时创建了同名用户组，且该用户组内无其他用户，那么在删除用户时会一并删除该同名用户组。注意，正在登录的用户无法被删除。userdel 命令的用法如例 6.1.8 所示。

例 6.1.8：userdel 命令的用法

```
root@ubuntu:~# useradd -m user003
root@ubuntu:~# grep user003 /etc/passwd              // 存在 user003 用户
user003:x:1001:1002::/home/user003:/bin/sh
root@ubuntu:~# grep user003 /etc/group               // 所属组 user003 的 GID 为 1002
user003:x:1002
root@ubuntu:~# ls -d /home/user003                   // 查询 user003 用户的主目录
/home/user003
root@ubuntu:~# userdel -r user003                    // 删除用户，并删除用户主目录
root@ubuntu:~# grep user003 /etc/passwd              //user003 用户不存在
root@ubuntu:~# grep user003 /etc/group               // 所属组 user003 不存在
root@ubuntu:~# ls -d /home/user003                   // 查询 user003 用户的主目录
ls: cannot access '/home/user003': No such file or directory // 用户主目录一同被删除
```

6. 添加用户组

1）groupadd 命令

groupadd 命令用于添加用户组，且该命令只能由 root 用户执行。groupadd 命令的基本语法格式如下所示。

```
groupadd [ 选项 ] 用户组名
```

groupadd 命令的常用选项及其功能如表 6-1-9 所示。

表 6-1-9 groupadd 命令的常用选项及其功能

选 项	功 能
-g	指定用户组的 GID
-r	创建系统用户组

groupadd 命令的基本用法如例 6.1.9 所示。

例 6.1.9：groupadd 命令的基本用法

```
root@ubuntu:~# groupadd user010                    // 添加 user010 用户组
root@ubuntu:~# grep user010 /etc/group             //user010 用户组已创建
user010:x:1002:
root@ubuntu:~# groupadd -g 1010 ice                // 指定用户组的 GID
root@ubuntu:~# grep ice /etc/group                 //ice 用户组已创建
voice:x:22:
ice:x:1010:
```

2）groupmod 命令

groupmod 命令用于修改用户组的相关属性，包括名称、GID 等。该命令只能由 root 用户执行。groupmod 命令的基本语法格式如下所示。

```
groupmod [ 选项 ] 用户组名
```

groupmod 命令的常用选项及其功能如表 6-1-10 所示。

表 6-1-10　groupmod 命令的常用选项及其功能

选　项	功　能
-g	修改用户组的 GID
-n	修改用户组的名称

groupmod 命令的基本用法如例 6.1.10 所示。

例 6.1.10：groupmod 命令的基本用法

```
root@ubuntu:~# grep ice /etc/group
voice:x:22:
ice:x:1010:
root@ubuntu:~# groupmod -g 1011 ice                // 修改用户组的 GID
root@ubuntu:~# grep ice /etc/group
voice:x:22:
ice:x:1011:
root@ubuntu:~# groupmod -n water ice               // 修改 ice 用户组的名称为 water
root@ubuntu:~# grep water /etc/group
water:x:1011:
```

3）groupdel 命令

要删除指定用户组，可以使用 groupdel 命令。该命令只能由 root 用户执行。groupdel 命令的基本语法格式如下所示。

```
groudel 用户组名
```

在删除指定用户组之前，应保证该用户组不是任何用户的初始组，否则需要先删除以该用户组为初始组的用户，才能删除这个用户组。groupdel 命令的基本用法如例 6.1.11 所示。

例 6.1.11：groupdel 命令的基本用法

```
root@ubuntu:~# tail -2 /etc/group
user010:x:1002:
water:x:1011:
```

```
root@ubuntu:~# groupdel water                    //删除 water 用户组
root@ubuntu:~# grep water /etc/group             //未查询到，表示已删除
```

4）gpasswd 命令

要将某用户添加到指定用户组中，使其成为该用户组的成员，或者从用户组中删除某用户，可以使用 gpasswd 命令。该命令只能由 root 用户执行。gpasswd 命令的基本语法格式如下所示。

```
gpasswd [选项] 用户名 用户组名
```

gpasswd 命令的常用选项及其功能如表 6-1-11 所示。

表 6-1-11　gpasswd 命令的常用选项及其功能

选　项	功　能
-a	将用户添加到用户组中
-d	将用户从用户组中删除
-A	设置有管理权限的用户列表
-M	设置用户组成员列表
-r	删除密码

gpasswd 命令的基本用法如例 6.1.12 所示。

例 6.1.12：gpasswd 命令的基本用法

```
root@ubuntu:~# gpasswd -a user001 chris  //将 user001 用户添加到 chris 用户组中
Adding user user001 to group chris
root@ubuntu:~# grep chris /etc/group     //查询 user001 用户是否属于 chris 用户组
adm:x:4:syslog,chris
cdrom:x:24:chris
sudo:x:27:chris
dip:x:30:chris
plugdev:x:46:chris
lxd:x:110:chris
chris:x:1000:user001
```

7. 其他用户相关命令

1）id 命令

id 命令用于查看一个用户的 UID、GID、用户所属组列表和附属组信息。id 命令的基本语法格式如下所示。

```
id [选项] 用户名
```

id 命令的常用选项及其功能如表 6-1-12 所示。

表 6-1-12　id 命令的常用选项及其功能

选　项	功　能
-g	仅显示有效的 GID
-G	显示所有的 GID
-n	显示名称而不是数字
-	显示有效的 UID

若没有任何选项和参数，则 id 命令会显示当前已登录用户的身份信息，如例 6.1.13 所示。

例 6.1.13：id 命令的基本用法——显示当前已登录用户的身份信息

```
root@ubuntu:~# id                                    //查看已登录用户的相关信息
uid=0(root) gid=0(root) groups=0(root)
```

若要显示指定用户的身份信息，则需要指定用户名，如例 6.1.14 所示。

例 6.1.14：id 命令的基本用法——显示指定用户的身份信息

```
root@ubuntu:~# id user001                            //查看 user001 用户的相关信息
uid=333(user001) gid=0(root) groups=0(root),1000(chris)
```

2）su 命令

使用 su 命令可以使用户在登录期间切换为另一个用户的身份。也就是说，在不同的用户之间进行切换，可以使用 su 命令来实现。su 命令的基本语法格式如下所示。

```
su [选项] 用户名
```

su 命令的常用选项及其功能如表 6-1-13 所示。

表 6-1-13　su 命令的常用选项及其功能

选　项	功　能
-c	指定切换后执行的 Shell 命令
- 或 -l	提供一个类似于用户直接登录的环境
-s	指定切换后使用的 Shell 程序

su 命令的基本用法如例 6.1.15 所示。

例 6.1.15：su 命令的基本用法

```
root@ubuntu:~# su - chris             //从 root 用户切换为普通用户，无须输入密码
chris@ubuntu:~$ su - root             //从 chris 用户切换为 root 用户
Password:                             //需要输入 root 用户的密码
root@ubuntu:~#                        //输入 root 用户的密码后，切换成功
```

若用户名被省略，则表示切换为 root 用户。在从普通用户切换为其他用户或 root 用户时，需要输入被切换用户的密码，而在从 root 用户切换为普通用户时无须输入密码。输入“exit”，可以返回原用户身份。另外，su 命令会启动非登录 Shell，而 su - 命令会启动登录 Shell。两种命令的主要区别在于，su - 命令会将 Shell 环境设置为以该用户的身份重新登录的环境，而 su 命令仅表示以该用户身份启动 Shell，但仍然使用原用户的环境设置。

3）chage 命令

chage 命令用于显示和修改用户的密码等相关属性。chage 命令的基本语法格式如下所示。

```
chage [选项] 用户名
```

chage 命令的常用选项及其功能如表 6-1-14 所示。

表 6-1-14　chage 命令的常用选项及其功能

选　项	功　能
-d	指定密码最后修改日期
-E	指定密码到期日期，且到期后，此账户将不可用；“0”表示马上过期，“-1”表示永不过期
-h	显示帮助信息并退出
-I	指定密码过期后，锁定账户的天数
-l	显示用户及密码的有效期
-m	指定更改密码的最小天数，若为零，则代表任何时候都可以更改密码
-M	指定密码保持有效的最大天数
-W	指定密码过期前提醒用户修改密码的天数

chage 命令的基本用法如例 6.1.16 所示。

例 6.1.16：chage 命令的基本用法

```
root@ubuntu:~# passwd chris
root@ubuntu:~# chage -m 7 -M 70 -W 5 chris
// 设置 chris 用户最短密码存活期为 7 天，最长密码存活期为 70 天，密码过期前 5 天提醒用户修改密码
root@ubuntu:~# chage -l chris
Last password change                                    : Dec 23, 2023
Password expires                                        : Mar 02, 2024
Password inactive                                       : never
Account expires                                         : never
Minimum number of days between password change          : 7
Maximum number of days between password change          : 70
Number of days of warning before password expires       : 5
```

任务实施

（1）新建用户 user1、user2、user3，并将 user2 和 user3 用户添加到 user1 用户组中，实施命令如下所示。

```
root@ubuntu:~# useradd -m user1
root@ubuntu:~# useradd -m user2
root@ubuntu:~# useradd -m user3
root@ubuntu:~# usermod -G user1 user2
root@ubuntu:~# usermod -G user1 user3
```

（2）设置 user2 和 user3 用户的密码为 123456，禁用 user2 用户，实施命令如下所示。

```
rroot@ubuntu:~# passwd user2
New password:
Retype new password:
root@ubuntu:~# passwd user3
New password:
Retype new password:
root@ubuntu:~# passwd -l user2                          // 禁用 user2 用户
passwd: password expiry information changed.
```

或

```
root@ubuntu:~# usermod -L user2                         // 禁用 user2 用户
```

（3）创建一个新的用户组，设置用户组的名称为 group1，将 user3 用户添加到 group1 用

户组中，实施命令如下所示。

```
root@ubuntu:~# groupadd group1
root@ubuntu:~# gpasswd -a user3 group1
Adding user user3 to group group1
```

（4）新建 user4 用户，设置其 UID 为 1005，指定其所属的私有组为 group2（group2 用户组的标识符为 1010），用户的主目录为/home/user4，用户的 Shell 为/bin/bash，用户的密码为 123456，用户账户永不过期，实施命令如下所示。

```
root@ubuntu:~# groupadd -g 1010 group2
root@ubuntu:~# useradd -u 1005 -g 1010 -d /home/user4 -s /bin/bash -p 123456 -f
-1 user4
root@ubuntu:~# cat /etc/passwd|grep user4
user4:x:1005:1010::/home/user4:/bin/bash
```

（5）设置 user2 用户的最短密码存活期为 8 天，最长密码存活期为 60 天，密码过期前 5 天提醒用户修改密码，设置完成后查看各属性值，实施命令如下所示。

```
root@ubuntu:~# chage -m 8 -M 60 -W 5 user2
root@ubuntu:~# chage -l user2
Last password change                                    : Dec 24, 2023
Password expires                                        : Feb 22, 2024
Password inactive                                       : never
Account expires                                         : never
Minimum number of days between password change          : 8
Maximum number of days between password change          : 60
Number of days of warning before password expires       : 5
```

任务小结

（1）用户管理在 Linux 安全管理机制中是非常重要的，Linux 操作系统中的每个功能模块都与用户和权限有密不可分的关系。

（2）在 Linux 操作系统中，每个用户和用户组都有唯一的 UID 和 GID。

任务 6.2　管理文件权限

任务描述

Z 公司的网络管理员小李，在学习了目录和文件的操作之后产生了一些疑问：在 Linux 操作系统中，如何才能保护文件和目录，使它们不被破坏？如何对文件和目录的权限进行设置，让不同的用户有不同的使用权限？

任务要求

Linux 操作系统的权限管理具有一套成熟和严谨的规范。正确的权限管理，对于维护

Linux 操作系统的安全非常重要。这里主要介绍 Linux 操作系统中权限的表示方法及相关命令的使用方法。本任务的具体要求如下所示。

（1）在根目录/下新建一个名称为 test 的目录，在 test 目录下新建 test1 文件，将 test1 文件的所有者修改为 admin，test 目录的属组修改为 group1（若没有 group1 用户组，则自行创建）。

（2）设置 test1 文件的所有者对 test1 文件具有全部的权限，其他人只有读权限。

知识链接

1. 文件的用户和用户组

文件与用户和用户组是密不可分的。用户在创建文件的同时，也对该文件具有执行权限。在 Linux 操作系统中，根据应用权限，可以将用户的身份分为 3 种类型：文件的所有者（user）、属组（group）和其他用户（others）。每种类型的用户对文件都可以进行读、写和执行操作，分别对应文件的 3 种权限，即读权限、写权限和执行权限。

文件的所有者一般为文件的创建者，哪个用户创建了文件，该用户就天然地成为该文件的所有者。在通常情况下，文件的所有者拥有该文件的所有访问权限。如果有些文件比较敏感（如工资单），不想被除所有者以外的任何人读取或修改，就需要把文件的权限设置为所有者可以读取或修改，其他人没有权限读取或修改。

除了文件的所有者和属组，系统中的所有其他用户都统一称为其他用户。

Linux 操作系统使用字母“u”表示文件的所有者（user），“g”表示文件的属组（group），“o”表示其他用户（others），“a”表示所有用户（all）。

2. 权限类型

在 Linux 操作系统中，每个文件都有 3 种基本的权限类型，分别为读（read，r）、写（write，w）和执行（execute，x）。权限的具体类型说明如表 6-2-1 所示。

表 6-2-1　权限的具体类型说明

类　型	对文件而言	对目录而言
读（r）	表示用户能够读取文件的内容	表示具有浏览目录的权限
写（w）	表示用户能够修改文件的内容	表示具有删除、移动目录中文件的权限
执行（x）	表示用户能够执行该文件	表示具有进入目录的权限

3. 权限表示

使用 ls-l 或 -ll 命令可以查看文件的权限信息，如例 6.2.1 所示。

例 6.2.1：查看文件的权限信息

```
root@ubuntu:~# touch file1 file2
root@ubuntu:~# ls -l
-rw-r--r-- 1 root root     0 Dec 24 06:12 file1
-rw-r--r-- 1 root root     0 Dec 24 06:12 file2
drwx------ 3 root root 4096 Dec 24 04:59 snap
```

使用 ll 命令输出的第 1 列共有 10 个字符（代表文件的类型和权限）。每行的第 1 个字符表示文件的类型，前面的内容已有介绍。每行的第 2～10 个字符表示文件的权限。这 9 个字符每 3 个字符为一组，左边 3 个字符表示文件所有者的权限，中间 3 个字符表示文件属组的权限，右边 3 个字符表示其他用户的权限。每组都是“r”“w”“x”这 3 个字母的组合，且“r”“w”“x”的顺序不能改变，如图 6-2-1 所示。若不具备相应的权限，则用减号“-”代替。

除了使用“r”“w”“x”表示权限，Linux 操作系统还支持一种八进制的权限表示方法，如图 6-2-2 所示。在这种表示方法中，“4”表示读权限，“2”表示写权限，“1”表示执行权限。

```
r: 4（读权限）
w: 2（写权限）
x: 1（执行权限）
```

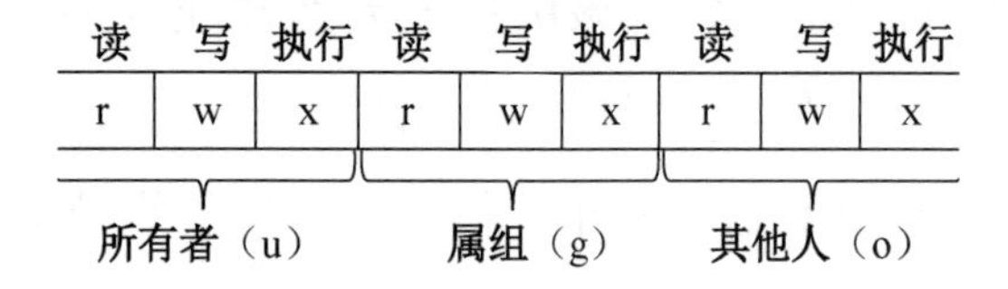

图 6-2-1 用字母表示文件权限

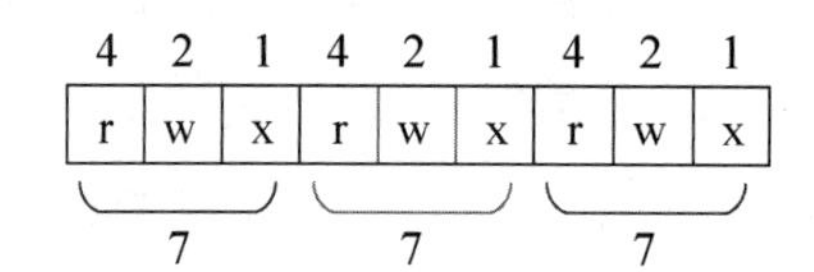

图 6-2-2 八进制的权限表示方法

以 file1 文件为例，其权限的具体说明如下所示。

（1）第一组权限“rw-”（数字为“6”，即 4+2+0）表示文件所有者对该文件具有可读、可写、不可执行的权限。

（2）第二组权限“r--”（数字为“4”，即 4+0+0）表示文件的属组对该文件具有可读，但不可写，也不可执行的权限。

（3）第三组权限“r--”（数字为“4”，即 4+0+0）表示其他用户对该文件具有可读，但不可写，也不可执行的权限。

4. 修改文件权限

在创建文件时，系统会自动赋予文件权限，若这些默认权限无法满足需要，则可以通过 chmod 命令来进行权限修改。chmod 命令的基本语法格式如下所示。

```
chmod [选项] 文件|目录
```

修改文件权限的方法有两种：一种是符号类型修改法，另一种是数字类型修改法。

1）符号类型修改法

符号类型修改法是指将文件的读、写、执行权限分别用“r”“w”“x”表示，将文件

的所有者、属组、其他用户和所有用户的用户身份分别用“u”“g”“o”“a”表示，并使用操作符“+”“-”“=”表示添加某种权限、移除某种权限、在赋予某种权限的同时取消原来的权限。符号类型修改法的格式如表 6-2-2 所示。

表 6-2-2　符号类型修改法的格式

命　令	选　项	身份权限	操　作	权　限	操作对象
chmod	-R（递归修改）	u（user） g（group） o（others） a（all）	+（添加） -（移除） =（设置）	r w x	文件或目录

“-R”选项表示递归修改，当操作项为目录时，表示修改该目录下所有的文件及子目录的权限。

可以同时设置不同用户之间的权限，并使用逗号来分隔不同用户的权限，逗号前后不能有空格。使用符号类型修改法修改文件权限如例 6.2.2 所示。

例 6.2.2：chmod 命令的基本用法——使用符号类型修改法修改文件权限

```
root@ubuntu:~# ls -l
-rw-r--r-- 1 root root     0 Dec 24 06:12 file1
-rw-r--r-- 1 root root     0 Dec 24 06:12 file2
drwx------ 3 root root 4096 Dec 24 04:59 snap
root@ubuntu:~# chmod u+x,g+w file1        //添加所有者的执行权限，添加属组的写权限
root@ubuntu:~# chmod g=w,o-r file2        //设置属组的权限为可写，移除其他用户的读权限
root@ubuntu:~# ls -l
-rwxrw-r-- 1 root root     0 Dec 24 06:12 file1
-rw--w---- 1 root root     0 Dec 24 06:12 file2
drwx------ 3 root root 4096 Dec 24 04:59 snap
```

2）数字类型修改法

数字类型修改法是指先将文件的读、写和执行 3 种权限分别用数字 4、2、1 表示，并用 0 表示不授予权限，再将每种类型用户的 3 种权限对应的数字相加的方法，也叫八进制数表示法。例如，现在要将 file2 文件的权限设置为 rwxrw-rw-，3 种类型用户的权限组合后的数字为 766。使用数字类型修改法修改文件权限如例 6.2.3 所示。

例 6.2.3：chmod 命令的基本用法——使用数字类型修改法修改文件权限

```
root@ubuntu:~# ls -l file2
-rw--w---- 1 root root     0 Dec 24 06:12 file2
root@ubuntu:~# chmod 766 file2                  //相当于 chmod u=rwx,g+r,o+rw file2
root@ubuntu:~# ls -l file2
-rwxrw-rw- 1 root root 0 Dec 24 06:12 file2
```

5. 修改文件的属组和所有者

1）修改文件的属组

要修改一个文件的属组比较简单，使用 chgrp 命令即可。chgrp 命令的基本语法格式如

下所示。

```
chgrp -R 组名  文件或目录
```

这里的“-R”选项也表示递归修改，当操作项为目录时，表示修改该目录下所有的文件及子目录的属组。

修改后的属组必须是已经存在于/etc/group 文件中的用户组。chgrp 命令的基本用法如例 6.2.4 所示。

例 6.2.4：chgrp 命令的基本用法

```
root@ubuntu:~# ls -l file1
-rwxrw-r-- 1 root root 0 Dec 24 06:12 file1
root@ubuntu:~# chgrp chris file1          // 将 file1 文件的属组修改为 chris
root@ubuntu:~# ls -l file1
-rwxrw-r-- 1 root chris 0 Dec 24 06:12 file1
```

2）修改文件的所有者

有时需要修改一个文件或目录的所有者和属组，而 chown 命令可以用于修改文件的所有者和属组。chown 命令的基本语法格式如下所示。

```
chown [-R] 用户名 : 属组名  文件或目录
```

同样地，这里的“-R”选项也表示递归修改，当操作项为目录时，表示修改该目录下所有的文件及子目录的所有者。

若想要修改文件的所有者，只需要在 chown 命令中指定新的所有者即可。若想要同时修改文件的所有者和属组，则需要将所有者和属组用符号“:”分隔。若想要修改多个文件的所有者，则需要将所有的文件都指定在 chown 命令后面，并用空格分隔。

有时 chgrp 命令的功能可以使用 chown 命令实现，例如，当只修改文件的属组时，只需要在用户组名的前面添加一个符号“.”或“：”即可。chown 命令的基本用法如例 6.2.5 所示。

例 6.2.5：chown 命令的基本用法

```
root@ubuntu:~# ls -l file1
-rwxrw-r-- 1 root chris 0 Dec 24 06:12 file1
root@ubuntu:~# chown chris file1                 // 只修改文件的所有者
root@ubuntu:~# ls -l file1
-rwxrw-r-- 1 chris chris 0 Dec 24 06:12 file1
root@ubuntu:~# ls -l file2
-rwxrw-rw- 1 root root 0 Dec 24 06:12 file2
root@ubuntu:~# chown chris:chris file2           // 同时修改文件的所有者和属组
root@ubuntu:~# ls -l file2
-rwxrw-rw- 1 chris chris 0 Dec 24 06:15 file2
root@ubuntu:~# chown .root file1        // 只修改文件的属组，在用户组名前添加符号“.”
root@ubuntu:~# ls -l file1
-rwxrw-r-- 1 chris root 0 Dec 24 06:12 file1
```

任务实施

（1）在根目录/下新建一个名称为 test 的目录，在 test 目录下新建 test1 文件，将 test1 文

件的所有者修改为chris，test目录的属组修改为group1（若没有group1用户组，则自行创建），实施命令如下所示。

```
root@ubuntu:~# mkdir /test
root@ubuntu:~# touch /test/test1
root@ubuntu:~# tree /test
/test
└── test1

0 directories, 1 file
root@ubuntu:~# chown chris: /test/test1
root@ubuntu:~# chown :group1 /test
root@ubuntu:~# ll /test/test1|grep test1
-rw-r--r-- 1 chris chris              0 Dec 24 06:19 /test/test1
root@ubuntu:~# ll /|grep test
drwxr-xr-x   2 root group1      4096 Dec 24 06:19 test/
```

（2）设置test1文件的所有者对test1文件具有全部的权限，其他人只有读权限，实施命令如下所示。

```
root@ubuntu:~# chmod u=rwx,g=r,o=r /test/test1
或
root@ubuntu:~# chmod 744 /test/test1
root@ubuntu:~# ll /test
drwxr-xr-x  2 root  group1 4096 Dec 24 06:19 ./
drwxr-xr-x 20 root  root   4096 Dec 24 06:19 ../
-rwxr--r--  1 chris chris     0 Dec 24 06:19 test1*
```

任务小结

（1）文件和目录的权限设置非常重要，会让不同文件和目录具有不同的使用权限。

（2）修改文件权限有符号类型修改法和数字类型修改法，使用数字类型修改法修改文件权限会更加方便、灵活。

实训题

1. 用户和用户组的管理

（1）使用root用户的身份登录系统，查看用户配置文件/etc/passwd及/etc/shadow的内容，注意其存储格式、各个用户使用的Shell、UID、GID等信息。

（2）创建名为student的用户账户。

（3）设置student用户的密码为student，并查看/etc/shadow文件。

（4）创建以自己姓名拼音为用户名的用户，设置附属组为root，密码自定义。查看用户账户管理文件/etc/passwd及用户组管理文件/etc/group，并查看/home目录。

（5）创建一个webusers用户组，在/home目录下创建test目录，创建webuser1用户，指定其主目录为/home/test，并将其添加到 webusers 用户组中，登录 Shell 为/sbin/nologin。

（6）在终端窗口中使用 su 命令切换上述用户，观察系统提示符。

2. 权限管理

（1）使用 ls -l 命令查看/etc/ 目录下 modules 文件的权限。

（2）修改 modules 文件的权限，给用户组和其他用户添加 w 权限，之后使用 ls -l 命令查看。

（3）在/root 目录下新建一个 test.log 文件，并录入一些内容。

（4）使用命令显示 test.log 文件的权限。

（5）使用命令设置 test.log 文件的所有者权限为可读、可写、可执行，属组权限为可读、可写，其他用户权限为可读。

（6）使用命令修改 test.log 文件的所有者为 student 用户。

（7）使用命令修改 test.log 文件的属组为 group1 用户组。

项目七

配置与管理 DNS 服务器

项目描述

Z 公司是一家电子商务运营公司，该公司需要一台 DNS 服务器为内部用户提供内网域名解析服务，使用户可以在内网中使用 FQDN（Fully Qualified Domain Name，全限定域名）访问公司的网站，同时 DNS 服务器还可以为用户解析公网域名。为了减轻 DNS 服务器的压力，Z 公司还需要搭建第二台 DNS 服务器，并将第一台 DNS 服务器上的记录传输到第二台 DNS 服务器中，通过对 DNS 服务器的配置来实现域名解析服务。Ubuntu 操作系统提供的 DNS 服务，可以很好地解决员工简单、快捷地访问本地网络及 Internet 上的资源的问题。

本项目主要介绍 DNS 服务器的创建、配置与管理，辅助 DNS 服务器的配置等，以便为网络用户提供可靠的 DNS 服务。项目拓扑结构如图 7-0-1 所示。

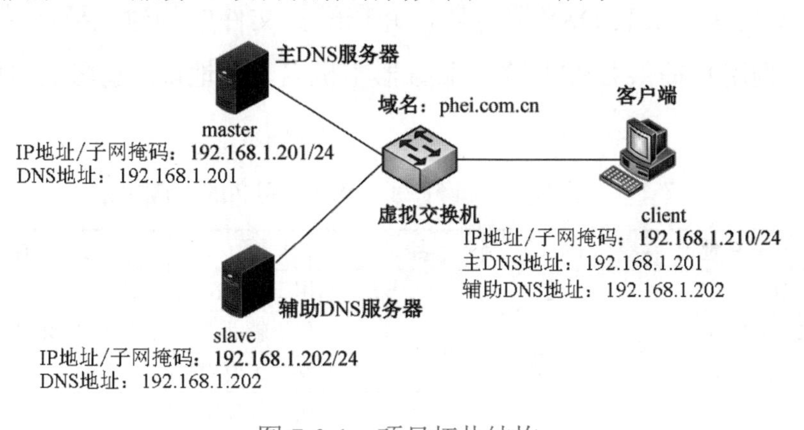

图 7-0-1　项目拓扑结构

知识目标

1. 了解 DNS 服务器的功能、组成和工作过程。
2. 掌握 DNS 服务器的相关配置文件。

能力目标

1. 能够实现主 DNS 服务器的配置和测试。

2．能够实现辅助 DNS 服务器的配置和测试。

素质目标

1．引导读者主动收集客户需求，按需配置服务器，培养爱岗敬业精神和服务意识。

2．引导读者独立思考，积极参与工作任务并按需提出优化建议。

3．引导读者了解 DNS 进行域名解析的基本过程，了解我国拥有根域名服务器对网络空间安全的重要性，树立为我国网络安全和信息化建设做出贡献的价值观。

任务 7.1　安装与配置 DNS 服务器

任务描述

要想实现公司向外发布网站，员工简单、快捷地访问本地网络及 Internet 上的资源，都需要在公司局域网内部部署 DNS 服务器，Z 公司将此任务交给网络管理员小李。接下来小李的工作便是安装与配置 DNS 服务器。

任务要求

Ubuntu 操作系统通过安装 DNS 服务器，并在配置文件中创建主要区域、正向解析区域和反向解析区域，为用户提供 DNS 服务。服务器主机名、IP 地址、别名的对应关系如表 7-1-1 所示。

表 7-1-1　服务器主机名、IP 地址、别名的对应关系

主　机　名	IP 地址	别　　名	备　　注
master	192.168.1.201	无	用于主 DNS 服务器
slave	192.168.1.202	无	用于辅助 DNS 服务器和 DHCP 服务器
web	192.168.1.203	www	别名主要用于网络服务
mail	192.168.1.204	无	用于邮件服务器
client	192.168.1.210	无	客户端，用于测试

知识链接

在网络上，所有计算机之间的通信都是依赖 IP 地址的，但是由于 IP 地址难以记忆，使用起来很不方便，因此人们通常使用文字性的、有意义的域名来访问网络上的主机。例如，使用域名 www.phei.com.cn 可以访问 phei 主机，但是在访问的过程中仍然需要将域名转换为 IP 地址，这样计算机才能正确地访问主机。这种转换操作通常由专门的 DNS 服务器来完成。

1. DNS 的功能

DNS（Domain Name System，域名系统）是一种基于 TCP/UDP 的服务器，同时监听 TCP 和 UDP 的 53 端口。DNS 服务器所提供的服务是将主机名或域名与 IP 地址相互转换。通常将域名转换为 IP 地址的过程称为正向解析，将 IP 地址转换为域名的过程称为反向解析。

2. DNS 的组成

（1）域名空间：指定域名层次结构和相应的数据。

（2）域名服务器：服务器端用于管理区域（Zone）内的域名或资源记录，并负责其控制范围内所有的主机域名解析请求的程序。

（3）解析器：客户端向域名服务器提交解析请求的程序。

整个 Internet 的域名系统采用树形层次结构，由许多域（Domain）组成，从上到下依次为根域、顶级域、二级域及三级域。以 www.phei.cn 为例解析 DNS 的树形结构，如图 7-1-1 所示。

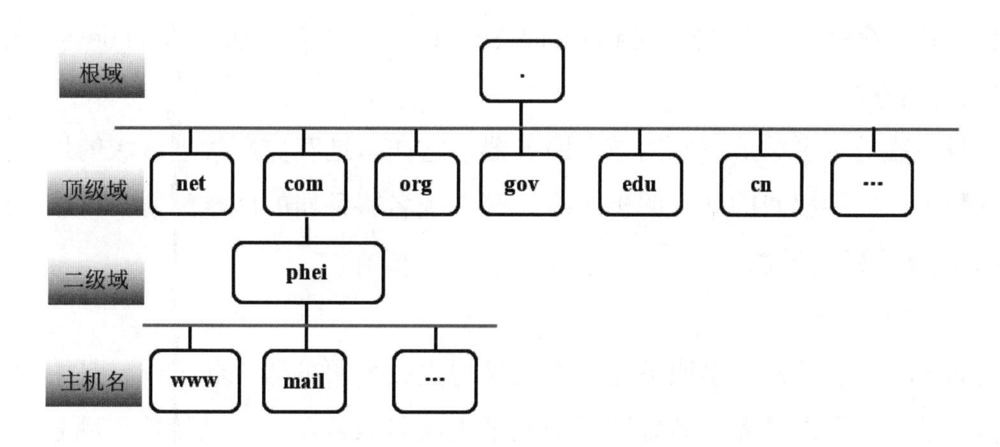

图 7-1-1　DNS 的树形结构

每个域至少有一个域名服务器，该服务器只需存储其控制范围内的域名和 IP 地址信息，同时向上级域的 DNS 服务器注册，也就是说，一级域名服务器管理二级域名服务器，二级域名服务器管理三级域名服务器。若是美国以外的国家，则其顶级域为国家代码，如中国为 cn，英国为 uk，而 com、edu 就成为二级域。例如，www.phei.cn 的顶级域为 cn，二级域为 phei，主机名为 www。全球共有 13 台根服务器，大多数位于美国，在亚洲只有一台位于日本，三级域一般由各个国家的网络管理中心统一分配和管理。

3. DNS 的工作过程

本地主机发出请求后，首先查询本地的 /etc/hosts 文件，若 hosts 文件中有解析结果，则返回 hosts 文件中的解析结果；若没有，则查询本地 DNS 缓存。若本地 DNS 缓存中有相应结果，则返回相应结果；若没有，则查询本地第一台DNS服务器。先查询该DNS服务器缓存，若有相应结果，则返回相应结果；若没有，则检查是不是该DNS服务器负责的域，若不是，则启用第二台DNS服务器。在第二台DNS服务器中也进行类似操作，若是该DNS服务器负责的域，则到该域的上一级服务器中查询，直至根域。若上一级服务器中有相应结果，则在本地服务器中添加该结果，以便下次查询，若直至查询到根域也没有相应结果，则查询失败。

4. DNS服务器类型

在Linux操作系统中架设DNS服务器后，应用最多的是由加州大学伯克利分校开发的开源软件——BIND。BIND是一款实现DNS服务器的开放源代码软件，能够运行在当前大多数的操作系统平台上。目前，BIND软件由互联网系统协会（Internet System Consortium，ISC）负责开发和维护。

若当前系统没有安装BIND软件，则用户可以使用以下命令安装。

```
root@ubuntu:~# apt install bind9
```

根据不同的场景，DNS服务器可以被配置为主域名服务器（Master Server）、辅助域名服务器（Slave Server）、缓存域名服务器（Cache Only Server）和转发域名服务器（Forwarder Server）。

1）主域名服务器

主域名服务器是本区域最权威的域名服务器，它在本地存储所管理区域的地址数据库文件中，负责为用户提供权威的地址解析服务。在主域名服务器的区域配置文件中，通常可以看到type=master这样的属性。

2）辅助域名服务器

辅助域名服务器也称从域名服务器，它通常与主域名服务器一起工作，是主域名服务器的一个备份。辅助域名服务器的地址数据来源于主域名服务器，并且随着主域名服务器数据的变化而变化。在辅助域名服务器的区域配置文件中，通常可以看到type=slave这样的属性。

3）缓存域名服务器

缓存域名服务器可以运行域名服务器软件，但是不保存地址数据库文件。当用户发起查询请求时，缓存域名服务器会从其他远程服务器处获取每次域名服务器查询的结果，并将结果存放在高速缓存中，以后遇到相同的查询请求时就用该结果应答。缓存域名服务器提供的所有信息都是间接的，所以它不是权威服务器。

4）转发域名服务器

转发域名服务器与其他DNS服务器不同的是，当它遇到自己无法解析的用户请求时，它会把请求转发给其他DNS服务器，如果设置了多个转发器，那么它会按顺序转发，直到找到地址或全部转发完成为止。

5. DNS 服务器配置文件

BIND 软件的重要配置文件都位于 /etc/bind 目录中，表 7-1-2 列出了 BIND 软件的重要配置文件及其功能。

表 7-1-2　BIND 软件的重要配置文件及其功能

配 置 文 件	功　能
db.0	网络地址“0.*”的反向解析区域文件
db.127	localhost 反向解析区域文件，用于将本地回送 IP 地址（127.0.0.1）转换为主机名 localhost
db.255	广播地址“255.*”的反向解析区域文件
db.empty	RFC1918 空区域的反向解析区域文件
db.local	localhost 正向解析区域文件，用于将主机名 localhost 转换为本地回送 IP 地址 127.0.0.1
db.root	根服务器指向文件，由 Internet NIC 创建和维护，无须修改，但是需要定期更新
named.conf	主配置文件，用于定义当前域名服务器负责维护的域名解析信息
named.conf.default-zones	包含默认的根域和 local 域
named.conf.local	当前域名服务器负责维护的所有区域的信息
named.conf.options	定义当前域名服务器主配置文件的全局选项
rndc.key	包含 named 守护进程使用的认证信息

虽然 BIND 软件的配置文件比较多，但是实际上需要用户配置的文件主要是 named.conf 和 named.conf.default-zones。

1）named.conf 文件

BIND 软件的主进程名为 named。在安装 BIND 软件时，会在 /etc/bind 目录下创建一个名为 named.conf 的全局配置文件。named.conf 文件引用了 3 个文件，即 named.conf.options、named.conf.local、named.conf.default-zones。named.conf 文件的内容如下所示。

```
root@master:/etc/bind# cat named.conf
// This is the primary configuration file for the BIND DNS server named.
//
// Please read /usr/share/doc/bind9/README.Debian.gz for information on the
// structure of BIND configuration files in Debian, *BEFORE* you customize
// this configuration file.
//
// If you are just adding zones, please do that in /etc/bind/named.conf.local

include “/etc/bind/named.conf.options”;        //引用 named.conf.options 文件
include “/etc/bind/named.conf.local”;          //引用 named.conf.local 文件
include “/etc/bind/named.conf.default-zones”; //引用 named.conf.default-zones 文件
```

2）named.conf.default-zones 文件

在 /etc/bind/named.conf.default-zones 文件中，主要定义的是 zone 语句。用户可以定义域名的正向解析、反向解析等。named.conf.default-zones 文件中默认包含了本机域名 /IP 地址解析的区域定义。zone 语句的基本语法格式如下所示。

```
zone "区域名称" IN {
  type DNS 服务器类型;
```

```
    file "区域文件名";
    allow-update { none; };
  masters { 主域名服务器地址; };
  };
```

zone 语句定义了区域的几个关键属性，包括 DNS 服务器类型、区域文件等。区域配置文件的参数及其功能如表 7-1-3 所示。

表 7-1-3　区域配置文件的参数及其功能

参　数	功　能
type	定义 DNS 服务器类型，包括 4 种，分别为 hint（根域名服务器）、master（主域名服务器）、slave（辅助域名服务器）和 forward（转发域名服务器）
file	指定该区域的区域文件，以相对路径表示，包含区域的域名解析数据
allow-update	指定是否允许客户机或服务器自行更新 DNS 记录
masters	指定主域名服务器的 IP 地址，对应的主域名服务器必须承认并存放该区域的数据，当 type 参数的值为 slave 时有效

反向解析区域与正向解析区域的声明格式相同，只是 file 文件指定读取的文件不同，以及区域的名称不同。若要反向解析“x.y.z”网段，则反向解析的区域名称应被设置为“z.y.x.in-addr.arpa”。

3）区域文件

区域文件用于保存域名配置的文件。对 BIND 软件来说，一个域名对应一个区域文件。区域文件中包含了域名和 IP 地址的对应关系，以及一些其他资源，这些资源被称为资源记录。所以，区域文件就是一个由许多条资源记录按照规定的顺序构成的文件，与传统的 /etc/hosts 文件类似。/etc/bind 目录下的 db.local 和 db.127 两个文件是正向解析区域文件和反向解析区域文件的配置模板。典型的正向解析区域文件和反向解析区域文件分别如例 7.1.1 和例 7.1.2 所示。

例 7.1.1：典型的正向解析区域文件

```
root@ubuntu:~# cat /etc/bind/db.local
;
; BIND data file for local loopback interface
;
$TTL    604800
@       IN      SOA     localhost. root.localhost. (
                              2         ; Serial
                         604800         ; Refresh
                          86400         ; Retry
                        2419200         ; Expire
                         604800 )       ; Negative Cache TTL
;
@       IN      NS      localhost.
@       IN      A       127.0.0.1
@       IN      AAAA    ::1
```

例 7.1.2：典型的反向解析区域文件

```
root@ubuntu:~#cat /etc/bind/db.127
```

```
;
; BIND reverse data file for local loopback interface
;
$TTL    604800
@       IN      SOA     localhost. root.localhost. (
                             1         ; Serial
                        604800         ; Refresh
                         86400         ; Retry
                       2419200         ; Expire
                        604800 )       ; Negative Cache TTL
;
@       IN      NS      localhost.
1.0.0   IN      PTR     localhost.
```

正向解析区域文件和反向解析区域文件常用的参数及其功能如表 7-1-4 所示。

表 7-1-4　正向解析区域文件和反向解析区域文件常用的参数及其功能

参　数	功　能
$TTL 1D	表示资源记录的生存周期（Time To Live），即地址解析记录的默认缓存天数。单位为秒，这里的“1D”表示 1 天
@	表示当前 DNS 服务器的域名，如“phei.com.cn.”或“1.168.192.in-addr.arpa.”
IN	表示将当前记录标识为一个 INTERNET 的 DNS 资源记录
SOA	表示起始授权记录，一种资源记录的类型。常见的资源记录类型有 SOA（Start of Authority，起始授权记录）、NS（Name Server，域名服务器）
rname.invalid.	表示区域管理员的邮箱地址
serial	表示本区域文件的版本号或更新序列号，当辅助 DNS 服务器要进行数据同步时，会比较这个号码，若发现主服务器的号码比自己的大，则进行更新，否则忽略。一般使用容易记忆的数字，如使用时间作为更新序列号，即 2022 年 8 月 12 日第 01 号可写作 2022081201
refresh	表示刷新时间。辅助 DNS 服务器根据定义的时间，周期性地检查主 DNS 服务器的序列号是否发生了变化。若发生了变化，则更新自己的区域文件。这里的“1D”表示 1 天
retry	表示辅助 DNS 服务器同步失败后，重试的时间间隔。这里的“1H”表示 1 小时
expiry	表示过期时间。若辅助 DNS 服务器在有效期内无法与主 DNS 服务器取得联系，则辅助 DNS 服务器不再响应查询请求，无法对外提供域名解析服务。这里的“1W”表示 1 周
minimum	表示对于没有特别指定生命周期的资源记录，minimum 参数值默认为 1 天，即 86 400 秒。这里的“3H”表示 3 小时
NS	表示域名服务器，一种资源记录的类型。资源记录会指定该域名由哪个 DNS 服务器进行解析，格式为“@ IN NS master.phei.com.cn.”
A 和 AAAA 资源记录	表示域名与 IP 地址的映射关系。A 资源记录用于 IPv4 地址，AAAA 资源记录用于 IPv6 地址，格式为“master IN A 192.168.1.201”
CNAME	表示别名记录，格式为“www1 IN CNAME www”，这里的“www1”表示 www 主机的别名
MX	定义邮件服务器，优先级默认为 10，数字越小，优先级越高，格式为“@ IN MX 10 mail.yiteng.cn.”
PTR	指针记录（Pointer），表示 IP 地址与域名的映射关系，反向解析区域文件与正向解析区域文件的主要区别就在此记录上。PTR 记录常用于用户 DNS 的反向解析，格式为“201 IN PTR www.phei.com.cn.”，这里的“201”表示 IP 地址中的主机号，IP 地址是 192.168.1.201，完整的记录名是 201.1.168.192.in-addr.arpa

6. DNS 服务的启动和停止

BIND DNS 服务的后台守护进程是 named，因此，在启动、停止 DNS 服务和查询 DNS 服务状态时要以 named 为参数。

7. 测试 DNS 服务的工具

在 DNS 客户端上测试 DNS 服务。BIND 软件提供了 3 个实用的 DNS 测试工具——nslookup、dig 和 host。dig 和 host 是命令行工具，而 nslookup 有命令行模式和交互模式。这里主要介绍 nslookup 工具的使用方法。

（1）安装 DNS 服务测试工具，如下所示。

```
root@ubuntu:~# dnf install -y bind-utils                    //安装 DNS 服务测试工具
```

（2）使用 nslookup 工具测试 DNS 服务。在命令行中使用 nslookup 命令进入交互模式，如下所示。

```
root@ubuntu:~# nslookup
>master.phei.com.cn.                                        //正向解析
Server:         192.168.1.201                               //显示 DNS 服务器的 IP 地址
Address:        192.168.1.201#53
Name:   master.phei.com.cn
Address: 192.168.1.201
>192.168.1.203                                              //反向解析
203.1.168.192.in-addr.arpa      name = web.phei.com.cn.
>set type=NS                                                //查询区域的 DNS 服务器
> phei.com.cn                                               //输入域名
Server:         192.168.1.201
Address:        192.168.1.201#53

phei.com.cn     nameserver = phei.com.cn.
> set type=MX                                               //查询区域的邮件服务器
> phei.com.cn                                               //输入域名
Server:         192.168.1.201
Address:        192.168.1.201#53

phei.com.cn     mail exchanger = 5 mail.phei.com.cn.
>set type=CNAME                                             //查询别名
> www.phei.com.cn                                           //输入域名
Server:         192.168.1.201
Address:        192.168.1.201#53

www.phei.com.cn canonical name = web.phei.com.cn.
>exit                                                       //退出
```

任务实施

1. 查询 DNS 服务器的 BIND 软件是否已安装

使用 apt policy bind9 命令查询 BIND 软件是否已安装，如下所示。

```
root@master:~# apt policy bind9
bind9:
  Installed: (none)
  Candidate:  1:9.18.18-0ubuntu0.22.04.1
  Version table:
     1:9.18.18-0ubuntu0.22.04.1 500
......                                                   // 此处省略部分内容
// 查询结果显示，该系统未安装 BIND 软件
```

2. 安装 DNS 服务器的 BIND 软件

若该系统未安装 BIND 软件，则使用 apt install -y bind9 命令安装 DNS 服务器所需要的软件包，如下所示。

```
root@master:~# apt install -y bind9
```

3. 配置 DNS 服务器

步骤 1：设置服务器 master 的 IP 地址/子网掩码为 192.168.1.201/24，DNS 服务器地址为 192.168.1.201，前面已经介绍过具体操作方法，这里不再详述。

步骤 2：修改 /etc/bind/named.conf.default-zones 文件。在 /etc/bind/named.conf.default-zones 文件末尾添加内容，如下所示。

```
root@master:~# vim /etc/bind/named.conf.default-zones      // 在文件末尾添加内容
zone "phei.com.cn" IN {
        type master;
        file "/etc/bind/db.phei.com.cn.zone";
};
zone "1.168.192.in-addr.arpa" IN {
        type master;
        file "/etc/bind/db.192.168.1.zone";
};
```

步骤 3：在 /etc/bind 目录下创建正向解析区域文件 db.phei.com.cn.zone 和反向解析区域文件 db.192.168.1.zone，如下所示。

```
root@master:~# cd /etc/bind
root@master:/etc/bind# cp db.local db.phei.com.cn.zone
root@master:/etc/bind# cp db.127 db.192.168.1.zone
root@master:/etc/bind# ls -l *zone
-rw-r--r-- 1 root bind 271 Dec  23 17:42 db.192.168.1.zone
-rw-r--r-- 1 root bind 281 Dec  23 16:14 db.phei.com.cn.zone
```

步骤 4：配置正向解析区域文件。在 DNS 服务器的 /etc/bind 目录下打开正向解析区域文件 db.phei.com.cn.zone，修改后的内容如下所示。

```
root@master:/etc/bind# vim db.phei.com.cn.zone
;
; BIND data file for local loopback interface
;
$TTL    604800
@       IN      SOA     localhost. root.localhost. (
                             2          ; Serial
```

```
                   604800          ; Refresh
                    86400          ; Retry
                  2419200          ; Expire
                   604800 )        ; Negative Cache TTL
;
@          IN              NS         master.
master       IN                  A    192.168.1.201
slave      IN                    A    192.168.1.202
web            IN                A    192.168.1.203
mail           IN                A    192.168.1.204
client         IN                A    192.168.1.210
www            IN                CNAME web
```

步骤 5：配置反向解析区域文件。在 DNS 服务器的/etc/bind 目录下打开反向解析区域文件 db.192.168.1. zone，修改后的内容如下所示。

```
root@master:/etc/bind# vim db.192.168.1.zone
;
; BIND reverse data file for local loopback interface
;
$TTL     604800
@        IN      SOA     localhost. root.localhost. (
                              1          ; Serial
                         604800          ; Refresh
                          86400          ; Retry
                        2419200          ; Expire
                         604800 )        ; Negative Cache TTL
;
@        IN            NS          master.
201         IN            PTR          master.phei.com.cn.
202            IN         PTR          slave.phei.com.cn.
203         IN            PTR          web.phei.com.cn.
204         IN            PTR          mail.phei.com.cn.
210         IN            PTR          client.phei.com.cn.
```

4. 重启 DNS 服务

在配置完成后，重启 DNS 服务，并设置开机自动启动，如下所示。

```
root@master:~# systemctl restart named
root@master:~# systemctl enable named
```

5. 配置 DNS 服务器地址

在 DNS 客户端配置 DNS 服务器地址，确保两台主机之间的网络连接正常，如下所示。

```
root@client:~# vim /etc/resolv.conf
nameserver 192.168.1.201
```

6. 测试 DNS 服务

使用 nslookup 工具测试 DNS 服务。在命令行中使用 nslookup 命令进入交互模式，如下所示。

```
root@client:~# nslookup
>master.phei.com.cn                                   // 正向解析
```

```
Server:         192.168.1.201                             //显示 DNS 服务器的 IP 地址
Address:        192.168.1.201#53
Name:   master.phei.com.cn
Address: 192.168.1.201
>192.168.1.201                                            //反向解析
Server:         192.168.1.201
Address:        192.168.1.201#53
201.1.168.192.in-addr.arpa      name = master.phei.com.cn.
>set type=NS                                              //查询区域的 DNS 服务器
>phei.com.cn                                              //输入域名
Server:         192.168.1.201
Address:        192.168.1.201#53
phei.com.cn     nameserver = phei.com.cn.
>set type=CNAME                                           //查询别名
>www.phei.com.cn                                          //输入域名
Server:         192.168.1.201
Address:        192.168.1.201#53
www.phei.com.cn  canonical name = web.phei.com.cn.
Name:   web.phei.com.cn
Address: 192.168.1.203
```

任务小结

（1）DNS 服务器的主要作用是提供域名与 IP 地址相互转换的功能。

（2）实现 DNS 服务的 BIND 软件，在安装时的软件包为 bind9，服务的后台守护进程是 named。

任务 7.2　配置辅助 DNS 服务器

任务描述

随着公司规模扩大，上网人数增加，Z 公司主 DNS 服务器的负荷越来越重，为了防止单点故障，网络管理员小李想增加一台辅助 DNS 服务器，实现 DNS 服务器的负载均衡和冗余备份，这样即使主 DNS 服务器出现故障，也不影响用户访问 Internet。

任务要求

辅助 DNS 服务器是 DNS 服务器的一种容错机制，当主 DNS 服务器遇到故障不能正常工作时，辅助 DNS 服务器可以立即分担主 DNS 服务器的工作，提供域名解析服务。服务器的主机名、IP 地址及其对应关系如表 7-2-1 所示。

表 7-2-1　服务器的主机名、IP 地址及其对应关系

主 机 名	IP 地址	对 应 关 系
master	192.168.1.201	主 DNS 服务器

续表

主 机 名	IP 地址	对 应 关 系
slave	192.168.1.202	辅助 DNS 服务器
client	192.168.1.210	客户端，用于测试

知识链接

在 Internet 中，通常使用域名来访问 Internet 上的服务器，因此 DNS 服务器在 Internet 的访问中就显得十分重要，如果 DNS 服务器出现故障，那么即使网络本身通信正常，也无法通过域名访问 Internet。

为了保证域名解析服务正常，除了一台主域名服务器，还可以安装一台或多台辅助域名服务器。辅助域名服务器只创建与主域名服务器相同的辅助区域，而不创建区域内的资源记录，所有的资源记录都从主域名服务器同步传送到辅助域名服务器上。

任务实施

1. 设置服务器 slave 的 IP 地址 / 子网掩码并安装 BIND 软件

设置服务器 slave 的 IP 地址 / 子网掩码为 192.168.1.202/24，并使用 apt install -y bind9 命令一键安装 BIND 软件，前面已经介绍过具体操作方法，这里不再详述。

2. 主 DNS 服务器的配置

使用任务 7.1 中配置好的 DNS 服务器作为主 DNS 服务器，进行如下所示的修改。

```
root@master:~#vim /etc/bind/named.conf.default-zones        //在文件末尾添加
zone "phei.com.cm" IN {
        type master;
        file "/etc/bind/db.yiteng.com.zone";
        allow-transfer { 192.168.1.202;  };      //允许辅助 DNS 服务器获取资料，是被动的
        also-notify {192.168.1.202;  };    //主动把变更通知给辅助 DNS 服务器，是主动的
};
zone "1.168.192.in-addr.arpa" IN {
        type master;
        file "/etc/bind/db.192.168.1.zone";
        allow-transfer { 192.168.1.202;  };
        also-notify {192.168.1.202;  };
};
```

3. 重启主 DNS 服务

在配置完成后，重启主 DNS 服务，并设置开机自动启动，如下所示。

```
root@master:~# systemctl restart named
root@master:~# systemctl enable named
```

4. 辅助 DNS 服务器的配置

与主 DNS 服务器一样，辅助 DNS 服务器同样需要配置 named.conf.default-zones 文件，创建接收主 DNS 服务器数据的区域。与主 DNS 服务器不同的是，这里需要将 type 参数值设置为 slave，用于说明这是一个辅助区域，并且增加一个 masters 参数，用于指向该区域的主 DNS 服务器的 IP 地址，使辅助 DNS 服务器从该 IP 地址接收数据。在主 DNS 服务器中，区域数据库文件存放在 /etc/bind 目录下，且在一般情况下，这些数据是用户自己创建的；而在辅助 DNS 服务器中，区域数据库文件同样存放在 /etc/bind 目录下，系统会自动将主 DNS 服务器传送过来的数据保存在该目录下，无须人为干预。辅助 DNS 服务器会把更新请求转发给主 DNS 服务器，以实现动态更新，如下所示。

```
root@slave:~# vim /etc/bind/named.conf.default-zones        //在文件末尾添加内容
zone "phei.com.cn" IN {
type slave;
file "slaves/phei.com.cn.zone";
masters { 192.168.1.201; };
};
zone "1.168.192.in-addr.arpa" IN {
type slave;
file "slaves/192.168.1.zone";
masters { 192.168.1.201; };
};
```

小提示

在默认情况下，主 DNS 服务器可以将区域数据传送到所有服务器中，为安全起见，一般会设定主 DNS 服务器只能将区域数据传送到辅助 DNS 服务器中。在主 DNS 服务器的 named.conf 文件中添加“allow-transfer{IP 地址 ;};”，可以设定全局允许传送的地址，在 named.conf.default-zones 文件中添加“allow-transfer{IP 地址 ;};”，可以设定某个区域允许传送的地址。

5. 赋予权限

步骤 1：设置 bind 用户组对 /etc/bind 目录具有写权限。

```
root@slave:~# chmod g+w /etc/bind
```

步骤 2：修改 AppArmor 对 /etc/bind/** 的默认权限为 rw（第 19 行），并刷新该文件的配置，如下所示。

```
root@slave:~# vim /etc/apparmor.d/usr.sbin.named
......                                                    //此处省略部分内容
  # See /usr/share/doc/bind9/README.Debian.gz
19  /etc/bind/** rw,
20  /var/lib/bind/** rw,
21  /var/lib/bind/ rw,
```

```
22  /var/cache/bind/** lrw,
23  /var/cache/bind/ rw,
……                                                          //此处省略部分内容
root@slave:~# apparmor_parser -r /etc/apparmor.d/usr.sbin.named
//刷新文件的配置
```

小提示

AppArmor 是强制访问控制系统，用户可以通过它指定程序能够读、写或执行哪些文件，是否可以打开网络端口等。作为对传统 UNIX 操作系统的自主访问控制模块的补充，AppArmor 提供了强制访问控制机制。

6. 重启辅助 DNS 服务

在配置完成后，重启辅助 DNS 服务，并设置开机自动启动，如下所示。

```
root@slave:~# systemctl restart named
root@slave:~# systemctl enable named
```

7. 查看区域传送情况

查看辅助 DNS 服务器中的 /etc/bind/slaves/ 目录，可以看到，已经自动生成了正向解析区域文件和反向解析区域文件，如下所示。

```
root@slave:~# ll /etc/bind/slaves/
-rw-r--r--. 1 bind bind 659 Dec 23 10:46 192.168.1.zone
-rw-r--r--. 1 bind bind 529 Dec 23 10:46 phei.com.cn.zone
```

8. 辅助 DNS 服务器的测试

在测试辅助 DNS 服务器之前，要先将主 DNS 服务器关机，然后将测试机的 DNS 地址指向辅助 DNS 服务器，并使用 nslookup 命令来测试，如下所示。

```
root@slave:~# cat /etc/resolv.conf
nameserver 192.168.1.202
root@slave:~# nslookup
> www.phei.com.cn
Server:         192.168.1.202
Address:        192.168.1.202#53

www.phei.com.cn canonical name = web.phei.com.cn.
Name:   web.phei.com.cn
Address: 192.168.1.203
> 192.168.1.203
203.1.168.192.in-addr.arpa      name = web.phei.com.cn.
>exit
//可以看出，辅助 DNS 服务器能够独立完成正向和反向的解析任务，表示辅助 DNS 服务器配置成功
```

任务小结

（1）在创建正向解析区域文件和反向解析区域文件时，一定要加 -p 选项，否则会导致

配置不成功。

（2）在配置辅助 DNS 服务器时，正向解析区域文件和反向解析区域文件的数据是自动生成的。

实训题

搭建 DNS 服务器的步骤如下所示。

（1）为了使员工登录服务器时便于记忆，某公司想要基于内部网络搭建一台 DNS 服务器。请你为该公司搭建一台 DNS 服务器，其中，域名与 IP 地址的对应关系如下所示。

www.phei.cn　192.168.10.10

ftp.phei.cn　192.168.10.100

mail.phei.cn　192.168.10.200

（2）在搭建主 DNS 服务器和辅助 DNS 服务器时，设置主 DNS 服务器的 IP 地址为 192.168.20.1，辅助 DNS 服务器的 IP 地址为 192.168.20.2，并对以下域名进行解析。

www1.phei.com 192.168.20.11

www2.phei.com 192.168.20.22

www1.phei.com 192.168.20.33

www2.phei.com 192.168.20.44

项目八

配置与管理 DHCP 服务器

项目描述

Z 公司是一家电子商务运营公司，现在需要实现员工的计算机只要插上网线就能自动获取网络资源，手机只要连上 Wi-Fi 就能正常通信。而这些连接服务器的过程，以及常见设备自动连接网络的过程，一般都需要 DHCP 服务器来提供支持。

DHCP（Dynamic Host Configuration Protocol，动态主机配置协议）是一个局域网的网络协议，基于 UDP（User Datagram Protocol，用户数据报协议）工作，主要用于管理内部网络的计算机，特别是 IP 地址分配。在计算机网络中，每台计算机都有自己的 IP 地址，IP 地址是它们的唯一标识。若同一网络中的计算机数量过多，则由管理员为每台计算机单独指定 IP 地址，这样的工作量很大，容易出现 IP 地址冲突的问题。此时可以借助 DHCP 服务器来配置客户端的网络信息，如 IP 地址、子网掩码、默认网关、DNS 地址等，使网络的集中管理更加方便，因此在企事业单位被广泛应用。

本项目主要介绍 DHCP 服务器的工作原理和 DHCP 服务器的配置方法。项目拓扑结构如图 8-0-1 所示。

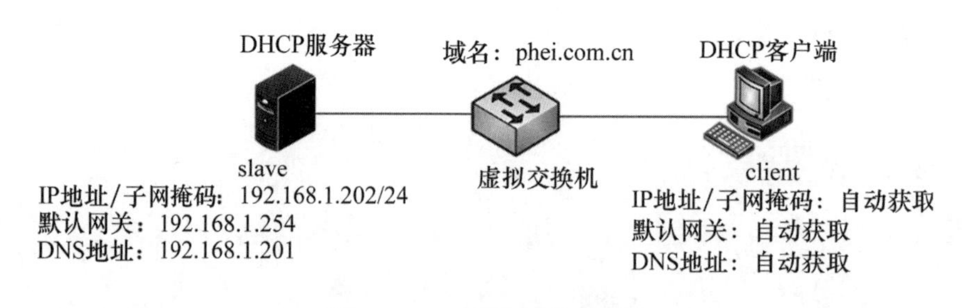

图 8-0-1　项目拓扑结构

知识目标

1．了解 DHCP 服务器的工作原理。

2．掌握 DHCP 服务器的相关配置文件。

能力目标

1．能够正确安装、配置和启动 DHCP 服务器。

2．能够正确配置 DHCP 客户端。

3．能够让 DHCP 客户端正确获取服务器的 IP 地址。

素质目标

1．引导读者主动收集客户需求，按需配置服务器，培养爱岗敬业精神和服务意识。

2．引导读者发扬工匠精神，努力实现服务器业务的高可用性。

3．培养读者的节约意识，实现服务器硬件资源使用均衡。

任务 8.1　安装与配置 DHCP 服务器

任务描述

最近一段时间，Z 公司的网络管理员小李收到了很多计算机出现 IP 地址冲突问题的求助，经检查发现，是因为部分员工自行设置 IP 地址造成的，于是小李准备在信息中心的 Linux 服务器上使用动态分配 IP 地址的方式来解决 IP 地址冲突的问题。

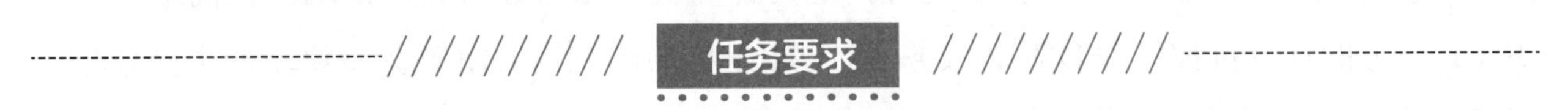

任务要求

在信息中心的 Linux 服务器上安装 DHCP 软件包，可以实现动态分配 IP 地址的功能。DHCP 服务可以为主机动态分配 IP 地址，解决 IP 地址冲突的问题。DHCP 服务的关键设置项如表 8-1-1 所示。

表 8-1-1　DHCP 服务的关键设置项

DHCP 选项	公司现有网络情况	计划设置方案
IP 地址范围	内网网段为 192.168.1.0/24	起始 IP 地址：192.168.1.1 结束 IP 地址：192.168.1.253
排除	服务器使用的 IP 地址范围为 192.168.1.201 ～ 192.168.1.209 默认网关的 IP 地址为 192.168.1.254	排除服务器所用的 IP 地址范围（192.168.1.201 ～ 192.168.1.209） 排除默认网关，其 IP 地址已在上述 IP 地址范围外，此处无须排除
租约时间	无	默认租约时间为 600 秒，最大租约时间为 7200 秒
默认网关	IP 地址为 192.168.1.254	IP 地址为 192.168.1.254
DNS 服务器	IP 地址为 192.168.1.201、202.96.128.86	IP 地址为 192.168.1.201、202.96.128.86

知识链接

1. DHCP 概述

DHCP 的前身是 BOOTP（Bootstrap Protocol，引导程序协议），它工作在 OSI 的应用层，是一种帮助计算机从指定的 DHCP 服务器处获取信息、用于简化计算机 IP 地址配置和管理的网络协议，可以自动为计算机分配 IP 地址，减轻网络管理员的工作负担。

DHCP 是基于客户端/服务器模式运行的，请求配置信息的计算机叫作 DHCP 客户端，而提供配置信息的计算机叫作 DHCP 服务器。服务器使用固定的 IP 地址，在局域网中扮演着给客户端提供动态 IP 地址、DNS 配置和网关配置的角色。客户端与 IP 地址相关的配置，都在启动时由服务器自动分配。

2. DHCP 的功能

DHCP 有两种分配 IP 地址的方式：静态分配和动态分配。静态分配是指由网络管理员或用户直接在网络设备接口等设置项中输入 IP 地址及子网掩码等，适合具备一定计算机网络基础的用户使用。但是这种方式容易因输入错误而造成 IP 地址冲突，所以在网络主机数量较少的情况下，可以手动为网络中的主机分配静态 IP 地址，但有时工作量很大，就需要使用动态分配的方式。在使用动态分配的方式时，每台计算机并没有固定的 IP 地址，而是在计算机开机时才会被分配一个 IP 地址，这台计算机被称为 DHCP 客户端。在网络中提供 DHCP 服务的计算机被称为 DHCP 服务器。DHCP 服务器利用 DHCP 为网络中的主机分配动态 IP 地址，并提供子网掩码、默认网关、路由器的 IP 地址，以及 DNS 服务器的 IP 地址等。

使用动态分配的方式可以减少管理员的工作量，减少用户手动输入可能产生的错误，适用于计算机数量较多的网络环境。只要 DHCP 服务器正常工作，IP 地址就不会发生冲突。在大批量地修改计算机所在子网或其他 IP 参数时，只需要在 DHCP 服务器上进行即可，管理员不必为每台计算机设置 IP 地址等参数。

3. DHCP 的工作原理

DHCP 基于客户端/服务器模式运行，采用 UDP 作为传输层的传输协议，并使用 67、68 端口。DHCP 动态分配 IP 地址的方式分为以下 3 种。

（1）自动分配。当 DHCP 客户端第一次成功地从 DHCP 服务器上获取 IP 地址后，就永远使用这个地址。

（2）动态分配。当 DHCP 客户端第一次从 DHCP 服务器上租用 IP 地址后，并非永远使用该地址，只要租约到期，DHCP 客户端就必须释放这个 IP 地址，以供其他工作站使用。当然，

DHCP 客户端可以比其他主机更优先地更新租约，或者租用其他 IP 地址。

（3）手动分配。DHCP 客户端的 IP 地址是由管理员指定的，DHCP 服务器只是把指定的 IP 地址告诉 DHCP 客户端。

在 DHCP 的工作过程中，DHCP 客户端与 DHCP 服务器主要以广播数据包的形式进行通信，发送数据包的目标 IP 地址为 255.255.255.255。DHCP 客户端和 DHCP 服务器的交互过程如图 8-1-1 所示。

图 8-1-1　DHCP 客户端和 DHCP 服务器的交互过程

（1）DHCP DISCOVER：IP 地址租用申请。

DHCP 客户端发送 DHCP DISCOVER 广播包，目的端口为 67 端口，该广播包中包含 DHCP 客户端的硬件地址（MAC 地址）和计算机名。

（2）DHCP OFFER：IP 地址租用提供。

DHCP 服务器在收到 DHCP 客户端请求后，会从地址池中拿出一个未分配的 IP 地址，并通过 DHCP OFFER 广播包告知 DHCP 客户端。如果有多台 DHCP 服务器，那么 DHCP 客户端会使用第一个收到的 DHCP OFFER 广播包中的 IP 地址信息。

（3）DHCP REQUEST：IP 地址租用选择。

DHCP 客户端在收到 DHCP 服务器发来的 IP 地址后，会发送 DHCP REQUEST 广播包，以告知网络中的 DHCP 服务器自己要使用的 IP 地址。

（4）DHCP ACK：IP 地址租用确认。

被选中的 DHCP 服务器会回应给 DHCP 客户端一个 DHCP ACK 单播包，以将这个 IP 地址分配给该 DHCP 客户端使用。

除上述 4 个主要步骤外，DHCP 的工作过程还会涉及 DHCP 客户端的重新登录，以及更新 IP 地址租用信息等。

DHCP 客户端在重新登录时，会直接发送包含前一次获得的 IP 地址的 DHCP REQUEST 广播包，该广播包的源 IP 地址为 0.0.0.0，目标 IP 地址为前一次为 DHCP 客户端分配 IP 地址的 DHCP 服务器的 IP 地址。当 DHCP 服务器收到消息后，发送 DHCP ACK 单播包以允许 DHCP 客户端继续使用原来分配的 IP 地址，若已经无法再为 DHCP 客户端分配原来的 IP 地址，则发送 DHCP NACK 单播包告知客户端，后者将发送 DHCP DISCOVER 广播包以请求新的

IP 地址。

当租用期限到达 50% 后，DHCP 客户端就要向 DHCP 服务器以单播的方式发送 DHCP REQUEST 广播包，以便更新 IP 地址租用信息。当客户端收到 DHCP ACK 单播包时，会更新租用期限及其他选项参数。当 DHCP 客户端无法收到 DHCP ACK 单播包时，会继续使用现有的 IP 地址，直到租用期限到达 87.5% 后再次发送 DHCP REQUEST 广播包，若依然没有得到回复，则发送 DHCP DISCOVER 广播包以请求新的 IP 地址。

小提示

在 DHCP 客户端发送 DHCP DISCOVER 广播包后，若没有 DHCP 服务器响应 DHCP 客户端的请求，则 DHCP 客户端会随机使用 169.254.0.0/16 网段中的一个 IP 地址作为本机地址。

4. DHCP 服务相关软件包

DHCP 服务的主程序软件包为 isc-dhcp-server，由于启动 DHCP 服务时需要 isc-dhcp-server 软件包，因此在使用 DHCP 服务之前，应当先检查系统中是否已安装这个软件包。可以使用 dpkg 命令查询 DHCP 服务的主程序软件包是否已安装，若没有安装，则可以使用 apt 命令进行安装，如下所示。

```
root@ubuntu:~# dpkg -l isc-dhcp-server        // 查询 DHCP 服务的主程序软件包是否已安装
dpkg-query: no packages found matching isc-dhcp-server
// 结果显示未安装
root@ubuntu:~# apt install -y isc-dhcp-server  // 安装 DHCP 服务的主程序软件包
```

5. DHCP 服务器配置文件

1）/etc/default/isc-dhcp-server 文件

该文件主要用于指定目标主机的网卡名称，INTERFACESv4 选项的内容表示 DHCP 服务器监听 DHCP 客户端的请求信息的网卡名称，如下所示。

```
root@ubuntu:~# grep INTERFACES /etc/default/isc-dhcp-server
INTERFACESv4=" "                                        //IPv4 接口
INTERFACESv6=" "                                        //IPv6 接口
```

2）/etc/dhcp/dhcpd.conf 文件

DHCP 服务器的主配置文件是 /etc/dhcp/dhcpd.conf。在一些 Linux 发行版本中，此文件在默认情况下是不存在的，需要管理员自行创建。对 Ubuntu 操作系统而言，在安装好 DHCP 软件之后，就会生成此文件。

dhcpd.conf 文件分为全局配置和局部配置两部分。全局配置可以包含参数或选项，对整个 DHCP 服务器生效；局部配置通常由声明表示，仅对局部内容和某个声明生效。下面重点介绍 dhcpd.conf 文件的格式和相关配置。

dhcpd.conf 文件的格式如例 8.1.1 所示。

例 8.1.1：dhcpd.conf 文件的格式

```
# 全局配置
参数或选项 ;                        // 全局范围内生效

# 局部配置
声明 {
    参数或选项 ;                    // 局部范围内生效
}
```

dhcpd.conf 文件的特点如下。

（1）注释内容以“#”开头，可以将临时无用的内容注释掉。

（2）除了花括号“{}”，其他每一行都以“;”结尾。

dhcpd.conf 文件由参数、选项和声明 3 种要素组成。

（1）参数。参数通常用于表明如何执行任务，是否要执行任务，格式为“参数名 参数值 ;”。DHCP 服务常用的参数及其功能如表 8-1-2 所示。

表 8-1-2　DHCP 服务常用的参数及其功能

参　　数	功　　能
ddns-update-style	设置 DNS 服务动态更新的类型
default-lease-time	默认租约时间，单位是秒
max-lease-time	最大租约时间，单位是秒
log-facility	指定日志文件名
hardware	指定网卡接口类型和 MAC 地址
server-name	通知 DHCP 客户端服务器名称
fixed-address	分配给 DHCP 客户端一个固定的 IP 地址

（2）选项。选项通常用于配置 DHCP 客户端的可选参数，全部以关键字“option”开头，如“option 参数名 参数值 ;”。DHCP 服务常用的选项及其功能如表 8-1-3 所示。

表 8-1-3　DHCP 服务常用的选项及其功能

选　　项	功　　能
subnet-mask	为 DHCP 客户端指定子网掩码
domain-name	为 DHCP 客户端指定域名
domain-name-servers	为 DHCP 客户端指定域名服务器
host-name	为 DHCP 客户端指定主机名
routers	为 DHCP 客户端指定默认网关
broadcast-address	为 DHCP 客户端指定广播地址

（3）声明。声明通常用于指定 IP 作用域，定义 DHCP 客户端分配的 IP 地址等。两种最常用的声明是 subnet 声明和 host 声明。subnet 声明用于定义作用域和指定子网；host 声明用于定义保留地址，实现 IP 地址和 DHCP 客户端 MAC 地址的绑定。DHCP 服务常用的声明及其功能如表 8-1-4 所示。

表 8-1-4　DHCP 服务常用的声明及其功能

声　明	功　能
shared-network	告知是否允许子网络分享相同网络
subnet	描述一个 IP 地址是否属于该网络
range	IP 地址范围
host	指定 DHCP 客户端的主机名

6. 租约数据库文件

租约数据库文件用于保存一些列的租约声明，其中包含客户端的主机名、MAC 地址、分配到的 IP 地址及 IP 地址的有效期等相关信息。这个数据库文件是可编辑的 ASCII 格式的文本文件。每当租约发生变化时，都会在文件末尾添加新的租约记录。

在刚安装好 DHCP 服务时，租约数据库文件 dhcpd.leases 是一个空文件。当 DHCP 服务正常运行时，可以使用 cat 命令查看租约数据库文件的内容，如下所示。

```
cat /var/lib/dhcp/dhcpd.leases
```

7. DHCP 服务的启动和停止

DHCP 服务的后台守护进程是 isc-dhcp-server，因此在启动、停止 DHCP 服务和查询 DHCP 服务状态时要以 isc-dhcp-server 为参数。

任务实施

1. 查询 DHCP 服务的软件包是否已安装

使用 dpkg -l isc-dhcp-server 命令查询 DHCP 服务的软件包是否已安装，如下所示。

```
root@slave:~# dpkg -l isc-dhcp-server
dpkg-query: no packages found matching isc-dhcp-server
//结果显示，该系统未安装 DHCP 服务的软件包
```

2. 安装 DHCP 服务的软件包

若该系统未安装 DHCP 服务的软件包，则使用 apt install -y isc-dhcp-server 命令安装 DHCP 服务所需要的软件包，如下所示。

```
root@slave:~# apt install -y isc-dhcp-server
root@slave:~# dpkg -l isc-dhcp-server
Desired=Unknown/Install/Remove/Purge/Hold
| Status=Not/Inst/Conf-files/Unpacked/halF-conf/Half-inst/trig-aWait/Trig-pend
|/ Err?=(none)/Reinst-required (Status,Err: uppercase=bad)
||/ Name            Version            Architecture Description
+++-==============================================================-
===============================
ii  isc-dhcp-server 4.4.1-2.3ubuntu2.4 amd64   ISC DHCP server for automatic IP
```

```
address assignment
   //ii 表示已安装成功
```

3. 配置 DHCP 服务器

步骤 1：设置服务器 slave 的 IP 地址/子网掩码为 192.168.1.202/24，DNS 服务器地址为 192.168.1.201，前面已经介绍过具体设置方法，这里不再详述。

步骤 2：修改主配置文件，在修改完成后保存并退出，具体内容如下所示。

```
root@slave:~# vim /etc/dhcp/dhcpd.conf
default-lease-time 600;
max-lease-time 7200;
ddns-update-style none;
subnet 192.168.1.0 netmask 255.255.255.0 {
  range 192.168.1.1 192.168.1.200;
  range 192.168.1.210 192.168.1.253;
  option domain-name-servers 192.168.1.201,202.96.128.86;
  option domain-name "phei.com.cn";
  option routers 192.168.1.254;
  option broadcast-address 192.168.1.255;
  default-lease-time 600;
  max-lease-time 7200;
}
```

4. 重启 DHCP 服务

在配置完成后，重启 DHCP 服务，并设置开机自动启动，如下所示。

```
root@slave:~# systemctl restart isc-dhcp-server
root@slave:~# systemctl enable isc-dhcp-server
```

5. 配置 DHCP 客户端

在不同操作系统下，DHCP 客户端的配置有所不同。

1）在 Windows 操作系统下的配置

将 Windows 主机配置为 DHCP 客户端比较简单，可以采用图形化配置。以 Windows 10 为例，配置步骤如下所示。

步骤 1：右击桌面上的“网络”图标，在弹出的快捷菜单中选择“属性”选项，弹出“网络和共享中心”窗口。之后选择查看活动网络中的“以太网”选项，弹出“以太网状态”对话框，单击“属性”按钮，弹出“以太网属性”对话框。双击“Internet 协议（TCP/IPv4）”选项，弹出“Internet 协议版本 4（TCP/IPv4）属性”对话框，如图 8-1-2 所示。

步骤 2：选中“自动获得 IP 地址”和“自动获得 DNS 服务器地址”单选按钮，并单击“确定”按钮，即可完成客户端的配置。

步骤 3：在虚拟机主界面的菜单栏中，选择“编辑”→“虚拟网络编辑器”选项，弹出“虚拟网络编辑器”对话框，如图 8-1-3 所示，取消勾选“使用本地 DHCP 服务将 IP 地址分配给虚拟机”复选框。

图 8-1-2 “Internet 协议版本 4（TCP/IPv4）属性”对话框　　图 8-1-3 “虚拟网络编辑器”对话框

步骤 4：选择“开始”→“运行”选项，在弹出的对话框中输入命令“cmd”并按“Enter”键，弹出命令提示符窗口。可以使用 ipconfig/release 命令释放获得的 IP 地址，使用 ipconfig/renew 命令重新获得 IP 地址。如图 8-1-4 所示，使用 ipconfig/all 命令查看 DHCP 客户端获得的 IP 地址，可以看出 DHCP 客户端已经成功获得 IP 地址。

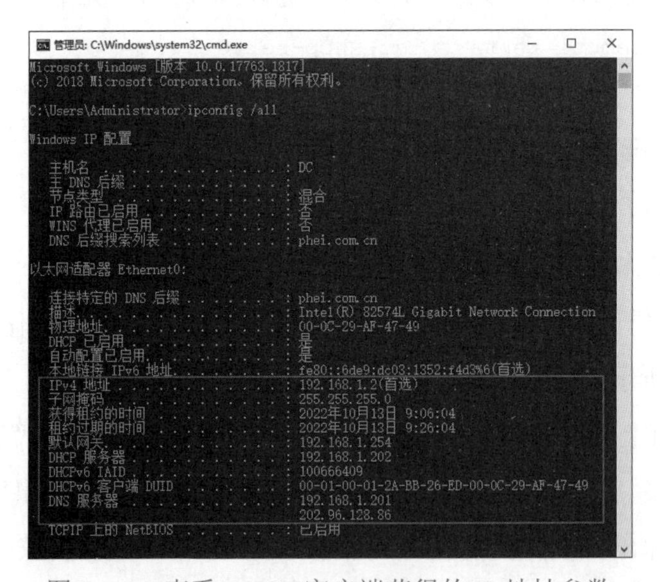

图 8-1-4　查看 DHCP 客户端获得的 IP 地址参数

2）在 Linux 操作系统下的配置

步骤 1：打开网卡配置文件/etc/netplan/00-installer-config.yaml，将 dhcp4 的值设为 true，如下所示。

```
root@client:~# vim /etc/netplan/00-installer-config.yaml
network:
```

```
    ethernets:
      ens33:
        dhcp4: true
    version: 2
```

步骤 2：修改完成后，一定要重新启动 DHCP 客户端，否则网络配置不会生效。使用 ip addr show ens33 命令查看获得的 IP 地址，如下所示。

```
  root@client:~# netplan apply
  root@client:~# ip addr show ens33
  2: ens33: <BROADCAST,MULTICAST,UP,LOWER_UP> mtu 1500 qdisc fq_codel state UP
group default qlen 1000
      link/ether 00:0c:29:09:89:fa brd ff:ff:ff:ff:ff:ff
       altname enp2s1
      inet 192.168.1.2/24 metric 100 brd 192.168.1.255 scope global dynamic ens33
         valid_lft 1412sec preferred_lft 1412sec
      inet6 fe80::20c:29ff:fe09:89fa/64 scope link noprefixroute
         valid_lft forever preferred_lft forever
```

任务小结

（1）分配 IP 地址的方式有两种，即静态分配和动态分配。其中，动态分配比静态分配更可靠，还能缓解 IP 地址资源紧张的情况。DHCP 采用 UDP 作为传输层的传输协议，并使用 67 和 68 端口。

（2）当 DHCP 客户端向 DHCP 服务器申请 IP 地址时，如果没有 DHCP 服务器响应，那么 DHCP 客户端会随机使用 169.254.0.0/16 中的一个 IP 地址作为本机地址。

任务 8.2　为指定计算机绑定 IP 地址

任务描述

Z 公司的总经理希望每次启动计算机时都能获得相同的 IP 地址，网络管理员小李尝试过使用固定 IP 地址，但有时总经理出差回来后，其计算机原来获得的 IP 地址可能会被 DHCP 服务器分配出去。小李决定使用 DHCP 的“保留”功能，将总经理计算机网络适配器的 MAC 地址与一个 IP 地址绑定，这样 DHCP 服务器就只会将这个 IP 地址分配给对应 MAC 地址的计算机。

任务要求

在相关服务器上配置好 DHCP 服务后，现在需要将 Z 公司总经理的计算机与特定的 IP 地址绑定，保留特定的 IP 地址设置项如表 8-2-1 所示。

表 8-2-1　保留特定的 IP 地址设置项

选　　项	内　　容
主机名	PC1
操作系统	Windows 10
MAC 地址	00-0C-29-D0-0D-46
IP 地址 / 子网掩码	192.168.1.222/24

知识链接

DHCP 绑定，是指 DHCP 服务器为某 DHCP 客户端始终分配一个无租约期限的 IP 地址。例如，在软件或系统测试环境中需要多次为 DHCP 客户端重新安装操作系统，那么使用 DHCP 绑定就能够确保 DHCP 客户端自动获得的始终为同一 IP 地址，其操作方法是在 DHCP 服务的主配置文件中新建保留项，用于绑定客户端的 MAC 地址与要分配的 IP 地址。

整个配置过程需要用到 host 声明和 hardware、fixed-address 参数。

（1）host + 主机名。

作用：定义保留地址，如例 8.2.1 所示。

例 8.2.1：定义保留地址

```
host computer1
```

（2）hardware + 网络接口类型 + 硬件地址。

作用：定义网络接口类型和硬件地址。常用类型为以太网（ethernet），地址为 MAC 地址，如例 8.2.2 所示。

例 8.2.2：定义网络接口类型和硬件地址

```
hardware ethernet 3a:4b:c5:33:67:34
```

（3）fixed-address + IP 地址。

作用：定义客户端指定的 IP 地址，如例 8.2.3 所示。

例 8.2.3：定义客户端指定的 IP 地址

```
fixed-address 192.168.1.200
```

任务实施

1. 配置 DHCP 保留地址

步骤 1：本任务在主机名为 PC1 的计算机上实现。在 PC1 计算机上使用 ipconfig/all 命令查询其 MAC 地址（也称“物理地址”），如图 8-2-1 所示。

```
C:\Windows\system32\cmd.exe
Microsoft Windows [版本 10.0.13362.356]
(c) 2019 Microsoft Corporation。保留所有权利。

C:\Users\ice>ipconfig /all

Windows IP 配置

   主机名 . . . . . . . . . . . . . : PC1
   主 DNS 后缀 . . . . . . . . . . . :
   节点类型 . . . . . . . . . . . . : 混合
   IP 路由已启用 . . . . . . . . . . : 否
   WINS 代理已启用 . . . . . . . . . : 否

以太网适配器 Ethernet0:

   连接特定的 DNS 后缀 . . . . . . . :
   描述. . . . . . . . . . . . . . . : Intel(R) 82574L Gigabit Network Connection
   物理地址. . . . . . . . . . . . . : 00-0C-29-D0-0D-46
   DHCP 已启用 . . . . . . . . . . . : 是
   自动配置已启用. . . . . . . . . . : 是
   本地链接 IPv6 地址. . . . . . . . : fe80::1e1:10b4:2d13:68f4%4(首选)
   自动配置 IPv4 地址 . . . . . . . : 169.254.104.244(首选)
   子网掩码 . . . . . . . . . . . . : 255.255.0.0
   默认网关. . . . . . . . . . . . . :
   DHCPv6 IAID . . . . . . . . . . . : 100666409
   DHCPv6 客户端 DUID . . . . . . . : 00-01-00-01-2A-4F-3B-12-00-0C-29-D0-0D-46
   DNS 服务器 . . . . . . . . . . . : fec0:0:0:ffff::1%1
                                       fec0:0:0:ffff::2%1
                                       fec0:0:0:ffff::3%1
   TCPIP 上的 NetBIOS . . . . . . . : 已启用
```

图 8-2-1　查询计算机的 MAC 地址

步骤 2：修改主配置文件。在任务 8.1 的基础上添加 IP 地址绑定内容，具体内容如下所示。

```
root@slave:~# vim /etc/dhcp/dhcpd.conf
default-lease-time 600;
max-lease-time 7200;
ddns-update-style none;
subnet 192.168.1.0 netmask 255.255.255.0 {
  range 192.168.1.1 192.168.1.200;
  range 192.168.1.210 192.168.1.253;
  option domain-name-servers 192.168.1.201,202.96.128.86;
  option domain-name "phei.com.cn";
  option routers 192.168.1.254;
  option broadcast-address 192.168.1.255;
  default-lease-time 600;
  max-lease-time 7200;
}
// 以下为 IP 地址绑定内容
host PC1 {
    hardware ethernet 00:0C:29:D0:0D:46;
    fixed-address 192.168.1.222;
}
```

2. 重启 DHCP 服务

在配置完成后，重启 DHCP 服务，如下所示。

```
root@slave:~# systemctl restart isc-dhcp-server
```

3. 测试 DHCP 保留地址

步骤 1：在 DHCP 客户端 client 上修改网络适配器的本地连接属性，将网络适配器的 Internet 协议版本 4（TCP/IPv4）属性设置为“自动获得 IP 地址”和“自动获得 DNS 服务器地址”。

步骤 2：在 DHCP 客户端的命令提示符窗口中分别执行 ipconfig /release 命令和 ipconfig

/renew 命令，即可看到此计算机已经获得了 192.168.1.222 的 IP 地址，即在 DHCP 服务器中设置的保留 IP 地址，结果如图 8-2-2 和图 8-2-3 所示。

图 8-2-2　在命令提示符窗口中释放并重新获得 IP 地址

图 8-2-3　查看 IP 地址详细信息

任务小结

（1）DHCP 的“保留”功能就是将某个 IP 地址和需要使用固定 IP 地址的计算机的 MAC 地址进行绑定。

（2）DHCP 客户端在向 DHCP 服务器更新租约时，DHCP 服务器一般都会将相同的 IP 地址租给此客户端。

实训题

配置 DHCP 服务

某公司需要在 Ubuntu 服务器上配置 DHCP 服务，要求如下所示。

（1）服务器的 IP 地址为 192.168.1.1。

（2）IP 地址的使用范围为 192.168.1.100～192.168.1.199。

（3）子网掩码为 255.255.255.0。

（4）默认网关为 192.168.1.254。

（5）DNS 服务器地址为 202.96.128.86。

（6）为宿主机分配保留地址 192.168.1.177（提示：宿主机的 MAC 地址可以使用 ipconfig /all 命令查看）。

项目九

配置与管理文件共享

项目描述

Z公司是一家电子商务运营公司，网络管理员为了方便公司员工共享和备份数据，准备对公司的网络进行以下设计：使用FTP服务器和NFS服务器为各个部门提供文件共享服务。

Linux操作系统提供了FTP和NFS两种非常方便的服务来管理文件共享。其中，FTP服务主要是在网络上传输各种类型的文件，实现跨平台文件共享。NFS服务允许一个系统在网络上与其他人共享目录和文件，使共享的目录可以像本地磁盘一样挂载到本地目录下并直接使用。通过本项目的学习，读者可以掌握FTP和NFS服务的配置、启动和测试方法。项目拓扑结构如图9-0-1所示。

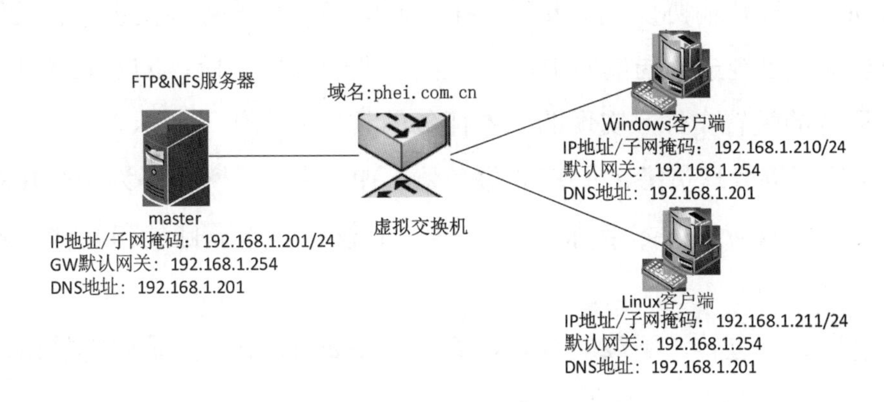

图9-0-1　项目拓扑结构

知识目标

1．掌握FTP服务的配置文件及配置项。

2．掌握NFS服务的配置文件及配置项。

能力目标

1．能够安装与启动FTP和NFS服务。

2．能够配置FTP和NFS服务，实现文件共享。

素质目标

1．引导读者逐步形成数据共享的安全意识。

2．培养读者遵守道德法律，自觉履行职责。

3．培养读者在规划资源共享时，具备严谨、细致的职业素养。

任务 9.1　配置与管理 FTP 服务器

任务描述

Z 公司的网络管理员小李，根据公司的业务需求，需要在信息中心的 Linux 服务器上实现文件传输服务。小李首先想到了 FTP 服务器，现在需要安装 FTP 服务相关软件包，并对 FTP 服务器进行配置。

任务要求

在信息中心的 Linux 服务器上安装和配置 FTP 服务后，可以实现文件传输服务。FTP（File Transfer Protocol，文件传输协议）主要用于在不同的操作系统之间提供文件传输服务，因其良好的跨平台功能，已经成为局域网中进行文件管理的重要手段。FTP 服务器的配置主要是通过修改 FTP 服务的配置文件来实现的。本任务的具体要求如下所示。

（1）Z 公司的网络管理员搭建了 FTP 服务器，IP 地址/子网掩码为 192.168.1.201/24。

（2）匿名用户对 /srv/ftp/phei 目录具有上传、下载、创建子目录和文件、删除目录和文件等权限。

（3）本地用户具有上传、下载等权限，其中，ftpuser1 用户登录后将被限制在自己的主目录中，ftproot 用户则可以向上切换目录。

知识链接

文件传输服务是一种非常普通的互联网服务，其主要功能是在网络上传输各种类型的文件。各种类型的操作系统基本上都内置了文件传输服务，并将其当作一种标准的网络服务提供给用户。

1．认识 FTP

FTP 是一种标准的网络协议，属于网络传输协议的应用层。FTP 采用客户端/服务器模式。

FTP 服务器一般运行在 Linux 或 Windows 等操作系统上，而 FTP 客户端则一般运行在用户的计算机上。用户通过客户机程序向服务器程序发出命令，服务器程序执行用户所发出的命令，并将执行结果返回给客户机。例如，用户发出一条命令，要求服务器向用户传送某个文件的一份拷贝，服务器会响应这条命令，将指定文件发送到用户的机器上。客户机程序代表用户接收这个文件，并将其存放在用户主目录下。

在使用 FTP 的过程中，用户会经常进行下载（download）和上传（upload）文件的操作。下载文件是指从远程主机中复制文件到自己的计算机中；上传文件是指将文件从自己的计算机中复制到远程主机中。用 Internet 语言来说，用户可以通过客户机程序向（从）远程主机上传（下载）文件。

2. FTP 的工作原理

对于绝大多数用户来说，21 端口被认为是 FTP 服务的标准端口。而实际上，FTP 服务一般使用 20 和 21 这两个端口。20 端口用于在客户端和服务器之间传输文件数据流，而 21 端口则用于传输控制数据流（即传输控制数据流的命令）。

FTP 通过 TCP（Transmission Control Protocol，传输控制协议）建立会话。FTP 服务有两种传输模式，分别是主动传输模式和被动传输模式。

FTP 主动传输模式，也称 PORT 模式，如图 9-1-1 所示。FTP 客户端使用随机端口 *N*（*N*>1023）和 FTP 服务器的 21 端口建立控制连接，比如图 9-1-1 中的客户端使用的是 1301 端口，之后在这个通道上发送 PORT 命令，包含客户端使用什么端口接收数据，而客户端接收数据的端口一般为 *N*+1，比如图 9-1-1 中为 1302。接下来服务器使用自己的 20 端口向客户端的指定端口 1302 传输数据。此时具有两个连接，一个是客户端端口 *N* 和服务器端口 21 建立的控制连接，另一个是服务器端口 20 和客户端端口 *N*+1 建立的数据连接。

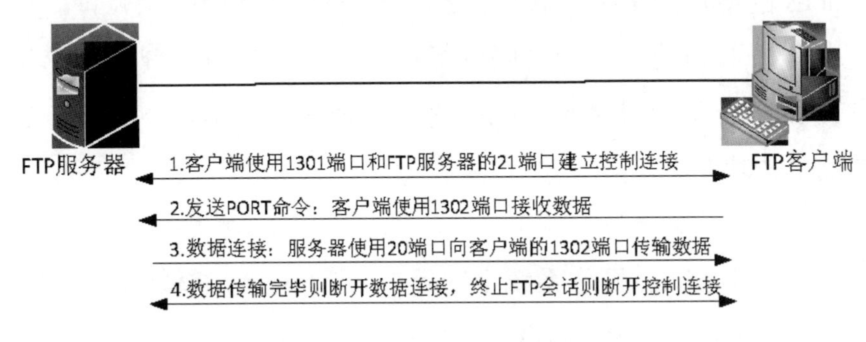

图 9-1-1　FTP 主动传输模式

FTP 被动传输模式，也称 PASV 模式，如图 9-1-2 所示。FTP 客户端使用随机端口 *N*（*N*>1023）和 FTP 服务器的 21 端口建立控制连接，比如图 9-1-2 中的客户端使用的是 1301 端口，之后在这个通道上发送 PASV 命令。接下来服务器随机打开一个临时数据端口 *M*

（$1023<M<65535$），比如图 9-1-2 中的服务器打开的是 1400 端口，并通知客户端。之后客户端使用 N+1 端口向服务器的 M 端口传输数据，比如图 9-1-2 中的客户端使用 1302 端口向服务器的 1400 端口传输数据。

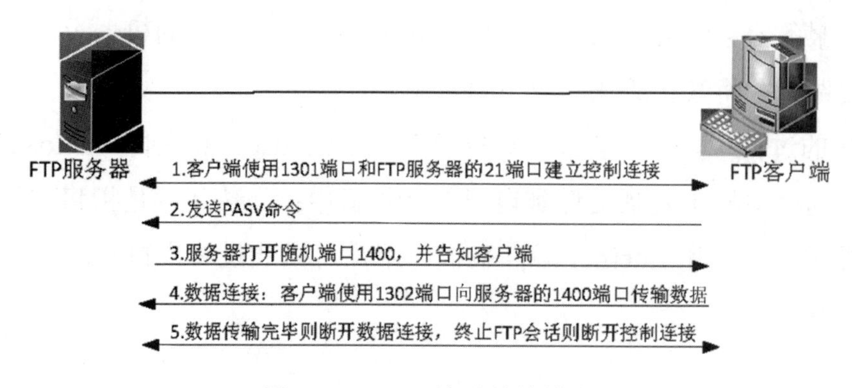

图 9-1-2　FTP 被动传输模式

主动传输模式和被动传输模式的判断标准为服务器是否主动传输数据。在主动传输模式下，数据连接是在服务器的 20 端口和客户端的 N+1 端口上建立的，若客户端启用了防火墙，则会造成服务器无法发起连接。被动传输模式只需要服务器打开一个临时端口用于数据传输，由客户端发起 FTP 数据传输，而客户端在开启防火墙的情况下依然可以使用 FTP 服务器。

3. FTP 服务器的登录账户类型

在访问 FTP 服务器时，通常需要经过登录，因为只有经过了 FTP 服务器的相关验证，用户才能访问和传输文件等。FTP 服务器软件 vsftpd 支持 3 种类型的用户，分别是匿名用户、本地用户和虚拟用户。下面分别对这 3 种类型的用户进行介绍。

1）匿名用户

为了便于用户下载文件，传统的 FTP 服务器都支持匿名用户登录。所谓匿名用户，是指名称为 anonymous 的用户，是应用较广泛的一种 FTP 服务器登录账户。用户可以使用这个用户名和自己的电子邮箱地址作为密码进行登录。当匿名用户登录 FTP 服务器后，其登录目录为匿名 FTP 服务器的根目录 /var/ftp。为了减轻 FTP 服务器的负载，在一般情况下，应关闭匿名用户的上传功能。

2）本地用户

所谓本地用户，是指 Linux 操作系统中的用户。vsftpd 允许本地用户直接登录，这样，FTP 用户和 Linux 操作系统用户就可以被集成在一起，便于管理。当本地用户登录 FTP 服务器后，其登录目录为用户自己的主目录，该目录在系统创建用户时可自动创建。例如，在 Ubuntu 操作系统中创建一个名为 aaa 的用户，那么它的默认目录就是 /home/aaa。本地用户可以访问整个目录结构，从而对系统安全构成极大威胁，所以，应尽量避免本地用户访问 FTP 服务器。

3）虚拟用户

vsftpd 支持虚拟用户登录。虚拟用户是指在 Linux 操作系统中并不存在的用户。这些虚拟用户仅用于登录 vsftpd。虚拟用户是本地用户的一种形式，它们的不同之处在于，虚拟用户登录 FTP 服务器后，不能访问除宿主目录以外的内容。

4. Linux 操作系统中常用的 FTP 服务器软件

Linux 操作系统支持的 FTP 服务器软件很多，但是如果从软件功能、性能和可配置性等方面考虑，常用的主要有以下几种，用户可以通过官方网站获取安装文件及更详细的介绍。

WU-FTPD：全称为 Washington University FTP Daemon，它是一个非常有名的 FTP 服务器软件，广泛应用于 UNIX 和 Linux 服务器。

ProFTPD：一款可靠的 FTP 服务器软件。它比 WU-FTPD 更加稳定，修复了很多 Bug，并针对 WU-FTPD 的不足进行了补充，因此它是 WU-FTPD 的最佳替代品。

vsftpd：一款安全、稳定、高性能的开源 FTP 服务器软件，适用于多种 UNIX 和 Linux 操作系统。它的全称是 very secure FTP daemon，中文意思为“非常安全的 FTP”。由此可见，它的开发者 Chris Evans 将安全作为设计这个软件的首要考虑因素。

Pure-FTP：一款高效、简单、安全的 FTP 服务器软件。它的功能相当多，而且非常实用。

5. FTP 服务的配置文件

在安装好 FTP 服务器软件 vsftpd 后，可以在/etc 目录中看到主配置文件 vsftpd.conf。

vsftpd.conf 文件中包含 FTP 服务的大部分参数配置，其文件的部分内容如例 9.1.1 所示。

例 9.1.1：vsftpd.conf 文件的部分内容

```
# Example config file /etc/vsftpd.conf
listen=NO
listen_ipv6=YES
anonymous_enable=NO
local_enable=YES
#write_enable=YES
#local_umask=022
#anon_upload_enable=YES
#anon_mkdir_write_enable=YES
……                                                    // 此处省略部分内容
#ls_recurse_enable=YES
secure_chroot_dir=/var/run/vsftpd/empty
pam_service_name=vsftpd
rsa_cert_file=/etc/ssl/certs/ssl-cert-snakeoil.pem
rsa_private_key_file=/etc/ssl/private/ssl-cert-snakeoil.key
ssl_enable=NO
#utf8_filesystem=YES
```

从例 9.1.1 可以得知，vsftpd.conf 文件的内容都是以“选项名 = 选项值”的形式定义的。下面介绍 vsftpd.conf 文件中的常用选项及其功能，如表 9-1-1 所示。

表 9-1-1　vsftpd.conf 文件中的常用选项及其功能

选　项	默 认 值	功　能
anonymous_enable	NO	是否允许匿名用户登录 vsftpd
anon_upload_enable	NO	是否允许匿名用户上传文件，须设置全局的 write_enable=YES
anon_mkdir_write_enable	NO	是否允许匿名用户在一定条件下创建目录
anon_other_write_enable	NO	是否允许匿名用户具有其他的写权限，如删除和重命名等
anon_umask	077	匿名用户创建文件的权限掩码
anon_root	/srv/ftp	匿名用户成功登录后的默认路径
anon_max_rate	0	匿名用户的最大传输速度，单位为字节/秒，0 表示无限制
no_anon_password	NO	是否询问匿名用户密码
local_enable	NO	是否允许本地用户登录
write_enable	NO	是否允许执行改变文件的命令
local_umask	077	本地用户创建文件的权限掩码
chroot_local_user	NO	是否将本地用户限制在主目录中
chroot_list_enable	NO	是否启用 chroot_list_file 选项指定的用户列表文件
chroot_list_file	/etc/vsftpd.chroot.list	指定被限制在主目录中的用户列表
dirmessage _enable	NO	指定用户首次进入新目录时显示的消息
xferlog_enable	NO	是否开启上传/下载的日志记录
connect_from_port_20	NO	是否使用 20 端口传输数据
chown_upload	NO	是否将匿名用户上传的文件所有者更改为 chown_username 选项所指定的用户
chown_username	root	匿名用户上传文件的默认所有者
xferlog_file	/var/log/xferlog	日志文件的保存位置

6. FTP 服务相关软件包

由于启动 FTP 服务时需要 vsftpd 软件包，因此在配置和使用 FTP 服务之前，应当先检查系统中是否已安装 vsftpd 软件包。

可以使用 dpkg 命令查询 vsftpd 软件包是否已安装，若未安装，则可以使用 apt 命令进行安装。

1）查询 vsftpd 软件包

使用 dpkg -l vsftpd 命令查询 vsftpd 软件包是否已安装，如下所示。

```
root@ubuntu:~# dpkg -l vsftpd
dpkg-query: no packages found matching vsftpd
//结果显示，该系统未安装 vsftpd 软件包
```

2）安装 vsftpd 软件包

由于该系统未安装 vsftpd 软件包，因此需要自行安装。使用 apt install -y vsftpd 命令安装启动 FTP 服务所需要的 vsftpd 软件包，如下所示。

```
root@ubuntu:~# apt install -y vsftpd                          //安装 vsftpd 软件包
```

7. FTP 常用命令

FTP 的客户端软件非常多，有采用图形用户界面的，也有采用命令行界面的。FTP 命令是 Internet 用户使用比较频繁的一类命令，无论是在 DOS 操作系统下还是在 UNIX 操作系统下使用 FTP，都会遇到大量的 FTP 命令。特别是在进行 FTP 测试时，使用图形化的方式无法直观地看出登录用户及权限限定等。熟悉并灵活应用 FTP 的内部命令，可以大大方便用户，实现事半功倍的效果。FTP 客户端的基本语法格式如下所示。

```
FTP <远程 FTP 服务器 IP 地址或者远程 FTP 服务器名>
```

FTP 客户端支持的 FTP 常用命令及其功能如表 9-1-2 所示。

表 9-1-2　FTP 常用命令及其功能

命　令	功　能
dir	列出远程目录的内容
ls	列出远程工作目录的内容
get	下载一个文件
put	上传一个文件
mdir	在 FTP 服务器上创建目录
mget	下载多个文件
mput	上传多个文件
rename	重命名文件
rmdir	删除 FTP 服务器上的目录
open	连接远程 FTP 服务器
bye	终止 FTP 会话并退出

8. FTP 服务的启动和停止

FTP 服务的后台守护进程是 vsftpd，因此，在启动、停止 FTP 服务和查询 FTP 服务状态时要以 vsftpd 为参数。

任务实施

1. 查询 FTP 服务软件包是否已安装

使用 dpkg -l vsftpd 命令查询 FTP 服务软件包是否已安装，如下所示。

```
root@master:~# dpkg -l vsftpd
dpkg-query: no packages found matching vsftpd
//结果显示，该系统未安装 vsftpd 软件包
```

2. 安装 FTP 服务软件包

若该系统未安装 vsftpd 软件包，则使用 apt install -y vsftpd 命令安装启动 FTP 服务所需

要的 vsftpd 软件包，如下所示。

```
root@master:~# apt install -y vsftpd
```

3. 创建目录

创建/srv/ftp/phei 目录，开放其他用户的写权限，如下所示。

```
root@master:~# mkdir /srv/ftp/phei
root@master:~# chmod 777 /srv/ftp/phei
root@master:~# cd /srv/ftp/phei
root@master:~# mkdir zzb                                    //用于测试的目录
root@master:~# touch wq.txt                                 //用于测试的文件
root@master:~# chmod o=rwx wq.txt                           //赋予其他用户完全控制权限
```

4. 添加本地用户

添加本地用户 ftpuser1 和 ftproot，并设置登录密码，如下所示。

```
root@master:~# useradd -m ftpuser1
root@master:~# useradd -m ftproot
root@master:~# passwd ftpuser1
root@master:~# passwd ftproot
```

5. 配置 FTP 服务

（1）根据任务要求，在/etc/vsftpd.conf 文件中修改以下关于匿名用户的选项，如下所示。

```
root@master:~# vim /etc/vsftpd.conf
anon_enable=YES
write_enable=YES
anon_upload_enable=YES
anon_umask=022
anon_mkdir_write_enable=YES
anon_other_write_enable=YES
no_anon_passwd=YES
```

（2）根据任务要求，在/etc/vsftpd.conf 文件中修改以下关于本地用户的选项，如下所示。

```
root@master:~# vim /etc/vsftpd.conf
local_enable=YES
write_enable=YES
local_umask=022
chroot_local_user=YES
chroot_list_enable=YES
chroot_list_file=/etc/vsftpd.chroot.list
root@master:~# echo “ftproot” > /etc/vsftpd.chroot.list
```

6. 重启 FTP 服务

在配置完成后，重启 FTP 服务，并设置开机自动启动，如下所示。

```
root@master:~# systemctl restart vsftpd
root@master:~# systemctl enable vsftpd
```

7. 使用客户端测试 FTP 服务

（1）使用 Windows 客户端进行匿名用户测试。

步骤 1：设置 Windows 客户端和 FTP 服务器之间的网络连通，此处略。

步骤 2：在 Windows 客户端中，打开任意一个 Windows 窗口，在地址栏中输入“ftp://192.168.1.201”并按“Enter”键，默认以匿名用户身份登录 FTP 服务器，如图 9-1-3 所示。

步骤 3：进入 phei 目录，进行权限测试（upload.txt 为本地上传的文件，ML 目录为新建和重命名后的目录），测试结果如图 9-1-4 所示。

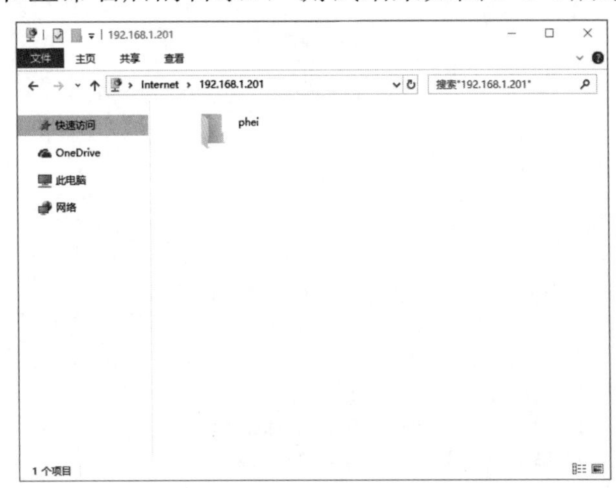

图 9-1-3　登录 FTP 服务器

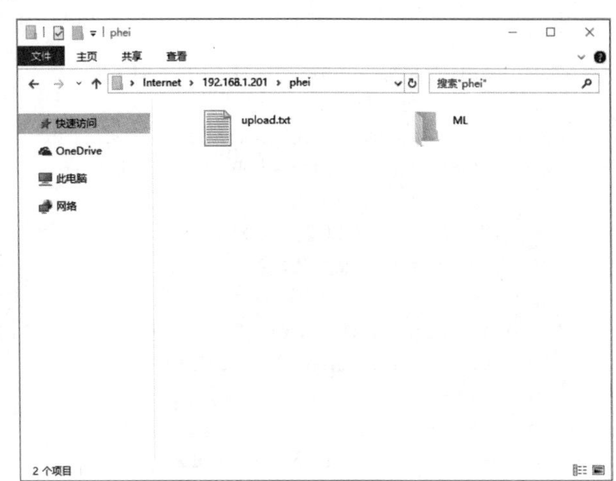

图 9-1-4　匿名用户测试结果

（2）使用 Linux 客户端进行匿名用户测试。

步骤 1：设置 Linux 客户端和 FTP 服务器之间的网络连通，此处略。

步骤 2：在以匿名用户身份登录 FTP 服务器并进入 phei 目录后，使用 get 命令将 upload.txt 文件下载到本地，将 download.txt 文件上传到 FTP 服务器的 phei 目录下，并修改 ML 目录的名称为 ZW，测试结果如下所示。

```
root@ubuntu:~# ftp 192.168.1.201
Connected to 192.168.1.201.
220 (vsFTPd 3.0.5)
Name (192.168.1.201:root): anonymous
230 Login successful.
Remote system type is UNIX.
Using binary mode to transfer files.
ftp> !pwd                                              //查看本地目录
/root
ftp> !ls                                               //查看本地目录的内容
snap
ftp> ls                                                //查看服务器目录
229 Entering Extended Passive Mode (|||65044|)
150 Here comes the directory listing.
drwxrwxrwx    3 0        0            4096 Jan 10 15:10 phei
226 Directory send OK.
ftp> cd phei
```

```
250 Directory successfully changed.
ftp> ls
229 Entering Extended Passive Mode (|||16226|)
150 Here comes the directory listing.
drwxr-xr-x    2 115      121          4096 Jan 10 15:08 ML
-rw-r--r--    1 115      121             0 Jan 10 15:08 upload.txt
226 Directory send OK.
ftp> get upload.txt                                   //下载 upload.txt 文件
local: upload.txt remote: upload.txt
229 Entering Extended Passive Mode (|||31110|)
150 Opening BINARY mode data connection for upload.txt (0 bytes).
     0        0.00 KiB/s
226 Transfer complete.
ftp> !ls                                              //查看本地文件
download.txt  snap  upload.txt
ftp> put download.txt                                 //上传 download.txt 文件
local: download.txt remote: download.txt
229 Entering Extended Passive Mode (|||30142|)
150 Ok to send data.
     0        0.00 KiB/s
226 Transfer complete.
ftp> ls
229 Entering Extended Passive Mode (|||19533|)
150 Here comes the directory listing.
drwxr-xr-x    2 115      121          4096 Jan 11 12:37 ML
-rw-r--r--    1 115      121             0 Jan 11 13:17 download.txt
-rw-r--r--    1 115      121             0 Jan 11 12:37 upload.txt
226 Directory send OK.
ftp> rename ML ZW                                     //重命名
350 Ready for RNTO.
250 Rename successful.
ftp> ls                                               //查看是否生效
229 Entering Extended Passive Mode (|||43491|)
150 Here comes the directory listing.
drwxr-xr-x    2 115      121          4096 Jan 11 12:37 ZW
-rw-r--r--    1 115      121             0 Jan 11 13:17 download.txt
-rw-r--r--    1 115      121             0 Jan 11 12:37 upload.txt
226 Directory send OK.
ftp> bye                                              //退出 FTP 客户端
221 Goodbye.
```

（3）使用 Linux 客户端进行本地用户测试。

步骤 1：设置 Linux 客户端和 FTP 服务器之间的网络连通，此处略。

步骤 2：以 ftpuser1 用户身份登录 FTP 服务器，当前目录显示为/，之后创建目录以测试写权限，使用 cd .. 命令向上切换目录并使用 pwd 命令查看，当前目录显示仍为/，表明 ftpuser1 用户被限制在用户的主目录中，测试结果如下所示。

```
root@ubuntu:~# ftp 192.168.1.201
Connected to 192.168.1.201.
220 (vsFTPd 3.0.5)
Name (192.168.1.201:root): ftpuser1
331 Please specify the password.
Password:
```

```
230 Login successful.
Remote system type is UNIX.
Using binary mode to transfer files.
ftp> pwd
Remote directory: /
ftp> ls
229 Entering Extended Passive Mode (|||27297|)
150 Here comes the directory listing.
drwxr-xr-x    2 1001     1001         4096 Jan 07 14:36 ftpuser1dir
226 Directory send OK.
ftp> cd ..
250 Directory successfully changed.
ftp> pwd
Remote directory: /
```

步骤 3：以 ftproot 用户身份登录 FTP 服务器，当前目录显示为 /home/ftproot，之后创建目录以测试写权限，使用 cd .. 命令向上切换目录并使用 pwd 命令查看，当前目录显示为 /home，表明 ftproot 用户可以向上切换目录，即切换到用户主目录以外，测试结果如下所示。

```
root@ubuntu:~# ftp 192.168.1.201
Connected to 192.168.1.201.
220 (vsFTPd 3.0.5)
Name (192.168.1.201:root): ftproot
331 Please specify the password.
Password:
230 Login successful.
Remote system type is UNIX.
Using binary mode to transfer files.
ftp> pwd
Remote directory: /home/ftproot
ftp> ls
229 Entering Extended Passive Mode (|||49971|)
150 Here comes the directory listing.
drwxr-xr-x    2 1002     1002         4096 Jan 07 14:37 root-dir
226 Directory send OK.
ftp> mkdir ftproot-dir
257 "/home/ftproot/ftproot-dir" created
ftp> ls
229 Entering Extended Passive Mode (|||12783|)
150 Here comes the directory listing.
drwxr-xr-x    2 1002     1002         4096 Jan 10 15:26 ftproot-dir
drwxr-xr-x    2 1002     1002         4096 Jan 07 14:37 root-dir
226 Directory send OK.
ftp> cd ..
250 Directory successfully changed.
ftp> pwd
Remote directory: /home
```

任务小结

（1）在进行不同系统间的文件传输时，FTP 服务是一个很好的选择。

（2）在配置 FTP 服务时，需要添加 FTP 用户并设置登录密码，才能使用户在登录 FTP 服务器后访问相应内容。

任务 9.2　配置与管理 NFS 服务器

任务描述

Z 公司的网络管理员小李，根据公司的业务需求，需要在信息中心的 Linux 服务器上实现文件共享，小李首先想到了 NFS 服务器，现在需要安装 NFS 服务相关软件包，并对 NFS 服务器进行配置。

任务要求

在信息中心的 Linux 服务器上安装和配置 NFS 服务后，可以通过网络实现资源共享。NFS 通过网络让不同的机器、不同的操作系统能够彼此分享各自的数据，让应用程序能够在客户端访问位于服务器磁盘中的数据，是在 Linux 操作系统中实现磁盘文件共享的一种方法。本任务的具体要求如下所示。

（1）NFS 服务器的 IP 地址为 192.168.1.201。

（2）NFS 服务器输出共享目录为/MyText，该目录对 192.168.1.211 主机可读、可写，进行数据同步，并将远程 root 用户映射为匿名用户。

（3）NFS 服务器输出共享目录为/MyShare，该目录对所有 192.168.1.0 网段的主机可读、可写，进行数据同步，并将远程用户映射为 UID 为 333 的本地用户；对其他所有非 192.168.1.0 网段的主机只读，并将远程用户映射为匿名用户。

知识链接

1．NFS 服务

NFS（Network File System，网络文件系统）是一种用于分散式文件系统的协定，由 Sun 公司开发，于 1984 年向外公布。

NFS 的基本原则是允许不同的客户端及服务器通过一组 RPC（Remote Procedure Call，远程过程调用）分享相同的文件系统。它独立于操作系统，允许不同的硬件及操作系统进行文件共享。

NFS 在文件传送或信息传送过程中依赖 RPC。RPC 是指能使客户端执行其他系统中的程序的一种机制。NFS 本身并没有提供信息传输协议的功能，但 NFS 能让我们通过网络进行资料的分享。这是因为 NFS 使用了一些其他传输协议，而这些传输协议会用到 RPC 功能，

可以说 NFS 本身就是使用 RPC 功能的一个程序，或者说 NFS 是一个 RPC 服务器。所以，只要需要使用 NFS，就要启动 RPC 功能，无论是 NFS 服务器还是 NFS 客户端。这样服务器和客户端才能通过 RPC 来实现 PROGRAM PORT 的对应。换句话说，NFS 是一个文件系统，而 RPC 负责信息的传输。

NFS 的优点如下所示。

（1）节省本地存储空间，可以将常用的数据存放在一台 NFS 服务器上，并且可以通过网络访问这些数据。

（2）用户无须在网络中的每台机器上都创建主目录，主目录可以被存放在 NFS 服务器上，并且可以在网络上被访问和使用。

（3）一些存储设备，如软驱、CD-ROM 和 Zip（一种高存储密度的磁盘驱动器与磁盘）等都可以在网络上被其他机器使用。这样可以减少整个网络上可移动介质设备的数量。

2. NFS 服务相关软件包

由于启动 NFS 服务时需要 nfs-kernel-server 软件包，因此在配置和使用 NFS 服务之前，应当先检查系统中是否已安装 nfs-kernel-server 软件包。

可以使用 dpkg 命令查询 nfs-kernel-server 软件包是否已安装，若未安装，则可以使用 apt 命令进行安装。

1）查询 nfs-kernel-server 软件包

使用 dpkg -l nfs-kernel-server 命令查询 nfs-kernel-server 软件包是否已安装，如下所示。在 Ubuntu 操作系统中，默认没有安装 nfs-kernel-server 软件包。

```
    root@ubuntu:~# dpkg -l nfs-kernel-server
    Desired=Unknown/Install/Remove/Purge/Hold
    | Status=Not/Inst/Conf-files/Unpacked/halF-conf/Half-inst/trig-aWait/Trig-pend
    |/ Err?=(none)/Reinst-required (Status,Err: uppercase=bad)
    ||/ Name              Version       Architecture                   Description
    +++-==============================================================================
===============================
    un  nfs-kernel-server       <none>          <none>                 (no description
available)
    //un 表示未安装
```

2）安装 nfs-kernel-server 软件包

使用 apt install-y nfs-kernel-server 命令安装 NFS 服务所需要的 nfs-kernel-server 软件包，如下所示。

```
    root@ubuntu:~# apt install -y nfs-kernel-server
```

3. NFS 服务的配置文件

NFS 服务的主配置文件是 /etc/exports，该文件比较简单，主要是通过权限控制来完成配置的，基本语法格式如下所示。

```
<输出目录>[客户端1 选项(访问权限,用户映射,其他)][ 客户端2 选项(访问权限,用户映射,其他]
```

NFS 配置示例如例 9.2.1 所示。

例 9.2.1：NFS 配置示例

```
/sharedir1 192.168.0.0/24(rw,sync) *.abc.com(ro,all_squash)
/sharedir2 192.168.1.211(rw,sync,no_root_squash) *(ro)
```

每行的开头都是要共享的目录，之后是将这个目录按照权限共享给不同主机的地址，主机地址后面的圆括号内是权限参数，当权限参数不止一个时，可以用逗号分隔（注意：主机地址和圆括号之间不能有空格）。

各参数的详细说明如下所示。

（1）输出目录：供客户端使用的共享目录，使用绝对路径。

（2）客户端：可以只有一个，也可以有多个。名称可以是单台主机、IP 地址或 IP 网段（支持通配符，如“*”或“?”，但是通配符只能使用在主机名上）。客户端主机常用的指定方式及其功能如表 9-2-1 所示。

表 9-2-1　客户端主机常用的指定方式及其功能

指定方式	功　能
jsj	表示主机名（需在同一域下）
jsj.phei.com.cn	表示完整的主机名 + 域名
*.phei.com.cn	表示域下所有的主机
192.168.0.33	表示指定 IP 地址
192.168.0.0/24	表示指定网段中所有的客户端主机
*	表示所有的客户端主机

（3）选项：NFS 服务能不能用、好不好用，最重要的就是圆括号内相关参数的设置。/etc/exports 文件中的分类、常用选项及其功能如表 9-2-2 所示。

表 9-2-2　/etc/exports 文件中的分类、常用选项及其功能

分　类	常用选项	功　能
访问权限	ro	read-only，只读，只允许客户机挂载这个文件系统为只读模式
	rw	read-write，明确指定共享目录为可读、可写。用户能否真正写入，还要看该目录对该用户有没有开放 Linux 文件系统的写权限
常规	sync	根据请求进行同步，将数据同步写入内存与磁盘
	async	将数据暂时存放在内存中，而非直接写入磁盘
	subtree_check	若输出目录是一个子目录，则 NFS 服务器将检查其父目录的权限
	no_subtree_check	即使输出目录不是一个子目录，NFS 服务器也检查其父目录的权限
	noaccess	禁止访问某一目录下的所有文件和子目录，这样可以阻止其他人访问共享目录下的一些子目录
	link_relative	若共享文件系统中包括绝对路径，则将绝对路径转换为相对路径
	link_absolute	不改变软链接文件的任何内容

续表

分　类	常用选项	功　能
用户映射	root_squash	如果登录 NFS 主机的是 root 用户，那么这个用户将被视为匿名用户，通常它的 UID 和 GID 都会变成 nobody（或 nfsnobody）系统用户的
	no_root_squash	让客户机的 root 用户在服务器上拥有 root 权限（不安全，不推荐使用）
	all_squash	将所有远程用户映射为 nfsnobody 用户 / 组，使所有用户以匿名用户身份访问共享资源
	no_all_squash	不将所有远程用户映射为 nfsnobody 用户 / 组（默认）
	anonuid=xx	将远程用户映射为匿名用户并指定到本地的特定用户账户上，当然这个 UID 要存在于 /etc/passwd 文件中
	anongid=xx	将远程用户映射为匿名用户，并指定到本地的特定用户组账户上

4. exportfs 命令

在修改 /etc/exports 文件后，使用 exportfs 命令挂载共享目录，可以不重启 NFS 服务，平滑重载配置文件，从而避免因进程挂起而导致宕机。也就是说，NFS 服务无须像其他的服务那样在修改主配置文件后必须重启，只要使用 exportfs 命令就可以使设置立即生效。exportfs 命令的基本语法格式如下所示。

```
exportfs [选项]
```

exportfs 命令的常用选项及其功能如表 9-2-3 所示。

表 9-2-3　exportfs 命令的常用选项及其功能

选　项	功　能
-a	表示全部挂载或卸载
-r	表示重新挂载
-u	表示卸载某个目录
-v	表示显示共享目录

5. showmount 命令

showmount 命令主要用于查询 NFS 服务器的相关信息，其基本语法格式如下所示。

```
showmount [-ade] 服务器名称或 IP 地址
```

showmount 命令的常用选项及其功能如表 9-2-4 所示。

表 9-2-4　showmount 命令的常用选项及其功能

选　项	功　能
-a	显示指定 NFS 服务器的所有客户端主机及其所连接的目录
-d	仅显示被客户端连接的所有输出目录
-e	显示 NFS 服务器上所有输出的共享目录
-h	显示帮助信息
-v	显示版本信息

6. NFS 服务的启动和停止

NFS 服务的后台守护进程是 nfs-server，因此，在启动、停止 NFS 服务和查询 NFS 服务状态时要以 nfs-server 为参数。

7. NFS 客户端的配置

在 NFS 服务配置完成后，如果客户端想要使用 NFS 服务就必须先挂载 NFS 共享目录，并在使用完成后及时卸载 NFS 共享目录。用户可以使用 mount 命令将可用共享目录挂载到本地文件系统中，也可以直接修改/etc/fstab 文件，实现开机自动挂载。

（1）使用 apt install-y nfs-common 命令安装测试 NFS 客户端所需要的 nfs-common 软件包，如下所示。

```
root@ubuntu:~# apt install -y nfs-common
```

（2）查看 NFS 服务器信息。

在客户端挂载 NFS 共享目录之前，可以使用 showmount 命令查看服务器上有哪些输出目录，以及共享目录是否允许客户端连接。NFS 服务器的 IP 地址为 192.168.1.201，查看结果如下所示。

```
root@ubuntu:~# showmount -e 192.168.1.201
Export list for 192.168.1.201:
/MyShare (everyone)
/MyText  192.168.1.211
```

（3）挂载 NFS 共享目录。

使用 mount 命令挂载 NFS 共享目录。mount 命令的基本语法格式如下所示。

```
mount -t nfs <NFS 服务器地址 : 共享目录 > < 本地挂载点 >
```

（4）修改/etc/fstab 文件，实现自动挂载。

如果需要经常使用远程服务器上的共享目录，每次都重新挂载会略显麻烦，那么可以在客户端中直接修改/etc/fstab 文件的内容，实现自动挂载。在 NFS 客户端的/etc/fstab 文件中，需要添加的内容如下所示。

```
192.168.1.201:/MyText    /nfstext        nfs      defaults        0 0
// 再次开机时，NFS 共享目录将被自动挂载
```

（5）卸载 NFS 共享目录。

当用户无须使用某个 NFS 服务器的共享目录时，为了安全，最好及时将 NFS 共享目录卸载。例如，要卸载前面所挂载的目录，可以使用“umount 挂载点”命令，如下所示。

```
root@ubuntu:~# df -TH|grep nfs
192.168.1.201:/MyText    nfs4       14G  6.5G   6.6G   50% /nfstext
root@ubuntu:~# umount /nfstext
root@ubuntu:~# df -TH|grep nfs
```

任务实施

1. 安装 NFS 服务的 nfs-kernel-server 软件包

使用 apt install-y nfs-kernel-server 命令安装启动 NFS 服务所需要的 nfs-kernel-server 软件包，如下所示。

```
root@master:~# apt install -y nfs-kernel-server
```

2. 配置 NFS 服务

步骤 1：创建共享目录，如下所示。

```
root@master:~# mkdir /MyText
root@master:~# mkdir /MyShare
```

步骤 2：编辑主配置文件/etc/exports，输入以下内容，保存并退出。

```
root@master:~# vim /etc/exports
/MyText          192.168.1.211(rw,sync,no_subtree_check,root_squash)
/MyShare            192.168.1.0(rw,sync,no_subtree_check,anonuid=333)  *(ro, no_
subtree_check,all_squash)
```

小提示

若没有 UID 为 333 的本地用户，则读者应自行创建。

步骤 3：使用 exportfs 命令重新输出共享目录，如下所示。

```
root@master:~# exportfs -arv
exporting 192.168.1.0:/MyShare
exporting 192.168.1.211:/MyText
exporting *:/MyShare
```

3. 重启 NFS 服务

在配置完成后，重启 NFS 服务，并设置开机自动启动，如下所示。

```
root@master:~# systemctl restart nfs-server
root@master:~# systemctl enable nfs-serverr
```

4. 使用客户端测试 NFS 服务

步骤 1：使用 apt install-y nfs-common 命令安装测试 NFS 客户端所需要的 nfs-common 软件包，如下所示。

```
root@master:~# apt install -y nfs-common
```

步骤 2：使用 showmount 命令查看 NFS 服务器信息，如下所示。

```
root@master:~# showmount -e 192.168.1.201
Export list for master.phei.com.cn:
/MyShare (everyone)
/MyText  192.168.1.211
```

步骤 3：将 NFS 服务器的共享目录 /MyText 挂载到客户端本地的 /nfstext 目录下，如下所示。

```
root@master:~# mkdir /nfstext
root@master:~# mount -t nfs 192.168.1.201:/MyText /nfstext
//这样就完成了将远程服务器 192.168.1.201 上的共享目录 /MyText 挂载到本地，打开 /nfstext 目录即可访问远程主机上的文件
root@master:~# df -TH|grep nfs                          //查询结果显示已挂载成功
192.168.1.201:/MyText    nfs4       19G  3.6G   15G   20% /nfstext
```

任务小结

（1）NFS 服务的配置文件比较简单，主要是通过权限控制来完成配置的。

（2）在进行 NFS 服务测试时，需要安装 nfs-common 软件包，否则找不到相关命令。

实训题

1. 配置 FTP 服务器

（1）vsftpd 服务器的地址为 192.16.10.10。

（2）创建一个临时目录 /srv/ftp/temp，供匿名用户临时存放和下载文件。

（3）本地用户 ftpuser1、ftpuser2、ftpuser3 登录后不能跳转出自己的主目录。

（4）拒绝本地用户 ftpuser4、ftpuser5 通过 FTP 登录系统。

（5）在客户端上测试以上配置。

2. 配置 NFS 服务器

（1）NFS 服务器的地址为 192.168.10.10。

（2）输出 /tmp/share 目录，供所有用户读取信息。

（3）输出 /tmp/upload 目录，作为 192.168.10.0/24 网段的数据上传目录，并将所有用户及所属的用户组都映射为 nfstest 用户，其 UID 与 GID 均为 1003。

（4）输出 /tmp/test 目录，仅共享给 172.168.0.20 主机，权限为可读、可写。

（5）将 NFS 服务器上的 /tmp/upload 共享目录挂载到客户机的 /tmp/share 目录下，并实现自动挂载。

（6）在客户端上测试、访问共享资源。

项目十

配置与管理 Web 服务器

项目描述

Z 公司是一家电子商务运营公司，为了对外宣传和扩大影响，该公司决定搭建门户网站。网站相关页面已经设计完成，现在需要部署网站。考虑到成本和维护问题，Z 公司决定使用 Linux 操作系统配合 Apache 搭建 Web 服务器。

Apache HTTP Server（简称 Apache）是 Apache 软件基金会的一个开放源代码的网页服务器，可以在大多数计算机操作系统中运行，因其跨平台特性和安全性被广泛使用，是最流行的 Web 服务器软件之一。

本项目主要介绍 Web 服务的基本工作原理、相关技术，以及 Apache 服务的配置文件和虚拟主机的使用等内容。项目拓扑结构如图 10-0-1 所示。

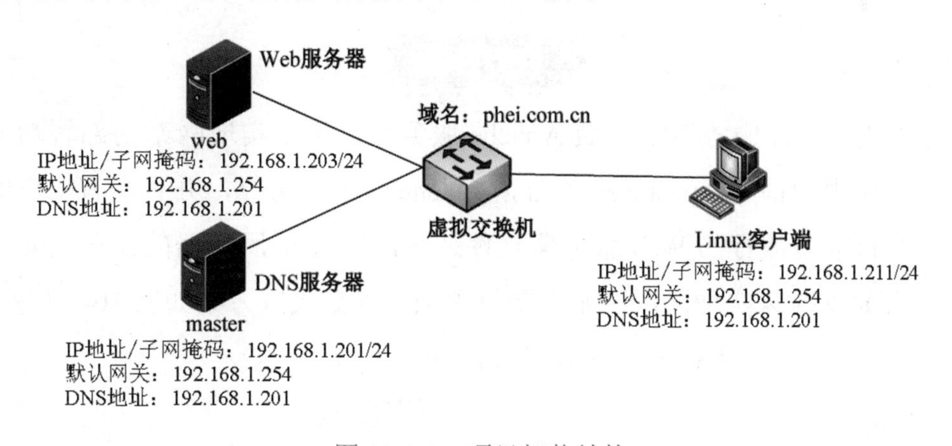

图 10-0-1　项目拓扑结构

知识目标

1．了解 Web 服务的应用场景和基本工作原理。

2．了解 Apache 的发展和技术特点。

3．掌握 Apache 服务的配置文件和配置项。

能力目标

1．能够实现 Apache 软件的安装和启动。

2．能够实现 Apache 服务常见配置项的配置。

3．能够实现 3 种虚拟主机的配置。

素质目标

1．引导读者树立节约意识，在创建网站时充分利用现有服务器资源。

2．引导读者形成服务意识，主动关注用户需求，协助发布网站。

任务 10.1　配置与管理 Apache 服务器

任务描述

Z 公司的网络管理员小李，根据公司的业务需求，需要将程序员开发好的网站部署到信息中心的 Web 服务器上。Z 公司使用的是 Linux 服务器，现在需要安装 Apache 服务相关软件包，并对 Apache 服务器进行配置。

任务要求

在信息中心的 Linux 服务器上安装 Apache 服务后，可以实现网站的部署功能。世界上很多著名的网站使用的都是 Apache 服务器。Apache 快速、可靠，并且具有出色的安全性和跨平台特性，是目前最流行的 Web 服务器软件之一。Apache 服务器的配置主要是通过修改 Apache 服务的配置文件来实现的，网站主要设置项及计划设置方案如表 10-1-1 所示。

表 10-1-1　网站主要设置项及计划设置方案

设　置　项	计划设置方案
端口	80
Apache 服务器的 IP 地址	192.168.1.203
主目录	/web/www
首页文件	首页文件名为 default.html，内容按需呈现

知识链接

在信息技术高度发达的今天，Web 服务早已成为人们日常生活中必不可少的组成部分，是人们进行工作、学习、娱乐和社交等活动的重要工具，人们只要在浏览器的地址栏中输入

一个网址并按“Enter”键，即可进入网络世界，获得几乎所有自己想要的资源。对绝大多数的普通用户而言，万维网（World Wide Web，WWW）几乎就是 Web 服务的代名词。Web 服务提供的资源多种多样，可能是简单的文本，也可能是图片、音频和视频等多媒体数据。随着移动互联网的迅猛发展，智能手机逐渐成为人们访问 Web 服务的入口。但无论是浏览器还是智能手机，Web 服务的基本工作原理都是相同的。

1. Web 服务的基本工作原理

Web 服务是采用典型的浏览器/服务器模式运行的，且运行于 TCP 之上。用户可以通过 Web 客户端浏览器（Web Browser）访问 Web 服务器上的图形、文本、音频、视频并茂的网页信息资源。Web 服务的交互过程一般可分为 4 个步骤，即连接过程、请求过程、应答过程及关闭连接，如图 10-1-1 所示。

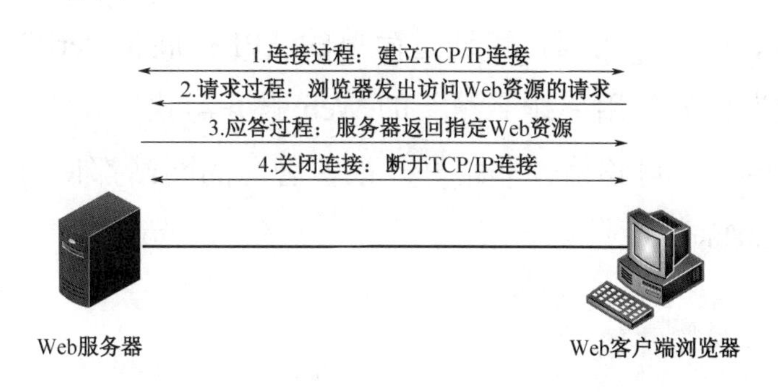

图 10-1-1　Web 服务的交互过程

（1）连接过程：在 Web 客户端浏览器与 Web 服务器之间建立 TCP/IP 连接，以便传输数据。

（2）请求过程：Web 客户端浏览器向 Web 服务器发出访问 Web 资源的请求。

（3）应答过程：Web 服务器接收 HTTP 请求，并通过 HTTP 响应将指定 Web 资源返回给 Web 客户端浏览器。

（4）关闭连接：在应答过程完成后，将 Web 客户端浏览器和 Web 服务器之间的 TCP/IP 连接断开。

2. Web 服务相关技术

（1）HTTP（Hyper Text Transfer Protocol，超文本传输协议）是 Web 客户端浏览器和 Web 服务器通信时所使用的应用层协议，允许 Web 客户端浏览器向 Web 服务器请求 Web 资源并接收响应。

（2）HTML（Hyper Text Markup Language，超文本标记语言）是由一系列标签组成的一种标记性语言，主要用于描述网页的内容和格式。它包括一系列标签，可以通过这些标签将网络上的文档格式统一，使分散的 Internet 资源链接为一个逻辑整体。网页中的不同内容，如文字、图形、动画、声音、表格、超链接等，都可以用 HTML 标签来表示。

超文本是一种组织和管理信息的方式，它通过超链接将文本中的文字、图表与其他信息关联起来。这些相互关联的信息可能在 Web 服务器的同一个文件中，也可能在不同的文件中，甚至可能位于两台不同的 Web 服务器中。也就是说，超文本可以将分散的资源整合在一起，以便用户浏览、检索信息。

3. Apache 服务器

Apache 源于美国国家超级计算机应用中心（NCSA）所开发的 httpd。1994 年后，许多 Web 管理员在 httpd 的基础上不断发展附加功能，通过电子邮件沟通并实现这些功能，之后以补丁（Patches）的形式发布。1995 年，几位核心成员成立了 Apache 组织。随后，Apache 不断更新版本，革新服务器架构，在一年内就超过了 httpd，成为排名第一的 Web 服务器软件。

Apache 以其开源、快速、可靠，可通过简单的 API 扩展将 Perl/Python 等解释器编译到服务器中等优点，成为世界使用率排名第一的 Web 服务器软件。它可以运行在几乎所有被广泛使用的计算机平台上，可移植性非常好。很多著名的网站都使用 Apache 作为服务器，其市场占有率已超过 60%。

4. Apache 服务相关软件包

由于启动 Apache 服务时需要 apache2 软件包，因此在配置和使用 Apache 服务之前，应当先检查系统中是否已安装 apache2 软件包。

可以使用 dpkg 命令查询 apache2 软件包是否已安装，若未安装，则可以使用 apt 命令进行安装。

1）查询 apache2 软件包

使用 dpkg -l apache2 命令查询 apache2 软件包是否已安装，如下所示。

```
root@ubuntu:~# dpkg -l apache2
dpkg-query: no packages found matching apache2
//结果显示，该系统未安装 apache2 软件包
```

2）安装 apache2 软件包

由于该系统未安装 apache2 软件包，因此需要自行安装 apache2 软件包。使用 apt install -y apache2 命令安装启动 Apache 服务所需要的 apache2 软件包，如下所示。

```
root@ubuntu:~# apt install -y apache2                          //安装 apache2 软件包
```

5. Apache 服务的配置文件

Apache 服务的主配置文件位于 /etc/apache2 目录中，其文件名为 apache2.conf。apache2 目录中的配置文件及其功能如表 10-1-2 所示。

表 10-1-2　apache2 目录中的配置文件及其功能

配 置 文 件	功　　能
apache2.conf	主配置文件
conf-available	可用的子配置文件
conf-enable	已激活的子配置文件
envvars	参数配置文件，包括 log 路径、程序使用的用户名等
magic	定义文件类型等
mods-available	可加载的功能模块，以及模块相应的配置选项
mods-enabled	已启用的模块，主配置文件会引用此模块的所有文件
ports.conf	定义 Apache 服务的监听端口
sites-available	可用的网站虚拟主机
sites-enabled	已经启用的网站虚拟主机

apache2.conf 文件中的选项主要分为 3 类，分别是全局选项、主服务器选项和虚拟主机选项。下面具体学习 Apache 服务的主配置文件的结构和基本用法。

1）apache2.conf 文件

在安装 Apache 服务相关软件包后自动生成的 apache2.conf 文件中，大部分内容是以“#”开头的说明行或空行。为了保持主配置文件的简洁性，降低初学者的学习难度，可以过滤该文件的所有说明行，只保留有效的行，如例 10.1.1 所示。

例 10.1.1：过滤 apache2.conf 文件的说明行

```
root@ubuntu:~# grep -v '#' /etc/apache2/apache2.conf
DefaultRuntimeDir ${APACHE_RUN_DIR}
PidFile ${APACHE_PID_FILE}
Timeout 300
KeepAlive On
MaxKeepAliveRequests 100
KeepAliveTimeout 5
User ${APACHE_RUN_USER}
Group ${APACHE_RUN_GROUP}
……                                                    // 此处省略部分内容
<Directory /usr/share>
        AllowOverride None
        Require all granted
</Directory>
<Directory /var/www/>
        Options Indexes FollowSymLinks
        AllowOverride None
        Require all granted
</Directory>
……                                                    // 此处省略部分内容
LogFormat "%h %l %u %t \"%r\" %>s %O" common
LogFormat "%{Referer}i -> %U" referer
LogFormat "%{User-agent}i" agent
IncludeOptional conf-enabled/*.conf                   //Apache 一般性的配置
IncludeOptional sites-enabled/*.conf                  // 虚拟主机的配置
//Include 引用，将文件内容放到该文件中
```

apache2.conf 文件中包含一些单行的指令和配置段。指令的基本语法格式是“参数名 参数值”，配置段是用一对标签表示的配置选项。下面介绍 apache2.conf 文件中的常用参数及其功能，如表 10-1-3 所示。

表 10-1-3 apache2.conf 文件中的常用参数及其功能

参　数	功　能
ServerRoot	指定 Apache 服务的运行目录。服务器启动后自动将目录修改为当前目录，在后面使用的所有相对路径都是相对这个目录而言的，默认是 /etc/apache2
PidFile	记录 Apache 服务守护进程的 PID，这是系统识别一个进程的方法。系统中的 httpd 进程可以有多个，这个 PID 对应的进程是其他的父进程，默认值为 /run/apache2.pid
TimeOut	网页超时时间。Web 客户端在发送和接收数据时，如果连线时间超过这个时间，就会自动断开连接，默认值为 300 秒
KeepAlive	是否允许持续连接，默认值为 On
MaxKeepAliveRequests	设定每个持续连接最多请求的次数，默认值为 100
User	运行 Apache 服务的用户名
Group	运行 Apache 服务的用户组
HostnameLookups	当开启此项功能时，在记录日志的同时记录主机名，但这需要服务器来反向解析域名，增加了服务器的负载，通常不建议开启，默认值为 Off
ErrorLog	错误日志存放的位置，默认值为 /var/log/apache2/error_log
LogLevel	指定日志信息级别，也就是在日志文件中写入哪些日志信息，默认值为 warn
Listen	指定 Apache 服务端口，默认值为 80
LoadModule	加载功能模块
Include	引入配置文件
ServerAdmin	管理员邮箱地址，默认值为 webmaster@localhost
DocumentRoot	网站数据的根目录。一般来说，除了虚拟目录，Web 服务器上存储的网站资源都在这个目录下，默认值为 /var/www/html
ServerName	指定 Apache 服务器的主机名，要保证能够被 DNS 服务器解析
Directory	设置服务器上资源目录的路径、权限及其他相关属性
CustomLog	指定 Apache 服务器的访问日志文件，默认值为 logs/access_log
DirectoryIndex	默认主页名称，默认值为 index.html index.html.var
AccessFileName	指定每个目录下面的访问控制文件，默认值为 .htaccess
DefaultType	默认网页类型，默认值为 text/plain
Alias	设置虚拟目录
AddLanguage	添加语言支持
AddDefaultCharset	指定默认字符编码
NameVirtualHost	定义虚拟主机

2）Directory 配置段

在 Apache 服务的主配置文件和虚拟主机配置文件中，都需要使用 Directory 配置段。<Directory> 和 </Directory> 是一对命令，它们中间所包含的选项，仅对指定的目录有效。Directory 配置段包含的选项及其功能如表 10-1-4 所示。

表 10-1-4　Directory 配置段包含的选项及其功能

选　项	功　能
Options	指定目录具体使用哪些功能特性
AllowOverride	设置是否把“.htaccess”作为配置文件，可以允许该文件的全部指令生效，也可以只允许某些类型的指令生效，或者全部禁止
Order	控制默认访问状态，以及 Allow 和 Deny 指定的生效顺序
Allow	控制哪些主机可以访问。可以根据主机名、IP 地址、IP 范围或其他环境变量的定义来进行控制
Deny	限制访问 Apache 服务器的主机列表，其语法和参数与 Allow 选项的完全相同

6. a2ensite 命令

a2ensite 命令是 Apache 服务的一个快速切换工具。Web 服务器的站点需要使用 a2ensite 命令激活配置文件的配置，才能正常显示站点内容。Apache 服务的常用快速切换工具及其功能如表 10-1-5 所示。

表 10-1-5　Apache 服务的常用快速切换工具及其功能

快速切换工具	功　能
a2ensite	激活 /etc/apache2/sites-available 中包含配置文件的站点
a2dissite	禁用 /etc/apache2/sites-available 中包含配置文件的站点
a2enmod	启用 Apache 服务的某个模块
a2dismod	禁用 Apache 服务的某个模块
a2enconf	启用某配置文件
a2disconf	禁用某配置文件

7. Apache 服务的启动和停止

Apache 服务的后台守护进程是 apache2，因此，在启动、停止 Apache 服务和查询 Apache 服务状态时要以 apache2 为参数。

任务实施

1. 查询 apache2 软件包是否已安装

在配置 Apache 服务器前，可以使用 dpkg -l apache2 命令查询 apache2 软件包是否已安装，如下所示。

```
root@web:~# dpkg -l apache2
dpkg-query: no packages found matching apache2
// 结果显示，该系统未安装 apache2 软件包
```

2. 安装 apache2 软件包

由于该系统未安装 apache2 软件包，因此使用 apt install -y apache2 命令安装启动 Apache

服务所需要的 apache2 软件包，如下所示。

```
root@web:~# apt install -y apache2
```

3. 配置 Web 服务器

步骤 1：设置 Web 服务器的 IP 地址 / 子网掩码为 192.168.1.203/24，这里不再详述。

步骤 2：创建文档根目录和首页文件，如下所示。

```
root@web:~# mkdir -p /web/www
root@web:~# echo “This is my first Website.” > /web/www/default.html
root@web:~# ls -l /web/www/default.html
-rw-r--r--. 1 root root 26 Dec 31 09:56 /web/www/default.html
```

步骤 3：在配置目录 /etc/apache2/sites-available 下，复制 000-defaul.conf 文件为 default.conf 文件，如下所示。

```
root@www:~# cd /etc/apache2/sites-available/
root@www:/etc/apache2/sites-available# cp 000-default.conf default.conf
root@www:/etc/apache2/sites-available# vim default.conf
<VirtualHost *:80>
……                                                                //此处省略部分内容
 11 ServerAdmin webmaster@localhost                                 //管理员邮箱
 12 DocumentRoot "/web/www"                                         //将默认路径修改为/web/www
 13 ServerName 192.168.1.203                                        //在第 13 行空白处，加入如下内容
 14 <Directory “/web/www”>
 15     Options Indexes FollowSymLinks
 16     AllowOverride None
 17     Require all granted
 18 </Directory>
 19 <IfModule dir_module>
 20     DirectoryIndex default.html
 21 </IfModule>

……                                                                //此处省略部分内容
</VirtualHost>
```

步骤 4：使用 a2ensite 命令激活 default.conf 文件的配置，使 Web 服务器的站点内容正常显示，如下所示。

```
root@web:/etc/apache2/sites-available# a2ensite default.conf
Enabling site default.
To activate the new configuration, you need to run:
  systemctl reload apache2
```

4. 重启 Apache 服务

在配置完成后，重启 Apache 服务，并设置开机自动启动，如下所示。

```
root@web:~# systemctl restart apache2
root@web:~# systemctl enable apache2
```

5. 测试 Apache 服务

在客户端中，确保两台主机之间的网络连接正常，即可显示新的网页，如下所示。

```
root@client:~# curl http://192.168.1.203
This is my first Website.
```

任务小结

（1）Apache 凭借快速、可靠、出色的安全性和跨平台特性，成为目前最流行的 Web 服务器软件之一。

（2）Apache 服务的后台守护进程是 apache2，因此，在启动、停止 Apache 服务和查询 Apache 服务状态时要以 apache2 为参数。

任务 10.2　发布多个网站

任务描述

Z 公司的一台 Web 服务器上已经有了一个网站，但公司新购置的基于浏览器/服务器架构的内控系统也需要创建一个网站。此外，公司销售部、后勤部网站的网页内容需要经常更新。因此，Z 公司希望能够创建独立的网站，并安排网络管理员小李完成这一任务。

任务要求

Ubuntu 操作系统的 Web 服务器 Apache 支持在同一台服务器上发布多个网站。这些网站也称为虚拟主机，要求 IP 地址、端口号、主机名三项中的至少一项与其他网站有所不同。用户可以创建 IP 地址、端口号和主机名不同的多个网站，网站的主要设置项如表 10-2-1 所示。

表 10-2-1　网站的主要设置项

<table>
<tr><th>设置项</th><th>IP 地址</th><th>主机名</th><th>端口号</th><th>主目录</th><th>首页文件</th></tr>
<tr><td>销售部网站</td><td rowspan="2">192.168.1.203</td><td>xs.phei.com.cn</td><td rowspan="2">80</td><td>/vh/xs</td><td rowspan="7">index.html</td></tr>
<tr><td>后勤部网站</td><td>hq.phei.com.cn</td><td>/vh/hq</td></tr>
<tr><td rowspan="2">财务部网站</td><td rowspan="2">192.168.1.203</td><td rowspan="2">cw.phei.com.cn</td><td>8088</td><td>/vh/8088</td></tr>
<tr><td>8089</td><td>/vh/8089</td></tr>
<tr><td rowspan="2">人事部网站</td><td>192.168.1.205</td><td rowspan="2">无</td><td rowspan="2">80</td><td>/vh/205</td></tr>
<tr><td>192.168.1.206</td><td>/vh/206</td></tr>
</table>

知识链接

虚拟主机是指在一台物理主机上搭建多个 Web 站点的一种技术，且每个 Web 站点独立运行，互不干扰。虚拟主机技术减少了服务器数量，使其方便管理，可以降低网站维护成本。在 Apache 服务器上，有 3 种类型的虚拟主机，分别是基于 IP 地址的虚拟主机、基于域名的虚拟主机和基于端口号的虚拟主机。

（1）基于 IP 地址的虚拟主机：先为一台 Web 服务器设置多个 IP 地址，再使每个 IP 地址与服务器上发布的每个网站一一对应。当用户请求访问不同的 IP 地址时，就会访问不同网站的页面资源。

（2）基于域名的虚拟主机：当服务器无法为每个网站都分配一个独立 IP 地址时，基于域名的虚拟主机可以通过不同的域名来传输不同的内容。在 DNS 服务器中创建多条主机资源记录，即可实现不同的域名对应同一个 IP 地址。

（3）基于端口号的虚拟主机：允许用户通过指定的端口号来访问服务器上的网站资源，只需要为物理主机分配一个 IP 地址即可。在 Apache 服务的主配置文件中，可以通过 Listen 命令指定多个监听端口。

在 000-default.conf 文件中，虚拟主机由 VirtualHost 配置段定义，基本语法格式如图 10-2-1 所示。

```
//冒号后跟的是端口号，可以修改为IP地址或域名
<VirtualHost *:80>
        #ServerName www.e    le.com     //定义虚拟主机的名称，特别是基于域名的虚拟主机

        ServerAdmin webmaster@localhost//定义虚拟主机的管理员邮箱地址
        DocumentRoot /var/www/html      //定义虚拟主机的主目录
        #LogLevel info ssl:warn        //日志级别
        ErrorLog ${APACHE_LOG_DIR}/error.log                //错误日志
        CustomLog ${APACHE_LOG_DIR}/access.log combined      //访问日志
</VirtualHost>
```

图 10-2-1　虚拟主机的定义

任务实施

1. 基于域名的虚拟主机

步骤 1：为 Web 服务器配置 IP 地址 192.168.1.203，这里不再详述。

步骤 2：在 DNS 服务的正向解析区域文件中添加两条 CNAME 资源记录，如下所示。DNS 服务器的具体配置方法请参考任务 7.1。

```
root@web:~# vim /etc/bind/db.phei.com.cn.zone
xs      IN   CNAME            web
hq      IN   CNAME            web
```

步骤 3：为两个网站分别创建文档根目录和首页文件，如下所示。

```
root@web:~# mkdir -p /vh/xs
root@web:~# mkdir -p /vh/hq
root@web:~# echo "This is xs homepage.">/vh/xs/index.html
root@web:~# echo "This is hq homepage.">/vh/hq/index.html
```

步骤 4：新建和虚拟主机对应的配置文件 /etc/apache2/sites-available/vhost1.conf，为两台虚拟主机分别指定文档根目录，如下所示。

```
root@ubuntu:~# cd /etc/apache2/sites-available/
root@ubuntu:/etc/apache2/sites-available# cp 000-default.conf vhost1.conf
root@ubuntu:/etc/apache2/sites-available# vim vhost1.conf
<VirtualHost 192.168.1.203:80>
        ServerName xs.phei.com.cn
        ServerAdmin webmaster@phei.com.cn
        DocumentRoot /vh/xs
        <Directory /vh/xs>
                AllowOverride none
                Require all granted
        </Directory>
    </VirtualHost>
    <VirtualHost 192.168.1.203:80>
        ServerName hq.phei.com.cn
        ServerAdmin webmaster@phei.com.cn
        DocumentRoot /vh/hq
        <Directory /vh/hq>
                AllowOverride none
                Require all granted
        </Directory>
</VirtualHost>
```

步骤 5：使用 a2ensite 命令激活 vhost1.conf 文件的配置，使 Web 服务器的站点内容正常显示，如下所示。

```
root@web:/etc/apache2/sites-available#a2ensite vhost1.conf
Enabling site vhost1.
To activate the new configuration, you need to run:
  systemctl reload apache2
```

步骤 6：重启 Apache 服务，并设置开机自动启动，如下所示。

```
root@web:~# systemctl restart apache2
root@web:~# systemctl enable apache2
```

步骤 7：在客户端中配置 DNS 服务器地址，确保两台主机之间的网络连接正常。

步骤 8：在命令行中使用 curl 命令分别进行测试，如下所示。

```
root@client:~# curl http://xs.phei.com.cn
This is xs homepage.
root@client:~# curl http://hq.phei.com.cn
This is hq homepage.
```

2. 基于端口号的虚拟主机

步骤 1：在 DNS 服务的正向解析区域文件中添加一条 CNAME 资源记录，如下所示。DNS 服务器的具体配置方法请参考任务 7.1。

```
root@master:~# vim /etc/bind/db.phei.com.cn.zone
cw      CNAME                  web
```

步骤 2：在 Apache 服务的主配置文件中添加 8088 和 8089 两个监听端口，如下所示。

```
root@web:~# vim /etc/apache2/ports.conf
Listen 8088
Listen 8089
```

步骤 3：为两台虚拟主机分别创建文档根目录和首页文件，如下所示。

```
root@web:~# mkdir -p /vh/8088
root@web:~# mkdir -p /vh/8089
root@web:~# echo "This is 8088 homepage.">/vh/8088/index.html
root@web:~# echo "This is 8089 homepage.">/vh/8089/index.html
```

步骤 4：修改/etc/apache2/sites-available/vhost1.conf 文件的内容，如下所示。

```
<Virtualhost 192.168.1.203:8088>
        ServerName      cw.phei.com.cn
        DocumentRoot    /vh/8088
        <Directory /vh/8088>
                AllowOverride none
                Require all granted
        </Directory>
</Virtualhost>
<Virtualhost 192.168.1.203:8089>
        ServerName      cw.phei.com.cn
        DocumentRoot    /vh/8089
        <Directory /vh/8089>
                AllowOverride none
                Require all granted
        </Directory>
</Virtualhost>
```

步骤 5：使用 a2ensite 命令激活 vhost1.conf 文件的配置，使 Web 服务器的站点内容正常显示，如下所示。

```
root@web:/etc/apache2/sites-available#a2ensite vhost1.conf
Enabling site vhost1.
To activate the new configuration, you need to run:
  systemctl reload apache2
```

步骤 6：重启 Apache 服务，并设置开机自动启动，如下所示。

```
root@web:~# systemctl restart apache2
root@web:~# systemctl enable apache2
```

步骤 7：在命令行中使用 curl 命令分别进行测试，如下所示。

```
root@client:~# curl http://cw.phei.com.cn:8088
This is 8088 homepage.
root@client:~# curl http://cw.phei.com.cn:8089
This is 8089 homepage.
```

3. 基于 IP 地址的虚拟主机

步骤 1：为 Web 服务器配置两个 IP 地址 192.168.1.205 和 192.168.1.206，如下所示。

```
root@web:~# vim /etc/netplan/00-installer-config.yaml
network:
  ethernets:
    ens33:
      dhcp4: false
```

```
        addresses: [192.168.1.205/24]
        addresses: [192.168.1.206/24]
        gateway4: 192.168.1.254
    version: 2
root@web:~# netplan apply
root@web:~# ip addr show ens33
2: ens33: <BROADCAST,MULTICAST,UP,LOWER_UP> mtu 1500 qdisc fq_codel state UP
group default qlen 1000
    link/ether 00:0c:29:33:86:64 brd ff:ff:ff:ff:ff:ff
    altname enp2s1
    inet 192.168.1.205/24 brd 192.168.1.255 scope global ens33
       valid_lft forever preferred_lft forever
    inet 192.168.1.206/24 brd 192.168.1.255 scope global secondary ens33
       valid_lft forever preferred_lft forever
    inet6 fe80::20c:29ff:fe33:8664/64 scope link
       valid_lft forever preferred_lft forever
```

步骤 2：为两台虚拟主机分别创建文档根目录和首页文件，如下所示。

```
root@web:~# mkdir -p /vh/205
root@web:~# mkdir -p /vh/206
root@web:~# echo "This is 205 homepage.">/vh/205/index.html
root@web:~# echo "This is 206 homepage.">/vh/206/index.html
```

步骤 3：新建和虚拟主机对应的配置文件 /etc/httpd/conf.d/vhost.conf，为两台虚拟主机分别指定文档根目录，如下所示。

```
<Virtualhost 192.168.1.205>
        DocumentRoot    /vh/205
        <Directory /vh/205>
                AllowOverride none
                Require all granted
        </Directory>
</Virtualhost>
<Virtualhost 192.168.1.206>
        DocumentRoot    /vh/206
        <Directory /vh/206>
                AllowOverride none
                Require all granted
        </Directory>
</Virtualhost>
```

步骤 4：重启 Apache 服务，并设置开机自动启动，如下所示。

```
root@web:~# systemctl restart apache2
root@web:~# systemctl enable apache2
```

步骤 5：在命令行中使用 curl 命令分别进行测试，如下所示。

```
root@client:~# curl http://192.168.1.205
This is 205 homepage.
root@client:~# curl http://192.168.1.206
This is 206 homepage.
```

任务小结

（1）在同一台 Web 服务器上创建多个网站（虚拟主机）时，可以充分利用硬件资源，并使用 3 种形式，即不同 IP 地址、不同端口、不同主机名发布多个网站。

（2）在使用不同主机名的形式发布多个网站时，需要在 Web 服务器所使用的 DNS 服务器上创建相应的记录（主机记录或别名记录），并在 Web 服务器上得到正确的解析结果。

实训题

配置虚拟主机

（1）Web 服务器的 IP 地址/子网掩码为 192.168.1.36/24。

（2）配置基于端口号的虚拟主机，添加两个端口 8098 和 8099，分别对这两台虚拟主机创建文档根目录和首页文件，并进行测试。

（3）配置基于 IP 地址的虚拟主机，IP 地址为 192.168.1.37，对 IP 地址为 192.168.1.36 和 192.168.1.37 的虚拟主机分别创建文档根目录和首页文件，并进行测试。

反侵权盗版声明

举报电话：（010）88254396；（010）88258888
传　　真：（010）88254397
E-mail：dbqq@phei.com.cn
通信地址：北京市万寿路 173 信箱
　　　　　电子工业出版社总编办公室
邮　　编：100036